实战从入门到精通　人邮云课堂

AutoCAD 2020

中文版 建筑设计
实战从入门到精通

龙马高新教育 编著

人民邮电出版社
北京

图书在版编目（CIP）数据

AutoCAD 2020中文版建筑设计实战从入门到精通 /
龙马高新教育编著. —— 北京：人民邮电出版社，2020.5
ISBN 978-7-115-53277-0

Ⅰ. ①A… Ⅱ. ①龙… Ⅲ. ①建筑设计－计算机辅助
设计－AutoCAD软件 Ⅳ. ①TU201.4

中国版本图书馆CIP数据核字(2020)第042078号

内 容 提 要

本书以服务零基础读者为宗旨，用实例引导读者学习，深入浅出地介绍了 AutoCAD 2020 中文版建筑设计的相关知识和应用方法。

全书分为 4 篇，共 14 章。第 1 篇【绘图篇】主要内容包括建筑设计工程图基础知识、AutoCAD 2020入门、绘制二维图形对象、编辑二维图形对象、管理和高效绘图、完善图形信息；第 2 篇【拓展篇】主要内容包括 AutoCAD 2020 与 Photoshop 的配合使用、AutoCAD 2020 与天正建筑等；第 3 篇【设计篇】主要内容包括室外建筑工程简介、建筑设计常用符号等；第 4 篇【案例篇】主要内容包括小户型住宅平面图设计、银行办公空间立面图设计、钢链围墙护栏施工图设计、城市广场总平面图设计等。

本书附赠 27 小时与本书内容同步的视频教程及所有案例的配套素材和结果文件。此外，还赠送了相关内容的视频教程和电子书，以便于读者扩展学习。

本书适合 AutoCAD 2020 建筑设计的初、中级用户学习，也可以作为各类院校相关专业学生和辅助设计培训班学员的教材或辅导用书。

◆ 编　著　龙马高新教育
　　责任编辑　李永涛
　　责任印制　马振武
◆ 人民邮电出版社出版发行　　北京市丰台区成寿寺路 11 号
　　邮编　100164　电子邮件　315@ptpress.com.cn
　　网址　http://www.ptpress.com.cn
　　山东百润本色印刷有限公司印刷
◆ 开本：787×1092　1/16
　　印张：23.5
　　字数：601 千字　　　　　　　　2020 年 5 月第 1 版
　　印数：1 – 4 000 册　　　　　　2020 年 5 月山东第 1 次印刷

定价：69.80 元

读者服务热线：(010)81055410　印装质量热线：(010)81055316
反盗版热线：(010)81055315
广告经营许可证：京东工商广登字 20170147 号

计算机是社会进入信息时代的重要标志。掌握丰富的计算机知识、正确熟练地操作计算机已成为信息时代对每个人的要求。为满足广大读者对计算机辅助设计相关知识的学习需求，我们针对不同学习对象的接受能力，总结了多位计算机辅助设计高手、高级设计师及计算机教育专家的经验，精心编写了这套"实战从入门到精通"丛书。

本书特色

零基础、入门级的讲解

无论读者是否从事辅助设计相关行业，是否了解 AutoCAD 2020 建筑设计，都能从本书中找到合适的起点。本书细致的讲解可以帮助读者快速地从新手迈进高手行列。

精选内容，实用至上

全书内容经过精心选取编排，在贴近实际应用的同时，突出重点、难点，帮助读者深化理解所学知识，触类旁通。

实例为主，图文并茂

在讲解过程中，每个知识点均配有实例辅助讲解，每个操作步骤均配有对应的插图以加深认识。这种图文并茂的方法能够使读者在学习过程中直观、清晰地看到操作过程和效果，有利于读者理解和掌握。

高手指导，扩展学习

本书以"疑难解答"的形式为读者提供各种操作难题的解决思路，总结了大量系统且实用的操作方法，以便读者学习更多内容。

双栏排版，超大容量

本书采用单双栏排版相结合的形式，大大扩充了信息容量，在 300 多页的篇幅中容纳了传统图书 500 多页的内容，从而在有限的篇幅中为读者提供更多的知识和实战案例。

视频教程，互动教学

本书配套的视频教程与书中知识紧密结合并相互补充，帮助读者体验实际工作环境，掌握日常所需的知识和技能以及处理各种问题的方法，达到学以致用。

学习资源

27 小时全程同步视频教程

视频教程涵盖全书所有知识点，详细讲解每个实战案例的操作过程和关键要点，帮助读者轻松地掌握书中的知识和技巧。

超多、超值资源大放送

随书奉送 AutoCAD 2020 软件安装视频教程、AutoCAD 2020 常用命令速查手册、AutoCAD

2020 快捷键查询手册、AutoCAD 官方认证考试大纲和样题、1200 个 AutoCAD 常用图块集、110 套 AutoCAD 行业图纸、100 套 AutoCAD 设计源文件、3 小时 AutoCAD 建筑设计视频教程、6 小时 AutoCAD 机械设计视频教程、7 小时 AutoCAD 室内装潢设计视频教程、7 小时 3ds Max 视频教程、50 套精选 3ds Max 设计源文件、5 小时 Photoshop CC 视频教程等超值资源，以方便读者扩展学习。

视频教程学习方法

为了方便读者学习，本书提供了视频教程的二维码。读者使用手机上的微信、QQ 等聊天工具的"扫一扫"功能扫描二维码，即可通过手机观看视频教程。

扩展学习资源下载方法

读者可以使用微信扫描封底二维码，关注"职场研究社"公众号，发送"53277"后，将获得资源下载链接和提取码。将下载链接复制到浏览器中并访问下载页面，即可通过提取码下载本书的扩展学习资源。

创作团队

本书由龙马高新教育编著，参与本书编写、资料整理、多媒体开发及程序调试的人员有孔万里、周奎奎、张任、张田田、尚梦娟、李彩红、尹宗都、王果、陈小杰、左琨、邓艳丽、崔姝怡、侯蕾、左花苹、刘锦源、普宁、王常吉、师鸣若、钟宏伟、陈川、刘子威、徐永俊、朱涛和张允等。

在编写过程中，我们竭尽所能地将优秀的讲解呈现给读者，但也难免有疏漏和不妥之处，敬请广大读者不吝指正。若读者在阅读本书过程中产生疑问，或有任何建议，可发送电子邮件至 liyongtao@ptpress.com.cn。

编者

2020 年 3 月

目录

第1篇　绘图篇

赠送资源

- 赠送资源 1　AutoCAD 2020 软件安装视频教程
- 赠送资源 2　AutoCAD 2020 常用命令速查手册
- 赠送资源 3　AutoCAD 2020 快捷键查询手册
- 赠送资源 4　AutoCAD 官方认证考试大纲和样题
- 赠送资源 5　1200 个 AutoCAD 常用图块集
- 赠送资源 6　110 套 AutoCAD 行业图纸
- 赠送资源 7　100 套 AutoCAD 设计源文件
- 赠送资源 8　3 小时 AutoCAD 建筑设计视频教程
- 赠送资源 9　6 小时 AutoCAD 机械设计视频教程
- 赠送资源 10　7 小时 3ds Max 视频教程
- 赠送资源 11　7 小时 3ds Max 视频教程
- 赠送资源 12　50 套精选 3ds Max 设计源文件
- 赠送资源 13　5 小时 Photoshop CC 视频教程

第1篇
绘图篇

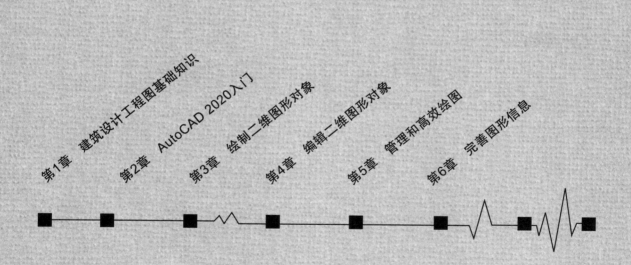

第 **1** 章

建筑设计工程图基础知识

建筑设计是人类创造更好的生存和生活环境的重要活动，设计者在建筑物建造之前按照预定的建设任务，把施工和使用过程中存在或可能发生的问题拟定好解决方案，用图纸和文件表达出来，作为建筑物建造工作中的依据。

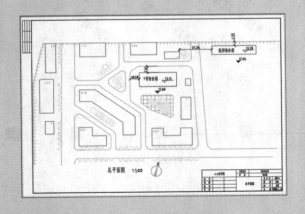

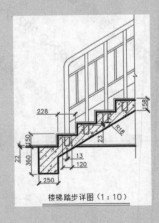

楼梯踏步详图（1：10）

1.1 建筑设计基础知识

 建筑设计是根据建筑物的使用性质、所处环境和相应标准，创造出满足人们物质和精神生活需要的环境。设计过程中既要注意工程技术方面的问题，也要考虑声、光、热等环境问题及文化内涵等。

1.1.1 建筑设计的分类及说明

在进行建筑设计之前需要对建筑设计的分类及说明进行了解。

1. 建筑设计的分类

根据建筑物的使用功能，建筑设计可以分为居住建筑设计、公共建筑设计、工业建筑设计、农业建筑设计等。

根据建筑物的设计风格，建筑设计可以分为传统风格、现代风格、后现代风格、自然风格、混合型风格等。

2. 建筑设计的说明

用户可以从以下两个方面来理解建筑设计的说明。

（1）设计的具体含义：建筑设计是改善人类生存环境的创造性活动，可以根据建筑的实用性质和所处的环境，运用物质材料、工艺技术及艺术手段，创造出功能合理、舒适美观、符合人的生理或心理需求的空间；并赋予使用者愉悦，便于生活、学习、工作的理想环境。

（2）建筑设计的价值：建筑设计的价值是将功能性、实用性、审美性与符合人们内心情感的特征等有机结合起来，强调艺术设计的语言和艺术风格的体现，使人们从心理、生理角度同时激发出对美的感受，对自然的关爱与生活质量的追求，使人在精神享受、心境舒畅中得到健康的心理平衡。

1.1.2 建筑设计的表现形式

建筑设计是在以人为本的前提下，满足实用性要求，运用形式语言来表现题材、主题、情感和意境，具体可通过以下10种方式进行表现。

1.对称

对称是形式美的传统技法，是人类最早掌握的形式美法则。对称可以给人带来秩序、庄重、整齐、和谐之美。

2.均衡

均衡可以给人稳定的视觉艺术享受，使人获得视觉均衡心理。与对称形式相比较，均衡有活泼、和谐、生动、优美的特点。

3.和谐

和谐是在满足功能要求的前提下，使各种物体的形、光、色、质等组合得到谐调，成为一个非常和谐统一的整体。

4.对比

对比是艺术设计的基本定型技巧，可以把两种不同的事物、色彩、形体等作出鲜明对照。

5.层次

一幅层次分明的建筑构图，可以使画面具有广度、深度。假如建筑构图缺少层次感，则会让人感到平庸无奇。好的层次变化可以取得极其丰富的视角效果。

6.色调

色调有很多种，一般可归纳为"同一色调，同类色调、邻近色调，对比色调"等，在使用时可根据环境不同灵活运用。

7.延续

延续是指连续的延伸。延续手法运用在空间之中，可以使空间获得扩张感或具有导向作用，甚至可以加深人们对环境中重点景物的印象。

8.独特

独特是在陪衬中衍生出来的，基于相互比较而存在。在建筑设计中特别推崇想象力的突破，以创造个性和特色。

9.简洁

简洁是指室内环境中没有华丽的修饰和多余的附加物，是建筑设计中特别值得提倡的手法之一，也是近年来十分流行的趋势。

10.呼应

呼应是运用形象对应、虚实气势等手法求得相应对称的艺术效果。

1.2 建筑设计工程图概述

建筑设计工程图是以投影原理为基础，把已经建成或尚未建成的建筑工程的形状、大小等信息，按国家规定的制图标准进行准确地表达，它是方案投标、图纸交流和建筑施工的重要依据。建筑工程图包括方案设计图、各类施工图和工程竣工图，由于工程建设各个阶段的任务要求不同，各类图纸所表达的内容、深度和方式也会有所差别。其中国家标准《房屋建筑制图统一标准》（GB/T 50001-2017）、《总图制图标准》（GB/T 50103-2010）、《建筑制图标准》（GB/T 50104-2010）是建筑专业手工制图和计算机制图的依据。

1.2.1 总平面图的基础知识

总平面图一般是根据新建、拟建、原有和要拆除的建筑物、构筑物、周围环境及地形状况，用水平投影的方法和相应的图例所绘制出来的图样。

总平面图是新建房屋定位、施工放线、布置施工现场的依据，主要表示整个建筑基地的总体布局，具体表达新建筑物的位置、朝向以及周围环境的基本情况，如下图所示。总平面图中的建筑密度、建筑占地、停车位、绿地率、容积率、道路布置等应满足设计规范和当地规划局提供的设计要点。

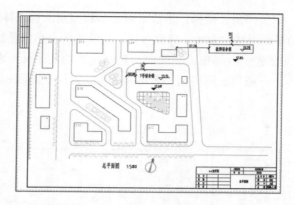

在建筑设计方案初期，总平面图着重体现新建建筑物的大小、形状以及与周边道路、绿化带等外部设施的关系，同时也表达室外空间的设计效果。由于总平面图都非常大，一般绘图时都采用较小的比例，国家标准《建筑制图标准》（GB/T 50104–2001）规定，总平面图应该采用1∶500、1∶1000或1∶2000的比例；图例同样都采用较小的比例，如指北针、标高和风玫瑰图；定位主要是根据原有建筑或道路，并以m为单位标注的位置。

总平面图通常包含以下内容。在实际绘制过程中，并不是以下所有内容都必须在同一总平面图中表现出来，可以根据实际情况加以选择。

（1）新建筑物。

拟建房屋用粗实线框表示，并在线框内用数字表示建筑层数及标出标高。

（2）新建建筑物的定位。

总平面图通常利用原有建筑物、道路、坐标等对新建建筑物的位置进行定位。

（3）新建建筑物的室内外标高。

我国把青岛市外的黄海平均海平面作为绝对标高的零点，其他各地标高以此为基准，任何一地点相对于黄海的平均海平面所测定的高度差，称为绝对标高。在总平面图中用绝对标高表示高度数值，单位为m。此标准仅适用于中国境内。

（4）相邻有关建筑、拆除建筑的位置或范围。

拟建建筑物用虚线表示。原有建筑物用细实线框表示，并在线框内用数字表示建筑层数。拆除建筑物用细实线表示，并在细实线上打叉。

（5）附近的地形地物，如道路、河流、土坡、池塘、水沟等。

（6）绿化规划、管道布置。

（7）道路（或铁路）、明沟等的起点、转折点、变坡点、终点的标高与坡向箭头。

（8）指北针、风向频率玫瑰图。

小提示

当建筑物较大或是成片的小区建筑时，为了保证放线准确，也常采用坐标来确定标识建筑物和道路转折点等位置。在地形起伏较大的地区，还应该画出地形等高线。

1.2.2 平面图的基础知识

平面图是建筑物水平方向房屋各部分内容及其组合关系的投影，是施工图主要图样之一，是施工过程中放线、砌墙，安装门窗、楼梯，进行室内装饰和编制工程预算以及施工备料的重要依据，用来表达建筑构件的平面形状、大小、房屋布局、建筑构件大小以及材料等各种内容。

平面图主要表明建筑形状、内部布置和朝向，包括建筑物的平面形状、各个房间的布局关系、走道和楼梯的位置等。一般均表明房间的名称和编号，首层平面图还应该标注指北针指明建筑的朝向，如下图所示

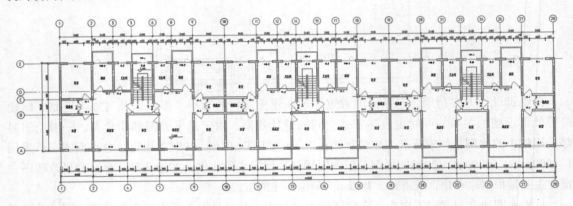

二层平面图　1:100

由于建筑平面图能突出地表达建筑组成和功能关系等方面的内容，因此建筑设计一般先从平面设计入手。在平面设计中还应从建筑整体考虑，注重建筑空间组合的效果，以及建筑剖面和立面的体型关系。在设计的各阶段中都应有建筑平面图纸，但其表达的深度会不完全一样。

建筑图线中图线应层次分明、粗细有别。国标规定，被剖切的墙、柱子等截面轮廓线用粗实线（b）绘制，门窗的开启示意线等用中实线（0.5b）绘制，其余可见轮廓线用细实线（0.35b）绘制，尺寸线、标高符号、定位轴线的圆圈、轴线等用细实线和细点划线绘制。其中，b的大小应根据图样的复杂程度和比例而定，按《房屋建筑制图统一标准》（GB/T 5001-2001）中的规定选取。

轴线是施工定位、放线的重要依据，也叫定位轴线。凡是承重墙、柱子等主要支撑构件都应画出轴线来确定其位置。国标规定，定位轴线采用细点划线绘制，轴线的端部绘制一个细实线圆圈，在圆圈上写上轴线编号，横向编号采用阿拉伯数字，从左至右顺序书写，竖向编号采用大写阿拉丁字母，自上而下顺序编写。

　　一般情况下平面图中的比例会采用国家规定的标准，如1：50、1：100和1：200的比例，通常使用1：100。因为平面图按国标比例绘制，各层平面图中的楼梯、门等不能按照实际尺寸来绘制，所以均采用国标中的图例表示，相应的具体构造用较大比例的详图表达。门窗除用图例表示外，还应采用编号区别，一般用相应图例拼音的第一个大写字母表示，字母后还要加上相应的编号表示数量，如M1、M2，C1、C2，分别代表门1、门2和窗1、窗2。

　　平面图主要包括如下内容，不同情况下图样内容表达会有所差别。

　　（1）门窗及其过梁的编号、门的开启方向。

　　（2）剖面图、详图和标准配件的位置以及编号。

　　（3）各层的地面标高。

　　（4）室内装修做法，包括室内地面、墙面以及顶篷处的材料以及做法。

　　（5）综合反映水、电、暖等对安装位置、尺寸的要求。

　　（6）文字说明。平面图中不容易表达的内容，如施工要求、砖和灰浆的标号等需要用文字说明。

1.2.3　立面图的基础知识

　　立面图是在与房屋立面平行的投影面上所绘制的房屋正投影图，主要用于表现出入口或房屋外貌特征。立面图的一般命名方式如下。

　　（1）按朝向命名。建筑物的某个立面所面向的方向即为该方向立面图，如南立面图、北立面图、东立面图、西立面图等。

　　（2）按外貌特征命名。建筑物可以表现出主要出入口或显著特征的一面称为正立面图，其余立面图为背立面图、左立面图和右立面图。

　　（3）按建筑平面图中的首尾轴线命名。按观察者面向建筑物从左到右的轴线顺序命名。

　　立面图上高度方向的尺寸主要用标高的形式标注，包括建筑物室内外坪、各楼层地面、窗台、门窗洞顶部，阳台底部、女儿墙压顶等处的标高尺寸，如下图所示。

北立面图 1:100

　　屋脊线和外墙最外轮廓线用粗实线（b）绘制，室外地坪线用加粗线绘制（1.4b），所有凸凹部位如阳台、雨棚等用中实线（0.5b）绘制，其余可见轮廓线用细实线（0.35b）绘制。其中，b的大小应根据图样的复杂程度和比例而定，按《房屋建筑制图统一标准》（GB/T 5001-2001）中的规定选取。

立面图是施工图重要图样之一，是指导施工的重要依据，主要包含如下内容，不同情况下图样内容表达会有所差别：

（1）房屋外墙面上的可见内容，如雨水管、台阶、散水、门头、门窗、阳台、雨罩、檐口、勒脚以及屋顶的构造形式。

（2）建筑物外形总高度、分层高度和部分细节高度。

（3）建筑物外形各部位标高。

（4）首尾轴线号。

（5）门窗的式样及开启方式。

（6）局部或外墙索引。

（7）建筑物外墙各部位构配件及装饰材料的用料、形状及做法。

（8）标注两端外墙定位轴线、图名、比例、详图索引符号及文字说明等。

1.2.4 剖面图的基础知识

用一个或多个假想的垂直于外墙轴线的切平面把建筑物切开，对切面以后部分的建筑形体作正面投影可以得到建筑剖面图，简称剖面图。剖面图是建筑立体空间的平面化表达，主要用于表示房屋内部的结构或构造形式、分层情况和各部位的联系、材料及其高度等，是与平面图、立面图相互配合的重要图样，如下图所示。

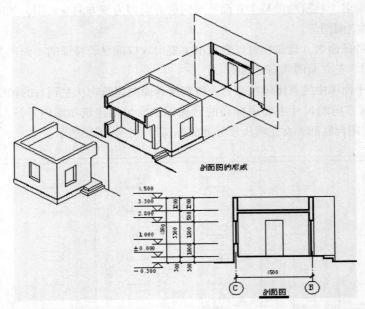

剖面图的数量是根据房屋的具体情况和施工实际需要而决定的。剖切面一般横向，即平行于侧面，必要时也可纵向，即平行于正面。其位置应选择在能反映房屋内部构造比较复杂与典型的部位，并应通过门窗洞的位置。若为多层房屋，应选择在楼梯间或层高不同、层数不同的部位。剖面图的图名应与平面图上所标注剖切符号的编号一致。如下图所示。

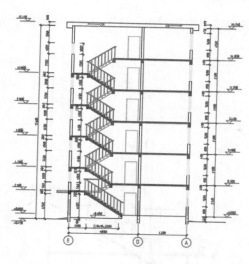

1-1剖面图 1:100

剖面图主要包含以下内容，不同情况下图样内容表达会有所差别：

（1）图名、比例。

（2）外墙的定位轴线及其间距尺寸。

（3）剖切到的室内外地面、楼面层、屋顶层、内外墙、门、窗、各种承重梁、连系梁、楼梯梯段、楼梯平台、雨篷、阳台、孔道、水箱等。

（4）未剖切到的可见部分，如墙面、梁、柱、门、窗、阳台、雨篷、踢脚、台阶、雨水管、装饰物等。

（5）竖直方向的尺寸和标高。

（6）详图索引符号。

（7）各种必要的注释。

被剖切到的墙、楼面、屋面、梁的断面轮廓线用粗实线画出。砖墙一般不画图例，钢筋混凝土的梁、楼面、屋面和柱的断面通常涂黑表示。粉刷层在1：100的平面图中不必画出，当比例为1：50或更大时，则要用细实线画出。室内外地坪线用加粗线（1.4b）表示。其他没剖到但可见的配件轮廓线，如门窗洞、踢脚线、楼梯栏杆、扶手等按投影关系用中实线画出。尺寸线与尺寸界线、图例线、引出线、标高符号、雨水管等用细实线画出。定位轴线用细单点长划线画出。地面以下的基础部分是属于结构施工图的内容，因此，室内地面只画一条粗实线，灰层及材料图例的画法与平面图中的规定相同。

小提示

由于剖面图比例较小，某些部位，如墙脚、窗台、过梁、墙顶等节点，不能详细表达，可在剖面图上的该部位处画上详图索引标志，另用详图来表示其细部构造尺寸。此外，楼地面及墙体的内外装修，可用文字分层标注。

1.2.5 详图的基础知识

对建筑的细部或构配件，用较大的比例将其形状、大小、材料和做法，按正投影图的画法详细地表示出来的图样称为建筑详图，简称详图。详图是建筑平面图、立面图、剖面图的补充。如下图所示是楼梯踏步的详图。

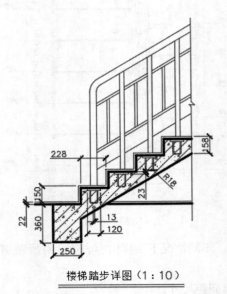

楼梯踏步详图（1：10）

详图主要包含以下内容，不同情况下图样内容表达会有所差别：

（1）表示局部构造的详图，如外墙详图、楼梯详图、阳台详图等。

（2）表示房屋设备的详图，如厨房、卫生间、实验室内设备的位置及构造等。

（3）表示房屋特殊装修部位的详图，如吊顶、花饰等。

详图的常见规定及画法如下。

1. 比例与图名

建筑详图的特点是比例大，常用绘制比例为1：50、1：20、1：10、1：5、1：2等。

建筑详图的图名应与被索引图样上的索引符号对应，以便于对照查阅。

2. 定位轴线

在建筑详图中一般应画出定位轴线及其编号，以便与建筑平面图、立面图、剖面图对照。

3. 图线

建筑构配件的断面轮廓线为粗实线，构配件的可见轮廓线为中实线或细实线，材料图例线为细实线。

4. 标注

建筑详图的尺寸标注必须完整齐全，准确无误。对于套用标准图或通用图集的建筑构配件和建筑细部，只要注明所套用图集的名称、详图所在的页数和编号，不必再画详图。建筑详图中凡是需要再绘制详图的部位，同样需要画上索引符号。另外，需要用文字详细说明详图有关的用料、做法和技术要求。

1.3 建筑电气工程图的设计准则和步骤

本节主要从设计准则、方案设计、初步设计和定案后施工图设计4个方面对电气工程施工图设计进行讲解。

1.3.1 设计准则

电气工程施工图的设计准则包括文件设计、图纸目录、施工设计说明、设计图纸、变电站、配电站、配电、照明、防雷、接地及安全和火灾自动报警系统等。

1. 文件设计

在施工图设计阶段，建筑电气专业设计文件应包括图纸目录、施工设计说明、设计图纸主要设备表、计算书。

2. 图纸目录

先列新绘图纸，后列重复使用图。

3. 施工设计说明

（1）工程设计概况。应将经审批定案后的初步设计说明书中的主要指标录入。
（2）各系统的施工要求和主要事项（包括布线、设备安装等）。
（3）设备定货要求（亦可附在相应的图纸上）。
（4）防雷及接地保护等其他系统有关内容（亦可附在相应的图纸上）。
（5）本工程选用的标注图图集编号、页号。

4. 设计图纸

（1）施工设计说明、补充图例符号、主要设备表可组成首页。当内容较多时，可分设专页。
（2）电气总平面。
- 标注建筑物名称或编号、层数或标高、道路、地形等高线和用户的安装容量。
- 标注变、配电站位置、编号，变压器的台数、容量，室外配电箱的编号、型号，室外照明灯的规格、型号、容量。
- 电缆线路应标注线路的走向、回路编号、电缆型号及规格、敷设方式（附标准图集选择表）、人（手）孔位置。
- 架空线路应标注线路的规格和走向，回路编号，杆位编号，挡数、挡距、杆高，拉线、重复接地、避雷器等（附标准图集选择表）。
- 比例、指北针。
- 图中未表达清楚的内容可附图进行统一说明。

5. 变、配电站

（1）高、低压配电系统图中应标明母线的型号、规格，变压器、发电机的型号、规格，标明开关、继电器、断路器、互感器、电工仪表等型号。

（2）平面图、剖面图按比例绘制变压器、发电机、控制柜、开关柜、直流及信号柜、支架、地沟、安装尺寸等，当选用标准图时，应标注标准图编号、页号，标注进出线回路编号、敷设安装方法，图纸应有比例。

（3）继电保护及信号原理图。应选用标准图或通用图，当需要对所选用标准图或通用图进行修改时，只需绘制修改部分并说明修改要求。控制柜、直流电源及信号柜、操作电源均应选用企业标准产品，图中标示相关产品型号、规格和要求。

（4）竖向配电系统图。以建筑物为单位，自电源点开始至终端配电箱止，按设备所处相应楼层绘制，应包括变、配电站变压器台数、容量，发电机台数、容量，各处终端配电箱编号，自电源点引出回路编号（与系统图一致），接地干线规格。

（5）图中表达不清楚的内容，可随图进行相应说明。

6. 配电、照明

（1）配电箱系统图。应标注配电箱编号、型号，进线回路编号，标注各开关型号、规格、整定值，配出回路编号、导线型号规格，对有控制要求的回路应提供控制原理图，对重要负荷提供回路并标明用户名称。

（2）配电平面图。应包括建筑门窗、墙体、轴线、主要尺寸、工艺设备编号及容量，布置配电箱、控制箱，并注明编号、型号及规格，绘制线路始、终位置，标注回路规格、编号、敷设方式，图纸应有比例。

（3）照明平面图。应包括建筑门窗、墙体、轴线、主要尺寸，标注房间名称，绘制配电箱、灯具、开关、插座、线路等平面布置，标明配电箱编号、干线、分支线回路编号、相别、型号、规格、敷设方式等，凡需二次装修部位的，其照明平面图随二次装修设计，但配电或照明平面图上应相应标注预留的照明配电箱，并标注预留容量、图纸应用的比例。

（4）图中表达不清楚的内容，可随图进行相应说明。

7. 防雷、接地及安全

（1）绘制建筑物顶层平面，应有主要轴线号、尺寸、标高、标注避雷针、避雷带、引下线位置。注明材料型号规格，所涉及的标准图编号、页号，图纸应标注比例。

（2）绘制接地平面图时，绘制接地线、接地极、测试点、断接卡等平面位置。标明材料型号、规格、相对尺寸等及涉及的标准图编号、页号，图纸应标注比例。

（3）当利用建筑物钢筋混凝土内的钢筋作为防雷接闪器、引下线、接地装置时，应标注连接点、接地电阻测试点。预埋件位置应敷设方式，注明所涉及的标准图编号、页号。

（4）随图说明可包括防雷类别和采取的防雷措施，接地装置型式，接地极材料要求、敷设要求、接地电阻值要求，当利用桩基、基础内钢筋做接地极时应采取的措施。

（5）除防雷接地外的其他电气系统的工作或安全接地的要求（如电源接地形式，直流接地，局部等电位、总等电位接地等），如果采用共用接地装置，应在接地平面中叙述清楚，交代不清楚的应绘制相应的图纸。

8. 火灾自动报警系统

（1）火灾自动报警及消防联动控制系统图、施工设计说明、报警及联动控制要求。

（2）各层平面图，应包括设备及器件布点、连线、线路型号、规格及敷设要求。

1.3.2 方案设计

下面是某客厅的电路设计方案。

（1）电视机是客厅主要的电器之一，目前大多数家庭会选购大屏幕液晶电视机，部分用户会将其悬挂在墙面安装，假如墙面插座及电视机悬挂位置设计得不合理，电视机下面很容易将一段电线裸露在外，在视觉效果上面极其不美观，所以电视机的电源线和信号线位置一定要预先设计好。

小提示

首先需要确定购买的电视机外形尺寸，然后根据客厅沙发的位置确定电视机在墙面的位置，再根据这个位置确定插座的位置，这个过程中尽量不要把插座留在电视机的正后方，否则会在实际使用过程中带来极大的不方便，可以将插座留在电视机位置的上边沿或者下边沿，让电视机正好可以盖住插座，这样便可以达到既美观又实用的目的。

（2）如果客厅计划放置家庭影院，需要注意在功放位置要预留音频线输入孔，另外两个后置的音响可以根据摆放位置预留出音频线输出孔。需要注意，悬挂和落地两种摆放方式下孔的高度位置不同，可以根据上述情况将电路预装或整改好。

（3）附近环境空旷的情况下可以将墙面插座安装在离地面高度20cm左右的位置，假如在客厅有沙发的位置处，可以先确定沙发的尺寸，按照沙发靠背的高度预留墙面插座，使插座刚好可以被沙发上边沿挡住，美观的同时使用起来也会非常方便。

（4）为方便墙面插座的分配，在经常放置电话机的位置可以预装一个插座，以方便为电话充电。

（5）可以在客厅预留出游戏机、电风扇、健身机、落地灯等电器的充电插座，不论是这些电器已经购买还是计划以后购买，都可以先设想好相应电器的使用位置，可以在使用位置的近距离处预装插座及需要备配的特殊插孔。

1.3.3 初步设计

（1）需要请专业的装修队伍进行电路改造施工，施工前先绘制出电路草图，核算清楚电力线的长度及预埋位置，在整改电路时建议再核对一次，避免出现疏漏。开槽埋线后，墙体封装之前，可以拍照片留证保存（特别是厨卫），这样日后可以更加直观地对电路情况进行查询。完工后需要绘制完整的电路图，方便日后的维修，同时可以有效防止以后在墙上钻孔时接触到电力线。

（2）暗盒：在暗盒的选购方面，可以根据自己的需求选择标准尺寸的暗盒或者非标系列暗盒，对于暗盒位置的开槽及安装，建议选择专业施工队伍，这样可以保证不管是安装过程还是后期的使用过程都会相对更加安全。

（3）卧室：一般可以根据需要分别配备电源线、照明线、空调线、电视机线、电话线、计算机线、报警线。

　　床头柜的上方预留电源线口，宜采用带开关的墙面插座，以减少床头灯没开关的麻烦。预留电话线口，如果双床头柜，应在两个床头柜上方分别预留电源、电话线口。梳妆台上方应预留电源接线口，另外考虑梳妆镜上方应有反射灯，可以在电线盒旁另加装一个开关。写字台或计算机台上方应安装电源线、电视机线、计算机线、电话线接口。

　　照明灯光采用单头或吸顶灯，可采用单联开关，多头灯应加装分控器，根据需要调节亮度，建议采用双控开关，一个安装在卧室门外侧，另一个安装在床头柜上侧或床边较易操作的部位。在电视柜上方预留电源、电视、计算机线终端。

　　（4）走廊：可以根据需要分别配备电源线、照明线等。

　　（5）厨房：可以根据需要分别配备电源线、照明线等。

　　（6）餐厅：可以根据需要分别配备电源线、照明线、空调线等。

　　（7）阳台：可以根据需要分别配备电源线、照明线等。

　　（8）卫生间：可以根据需要分别配备电源线、照明线、电话线等。

　　（9）客厅：可以根据需要分别配备电源线、照明线、空调线、电视线、电话线、计算机线、对讲器或门铃线、报警线等。

　　（10）书房：可以根据需要分别配备电源线、照明线、电视线、电话线、计算机线、空调线、报警线。书房内的写字台或计算机台，在台面上方应装电源线、计算机线、电话线、电视线终端接口，从安全角度考虑应在写字台或计算机台下方装电源插口1~2个，以备计算机配套设备使用。

　　（11）漏电保护器和空气开关建议使用知名度大的品牌，这样可以为用户提供更加有效的安全保障。

　　（12）在线槽的水泥表面涂装之前可以进行适当的表面处理。

　　（13）由于需要专业的施工队伍进行施工，为避免不必要的歧义和争端，建议施工之前先签订合同，合同条款应明确双方的权利和义务，如果签订合同后出现特殊情况，可以在双方协商的前提下签订合同附加条款。

1.3.4　定案后施工图设计

1.客厅的电路设计

　　客厅的布线可以根据需要分别配备电源线、照明线、空调线、电视线、电话线、计算机线、对讲器或门铃线、报警线、家庭影院线、背景音乐线。

> **小提示**
>
> 　　客厅的各线终端预留分布：在电视柜上方预留电源、电视、计算机线终端，空调线终端预留孔应按照空调专业安装人员测定的部位预留空调线（16A面板）、照明线开关。

　　单头或吸顶灯，可采用单联开关；多头吊灯，可在吊灯上安装灯控器，根据需要调节亮度。在沙发的边沿处预留电话线口。在户门内侧预留对讲器或门铃线口。在顶部预留报警线口。客厅如果需要摆放冰箱、饮水机、加湿器等设备，根据摆放位置预留电源口，一般情况客厅至少应留5个电源线口。另外，在客厅布上5.1家庭影院线，可以在家坐享电影院的震撼效果。如今，背景音乐已进入家庭，成为装修的新时尚，不同年龄都可以享用，而且互不干扰，比如，年轻人可以用它听摇滚，儿童可以用它听英语，老年人可以用它听广播。

2.卧室的电路设计

卧室布线可以根据需要分别配备电源线、照明线、空调线、电视线、电话线、报警线、背景音乐线、视频共享线。

卧室各线终端预留：床头柜的上方预留电源线口，并采用5孔插线板带开关为宜，以减少床头灯没开关的麻烦，还应预留电话线口，如果双床头柜，应在两个床头柜上方分别预留电源、电话线口。

梳妆台上方应预留电源接线口，另外考虑梳妆镜上方应有反射灯光，在电线盒旁另加装一个开关。写字台或计算机台上方应安装电源线、电视线、计算机线、电话线接口。照明灯光采用单头灯或吸顶灯，多头灯应加装遥控器，重点是开关，建议采用双控开关，单联，一个安装在卧室门外侧，另一个安装在床头柜上侧或床边较易操作部位。空调线终端接口预留，需由空调安装专业人员设定位置。报警线在顶部位置预留线口。

如果卧室采用地板下远红外取暖，电源线与开关调节器必须采用适合6平方铜线与所需电压相匹配的开关，温控调节器切不可用普通照明开关，该电路必须另行铺设，直到入户电源开关部分。另外，背景音乐也需要考虑，它可以在卧室或其他房间共享客厅的DVD（或CD、MP3、TV等）音乐。现在很多人在卧室预留视频共享端口，可共享客厅DVD影视大片。

3.走廊、门厅的电路设计

走廊、门厅布线可以根据需要分别配备电源线、照明线或考虑人体感应灯。

电源终端接口预留1~2个。灯光应根据走廊长度、面积而定。如果较宽可安装顶灯、壁灯；如果狭窄，只能安装顶灯或透光玻璃顶，在户外内侧安装开关。另外，也可以考虑人体感应灯，人来灯亮、人走灯灭，方便行走的同时还可以有效节约电力资源。

4.厨房的电路设计

厨房布线可以根据需要分别配备电源线、照明线、电话线、背景音乐线。

电源线部分尤为重要，最好选用材质较好、线径较粗的线，因为随着厨房设备的更新，目前使用如微波炉、抽油烟机、洗碗机、消毒柜、食品加工机、电烤箱、电冰箱等设备增多，所以应根据客户要求在不同部位预留电源接口，并稍有富余，以备日后所增添的厨房设备使用，电源接口距地不得低于50cm，避免因潮湿造成短路。照明灯光的开关，最好安装在厨房门的外侧。另外，厨房可以考虑挂一个小电话机。还有再布上背景音乐线，听着音乐做饭，也是一种不错的听觉享受。

5.餐厅的电路设计

餐厅布线可以根据需要分别配备电源线、照明线、空调线、电视线。

电源线尽量预留2~3个电源接线口。灯光照明最好选用暖色光源，开关选在门内侧。空调也需要按专业人员的要求预留接口。另外，在餐厅预留电视接口，可以在吃饭时边看新闻、边吃饭。

6.卫生间的电路设计

卫生间布线可以根据需要分别配备电源线、照明线、电话线、电视线、背景音乐线。

电源线以选用材质较好、线径较粗的线为宜。考虑电热水器、电加热器等大电流设备，电源线接口最好安装在不易受到水浸泡的部位，如在电热水器上侧或在吊顶上侧。照明灯光或镜灯开关，应放在门外侧。在相对干燥的地方预留一个电话接口，最好选在坐便器左右为宜，电话接口应注意要选用防水型的。如果条件允许，在墙壁装上一个小尺寸液晶电视或背景音乐，可以边泡热水澡边看电视或听音乐。

7.书房的电路设计

书房布线可以根据需要分别配备电源线、照明线、电视线、电话线、计算机线、空调线、报警线、背景音乐线。

书房内的写字台或电脑台，在台面上方应装电源线、计算机线、电话线、电视线终端接口，从安全角度应在写字台或计算机台下方装电源插口1~2个，以备计算机配套设备电源使用。照明灯光若为多头灯应增加分控器，可安装在书房门内侧。空调预留口，应按专业安装人员要求预留。报警线应在顶部预留接线口。

8.阳台的电路设计

阳台的布线可以根据需要分别配备电源线、照明线、网络线、背景音乐线。

电源线终端预留1~2个接口。照明灯光应设在不影响晾衣物的墙壁上或暗装在挡板下方，开关应装在与阳台门相联的室内，不应安装在阳台内。坐在阳台上网、听音乐也是一种不错的生活乐趣。

1.4 建筑暖通空调工程制图规则

为了统一暖通空调专业制图规则，保证制图质量，提高制图效率，做到图面清晰、简明，符合设计、施工、存档的要求，适应工程建设的需要，建筑暖通空调工程制图对比例、图线以及图例等有一定的规定，下面具体讲解。

1.4.1 比例

建筑暖通空调专业制图常用的比例如表1-1所列。

表1-1

图名	常用比例	可用比例
剖面图	1：50　　1：100 1：150　　1：200	1：300
局部放大图 管沟断面图	1：20　1：50　1：100	1：30　1：40 1：50　1：200
索引图 详图	1：1　　1：2　　1：5 1：10　1：20	1：3　1：4　1：15

小提示

总平面图、平面图的比例，宜与工程项目设计的主导专业一致。

1.4.2 图线

图线的基本宽度b 和线宽组，应根据图样的比例、类别及使用方式确定。基本宽度b 宜选用 0.18、0.35、0.5、0.7、1.0mm。

图样中仅使用两种线宽的情况下，线宽组宜为b 和0.25b；使用3种线宽的情况下，线宽组宜为 b、0.5b 和0.25b，如表1-2所列。

表1-2

线宽组	线宽/mm			
b	1.0	0.7	0.5	0.35
0.5b	0.5	0.35	0.25	0.18
0.25b	0.25	0.18	(0.13)	—

小提示

在同一张图纸内，各不同线宽组的细线，可统一采用最小线宽组的细线。

暖通空调专业制图采用的线型及其含义如表1-3所列。

表1-3

名称	线型	线宽	一般用途
粗实线	▬▬▬▬▬	b	单线表示的管道
中粗实线	─────	0.5b	本专业设备轮廓，双线表示的管道轮廓
细实线	─────	0.25b	建筑物轮廓； 尺寸、标高、角度等标注线及引出线； 非本专业设备轮廓
粗虚线	▬ ▬ ▬ ▬	b	回水管线
中虚线	─ ─ ─ ─	0.5b	本专业设备及管道被遮挡的轮廓
细虚线	─ ─ ─ ─	0.25b	地下管沟、改造前风管的轮廓线； 示意性连线
中粗波浪线	∿∿∿∿	0.5b	单线表示的软管
细波浪线	∿∿∿	0.25b	断开界线
单点长画线	─ · ─ · ─	0.25b	轴线，中心线
双点长画线	─ ·· ─ ·· ─	0.25b	假想线或工艺设备轮廓线
折断线	───/\───	0.25b	断开界线

1.4.3 图例

在暖通空调工程图中需要用到很多图例，比如水、汽管道图例，水、汽管道阀门和附件图例，风道图例，风道阀门及附件图例，暖通空调设备图例以及调控装置及仪表图例等，下面进行具体介绍。

1. 水、汽管道图例

暖通空调工程图中水、汽管道的常用图例如表1-4所列。

表1-4

序号	代号	管道名称	备注
1	R	热水管	（1）用粗实线、粗虚线区分供水、回水时，可省略代号 （2）可附加阿拉伯数字1、2区分供水、回水 （3）可附加阿拉伯数字1、2、3……表示一个代号、不同参数的多种管道
2	Z	蒸汽管	需要区分饱和、过热、自用蒸汽时，可在代号前分别附加B、G、Z
3	N	凝结水管	
4	P	膨胀水管，排污管，排气管，旁通管	需要区分时，可以代号后附加一位小写拼音字母，即P_zP_z、P_wP_w、P_qP_q、P_tP_t
5	G	补给水管	
6	X	泄水管	
7	XH	循环管，信号管	循环管为粗实线，信号管为细虚线。不致引起误解时，循环管也可以用"X"
8	Y	溢水管	
9	L	空调冷水管	
10	LR	空调冷/热水管	
11	LQ	空调冷却水管	
12	n	空调冷凝水管	
13	RH	软化水管	
14	CY	除氧水管	
15	YS	盐液管	
16	FQ	氟汽管	
17	FY	氟液管	

2. 其他常用图例

其他常用图例主要是指水、汽管道阀门和附件图例，风道图例，风道阀门及附件图例，暖通空调设备图例以及调控装置及仪表图例，如表1-5所列。

表1-5

序号	名称	图例	附注
1	阀门（通用），截止阀	DN≥50　　DN<50	
2	闸阀		
3	手动调节阀		
4	球阀，转心阀		
5	蝶阀		
6	角阀		
7	止回阀		
8	三通阀		
9	四通阀		
10	减压阀		
11	安全阀		左为通用安全阀，右为平衡锤安全阀
12	浮球阀	平面　　系统	
13	自动排气阀		
14	固定支架		
15	保护套管		
16	空调风管	K	
17	送风管	S	
18	新风管	X	
19	回风管	H	一、二次回风可附加1、2区别
20	排风管	P	
21	排烟管或排风、排烟共用管道	PY	

序号	名称	图例	附注
22	散热器		左为平面图画法，中为剖面图画法，右为系统图、Y轴侧图画法
23	水泵		左侧为进水，右侧为出水
24	空气加热、冷却器		左为单加热，中为单冷却，右为双功能换热装置
25	窗式空调器		
26	分体空调器		
27	减振器		左为平面图画法，右为剖面图画法
28	气流方向		上为通用表示法，中表示送风，下表示回风
29	节流孔板，减压孔板		在不致引起误解时，也可用 ——╫— 表示
30	活接头		
31	法兰		
32	法兰盖		
33	坡度及坡向	i=0.003	坡度数值不宜与管道起、止标高同时标注。标注位置同管径标注位置
34	介质流向		在管道断开处时，流向符号宜标注在管道中心线上，其余可同管径标注位置
35	温度传感器	T 或 温度	

续表

序号	名称	图例	附注
36	湿度传感器	—H— 或 —湿度—	
37	压力传感器	—P— 或 —压力—	
38	压差传感器	—ΔP— 或 —压差—	
39	温度计		左为圆盘式温度计，右为管式温度计
40	压力表		
41	流量计	FM	

1.4.4 系统编号

　　一个工程设计中同时有供暖、通风、空调等两个及以上的不同系统时，应进行系统编号。暖通空调系统编号、入口编号，应由系统代号和顺序号组成。其中，系统代号又由大写拉丁字母表示，如表1-6所列，顺序号由阿拉伯数字表示，如下图（a）所示；当一个系统出现分支时，可采用下图（b）的画法。

表1-6

序号	字母代号	系统名称	序号	字母代号	系统名称
1	N	（室内）供暖系统	9	X	新风系统
2	L	制冷系统	10	H	回风系统
3	R	热力系统	11	P	排风系统
4	K	空调系统	12	JS	加压送风系统
5	T	通风系统	13	PY	排烟系统
6	J	净化系统	14	P（Y）	排风兼排烟系统
7	C	除尘系统	15	RS	人防送风系统
8	S	送风系统	16	RP	人防排风系统

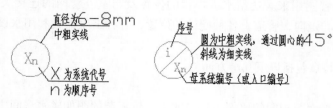

（a）　　　　　　　（b）

1.5 建筑给排水施工图的主要内容

给水管道平面图用来表达给水进户管的位置及与室外管网的连接关系，给水横管、立管、支管的平面位置和走向，管道上各种配件的位置，各种卫生器具和用水设备的位置、类型、数量等内容。

排水管道平面布置图是用来表达室内排水管道、排水附件及卫生器具的平面布置，各种卫生器具的类型、数量，各种排水管道的位置和连接情况，排水附件的位置等内容。

1.5.1 室内给水施工图

室内给水工程图一般分为给水管道平面布置图、给水管道系统轴测图两种，如下图所示。

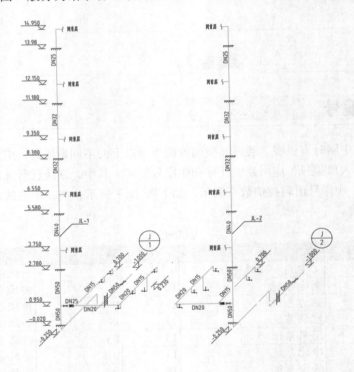

1. 给水管道平面布置图

给水管道平面布置图用来表达给水进户管的位置及与室外管网的连接关系，给水平管、立管、支管的平面位置和走向，管道上各种配件的位置，各种卫生器具和用水设备的位置、类型、数量等内容。

图示方法和图示特点包括以下几个方面。

（1）绘图比例。

一般采用与建筑平面图相同的比例（1∶100）。较复杂的图如供水房间中的设备及管道，不能表达清楚时，也可采用1∶50的比例绘制。

（2）平面布置图的数量。

多层建筑给水管道平面布置图原则上应分层绘制，对于用水房间的卫生设备及管道布置完全相同的楼层，可以绘制一个平面布置图，但是底层平面布置图必须单独绘制，以反映室内外管道的连接情况。

室内给水平面布置图是在建筑平面图的基础上表达室内给水管道在房间内的布置和卫生设备的位置情况。

（3）卫生器具画法。

在平面布置图中各种卫生器具如洗脸盆、大便器、小便器等都是工业定型产品，不必详细画出，可用国标规定的图例表示，图例外轮廓用细实线画出。施工时按照《给水排水国家标准图集》安装。各种卫生器具都不标注外形尺寸，如因施工或安装需要，可标注其定位尺寸。

（4）管道画法。

管道是管网平面布置图的主要内容，室内给水管道用粗实线表示。

每层平面图中的给水管道是指连接该层卫生设备、为该层服务的给水管道，如地层平面图中表示的给水管道是指地层地面以上和二层楼板以下的给水管道及引入管，不论是否可见，都用粗实线表示。

给水立管是指每个给水系统穿过地坪及各楼层的竖向给水干管。立管在平面图中用小圆圈表示。当房屋穿过二层及二层以上的立管数量多于1根时，应在管道类别编号之后用阿拉伯数字进行编号。

为了使平面布置图与系统轴测图相互对照索引，便于读图，各种管道必须按系统分别予以标志和编号。给水管以每一引入管为一系统，如果给水管道系统的进口多于1个，应用阿拉伯数字编号，画直径为10mm的细实线圆圈，以指引线与每一引入管相连，圆圈上半部注写该管道系统的类别，用汉语拼音的首字母表示，给水系统用"J"表示，圆圈下半部用阿拉伯数字注写该系统的序号。

给水管道一般是螺纹连接，均采用连接配件，另有安装详图，平面布置上不需特别表示。

（5）尺寸标注。

各层平面布置图均应标注墙、柱轴线，并在底层平面布置图上标注轴线间的尺寸和标注各楼层、地面的标高。各段管道的管径、坡度、标高及管段的长度在平面图中一般不进行标注。

（6）图例与说明。

为方便施工人员正确阅读图纸，避免错误和混淆，平面布置图中无论是否用标准图例，都应附上各种管道及附件、卫生器具、配水设备、阀门、仪表等的图例。

平面布置图中除了用图形、尺寸表达设备、器具的形状、大小外，对施工要求、有关材料等情况，也必须用文字加以说明，一般包括如下内容。

① 标准管路单元的用水户数，水箱的标准图集。

② 城市管网供水与水箱区域的划分与层数。

③ 各种管道的材料与连接方法、防腐和防冻措施。

④ 套用标准图集的名称与图号。

⑤ 采用设备的型号与名称、有关土建施工图的图号。

⑥ 安装质量的验收标准。

⑦ 其他施工要求。

2. 给水管道系统轴测图

为了能够清楚地表达给水进户管、给水干管、立管、支管的空间位置和走向，各种配件如阀门、水表、龙头等在管道上的位置、连接情况以及各段管道的管径和标高等内容，需要画出给水管道系统轴测图来表达给水管道在空间3个方向的延伸情况。

室内给水管道系统一般是沿墙角和墙布置的，它在空间转折一般按直角方向延伸，形成3个方向相互垂直的直角坐标系统。按照管道空间布置的特点，管道系统轴测图常采用等轴测视图（$\angle XOZ=90°$，轴向变形系数$p=q=r=1$），如下面左图所示。通常OZ轴为建筑的高度方向，OX轴为水平位置，OY轴与水平线成45°（30°、60°）夹角方向。由于室内卫生设备多沿房间横向布置，为便于平面布置图和系统轴测图配合绘制、阅读，OX轴宜与平面图的横向一致，管道在空间长、宽、高3个方向的延伸，在系统轴测图中应分别与相应的轴测OX、OY、OZ平行。

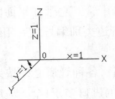 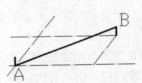

如果图中有与3个轴测方向不平行的管道，应先用坐标确定出两端点的位置，再将两端点连线即画出该段管道的轴测图，如上面右图所示。在系统图上这段管道不反映实长。给水系统轴测图的特点包括以下几个方面。

（1）比例。

一般采用与平面布置图上相同的比例绘制。OX、OY的尺寸可以直接从平面图中量取，OZ的尺寸根据建筑的层高、用水设备及放水龙头的安装高度等条件确定。如果管道系统较为简单，为使图形紧凑，也可以缩小比例。

（2）图例和管道画法。

在给水系统图上只需画出管道及配水附件，用图例表示水表、闸阀、截止阀、放水龙头及小便槽冲洗多孔管等。

为了表示管道与建筑的关系，当管道穿越墙体、地面、楼层、屋顶时，用示意性的细实线图例画出管道穿越的位置，如下面左图所示。

每个系统图的下面都应标注出与平面布置图中索引编号的管道类别编号和管道系统编号相一致的详图符号，以便平面布置图和系统轴测图互相索引、对照。详图符号用直径为14mm的粗实线圆圈表示，上半圆内为管道类别代号，下半圆内为管路系统编号，如下页右图所示。

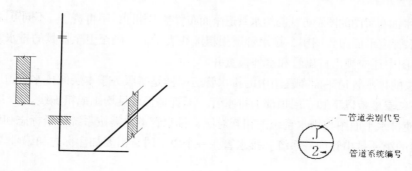

（3）尺寸标注。

给水系统图的尺寸标注包括管径和标高管道的"公称直径"，在管径数字前面加注代号"DN"，如DN75，表示公称直径为75mm。原则上每段管道均需注出公称直径，但在连续管段中可以在起始段和终止段旁注出，中间段省略不注。在三通或四通管道中，不论管径与各管段的管径是否相同，都无需特别标注。管径一般标注在管道旁边，或者用指引线引出标注。

1.5.2 室内排水施工图

室内排水工程图一般也分为排水管道平面布置图和排水管道系统轴测图两种，如下图所示。

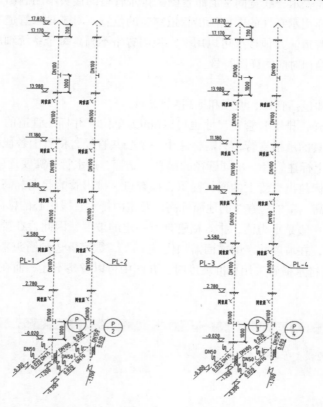

1. 排水管道平面布置图

排水管道平面布置图是用来表达室内排水管道、排水附件及卫生器具的平面布置，各种卫生器具的类型、数量，各种排水管道的位置和连接情况，排水附件如地漏的位置等内容。

排水管道平面布置图的图示方法与给水管道平面布置基本相同，不再赘述。不同点说明如下：

（1）排水管道平面布置图中，排水管道用粗虚线表示，并画至卫生器具的排水泄水口处，在底层平面布置图中还应画出排出管和室外检查井。

（2）每层的排水管道平面布置图中的排水管道同样是指服务于本层的排水管道。如二层的排水管道是指在二层楼板以下和一层顶部的排水管。不管是否可见均画成粗虚线。

（3）为使排水平面图与排水系统图相互对照，排水管道也需按系统给予标志和编号。排水管以检查井承接的第一排出管为一系统。排水管在一个以上时，需要加注标志和编号。

2. 排水管道系统轴测图

排水管道系统轴测图是用来表达各排水管的空间位置和走向，各排水附件在管道中的位置和连接关系，以及各排水管道的直径、坡度和标高等内容。

排水系统图的画法与给水系统图的画法基本一样，不同处有以下3点。

（1）图例。

排水系统图中用图例表示用水设备上的存水弯、地漏和连接支管等。排水横管应有一定的坡度。如果图中不宜绘出坡降，可以画成水平管道。

（2）管道画法。

排水管道用粗虚线表示，线宽同平面布置图。排水管道的接头不用画出。当排水立管穿越地面、楼层、屋顶时同样用示意性的图例画出管道穿越的位置。对于排水管道布置相同的楼层可以只绘一个楼层的所有管道。其他楼层可以用文字说明省略不画。每个系统轴图的下面均需要标与平面布置图中索引符号相对应的详图符号。

（3）标注。

排水系统图的尺寸包括管径、坡度和标高3个方面。

与给水系统图一样，排水管管径尺寸也可以mm为单位，并标注管道的"公称直径"。排水横管上的同类卫生器具的承接支管，只需标注出一个公共直径，横管上各段的管径如无变化，可在管道的始、末管段上标注管径。不同管径的横管、立管、排水管等需要逐段分别标注。

排水系统图中应标注出立管上的通气网罩、检查口、排出管的起点标高，地面、各楼层、屋面的标高，室外的标高，室外检查井的地面标高以及室内排水管段中心的标高等。

排水系统的管道一般是重力流，排水横管都有一定的坡度，因此，在排水横管和排出管的旁边都要标注管道坡度，在坡度数字的前面需加代号"i"，数字下边画箭头来表示坡向（箭头指向下游），如i=2%。当排水横管采用标准坡度时，在图中可以省略不注，而在施工图的说明中，按管径列表统一说明。

> **小提示**
>
> 承接存水弯较短的横支管的标高可以不标注。

1.5.3 管道布置

给水管道的布置受建筑结构、用水要求、配水点和室外给水管道的位置，以及供暖、通风、空调和供电等其他建筑设备工程管线布置等因素的影响。进行管道布置时，不但要处理协调好各种相关因素的关系，而且要满足确保供水安全和良好的水力条件，力求经济合理；保护管道不受损坏；不影响生产安全和建筑的使用；便于安装维修等基本要求。如下图所示。

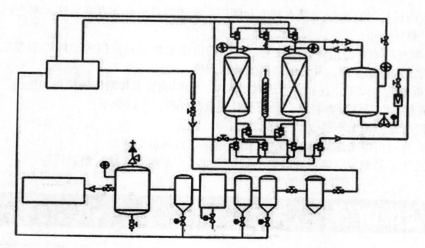

具体实施方法如下。

（1）尽量与墙面、梁、柱平行，并呈直线走向，力求管线简短。为方便装修，配水支管要先沿地面铺设，到用水点再将水管升至要求的高度。主管道布置在用水量较大或不允许间断供水的配水点附近。

（2）给水埋地管应避免布置在重物压迫处。管道不得穿越生产设备的基础，管道不宜穿过伸缩缝、沉降缝。如需穿过，需要设置补偿管道伸缩和剪切变形的装置。

明设的塑料给水管距灶台不得小于0.4m，距燃气热水器边不得小于0.2m。不允许布置在烟道、风道和排水沟内，不允许穿越大小便槽，且立管离大小便槽端部不得小于0.5m。

（3）布置管道时，要预留一定的空间来满足安装和维修的要求。另外，给水管道不能影响生产的安全，如不能穿越变配电房、通信机房等。

（4）居住小区的室外给水管网，宜布置成环状网，或与市政给水管连接成环状网。环状给水管网与市政给水管的连接管不宜少于两条，当其中一条发生故障时，其余的连接管应能通过小于70%的流量。

（5）居住小区的室外给水管道，应沿区内道路平行于建筑物敷设，宜敷设在人行道、慢车道或草地下；管道外壁距建筑物外墙的净距不宜小于1m，且不得影响建筑物的基础。居住小区的室外给水管道与其他地下管线及乔木之间的最小净距，应符合建筑给水排水设计规范。

（6）室外给水管道的覆土深度，应根据土壤冰冻深度、车辆荷载、管道材质及管道交叉等因素确定。管顶最小覆土深度不得小于土壤冰冻线以下0.15m，行车道下的管线覆土深度不宜小于0.7m。

（7）室外给水管道的阀门，宜设置阀门井或阀门套筒。

（8）敷设在室外综合管廊（沟）内的给水管道，宜在热水、热力管道下方，冷冻管和排水管的上方。给水管道与各种管道之间的净距，应满足安装操作的需要，且不宜小于0.3m。室内冷、热水管上、下平行敷设时，冷水管应在热水管下方；垂直平行敷设时，冷水管应在热水管右侧。生活给水管道不宜与输送易燃、可燃或有害液体或气体的管道同管廊（沟）敷设。

（9）室内生活给水管道宜布置成枝状管网，单向供水。

（10）室内给水管道不应穿越变配电房、电梯机房、通信机房、大中型计算机房、计算机网络中心、音像库等遇水会损坏设备和引发事故的房间，并应避免在生产设备上方通过。

1.5.4 施工设计说明

在进行室内设计时，由于给排水管道和阀门、水表等管件必须存在，这就对室内装修产生了一定的影响，具体如下：

（1）影响室内装修的美观，如住宅、宾馆的给排水管道和阀门等组件均布置在厨房和卫生间，明装的管道会占据空间，并影响装修的美观程度。

（2）为提高艺术效果，往往将管道封闭起来，会影响管道和附件的检修和更换。

如果管道和室内附件影响装修，就需要对其进行处理，原则如下：

① 重力流管道原则上不要改动或移动位置等。

② 压力流管道可以考虑局部改动，比如转弯来进行局部的修正。

③ 尽量选用不易腐蚀、腐烂和破碎的管材，如工程塑料管、给水塑料管等。

 疑难解答

1. 常用的建筑空间和家具陈设尺寸

在工程设计时，必然要考虑建筑空间、家具陈设等与人体尺度的关系问题，为了方便设计，这里介绍一些常用的尺寸数据。

（1）家具常用尺寸（尺寸单位为cm）。

- 衣橱：深度一般为60~66，门宽度为40~65
- 推拉门：宽度为75~150，高度为190~240
- 矮柜：深度为35~45，柜门宽度为30~60
- 电视柜：深度为45~60，高度为60~70
- 单人床：宽度为90、105、120，长度为180、186、200、210
- 双人床：宽度为135、150、180，长度为180、186、200、210
- 圆床：直径为186、212.5、242.4（常用）
- 室内门：宽度为80~95（医院为120），高度为190、200、210、220、240
- 厕所、厨房门：宽度为80、90，高度为190、200、210
- 窗帘盒：高度为12~18，单层布深度为12，双层布深度为16~18（实际尺寸）
- 沙发

① 单人式长度为60~95，深度为40~70，坐垫高为35~42，背高为70~90

② 双人式长度为126~150，深度为80~90

③ 三人式长度为175~196，深度为80~90

④ 四人式长度为232~252，深度为80~90

- 茶几

① 小型长方形长度为60~75，宽度为45~60，高度为38~50（38最佳）

② 中型长方形：长度为120~135，宽度为38~50或60~75

③ 正方形：长度为75~90，高度为43~50

④ 大型长方形：长度为150~180，宽度为60~80，高度为33~42（33最佳）

⑤ 圆形：直径为75、90、105、120，高度为33~42

⑥ 方形：宽度为90、105、120、135、150，高度33~42

- 书桌

① 固定式深度为45~70（60最佳），高度为75

② 活动式深度为65~80，高度为75~78

③ 书桌下缘离地至少58，长度最少为90（150~180最佳）

- 餐桌

① 高度为75~78（一般），西式高度为68~72，一般方桌宽度为120、90、75

② 长方桌：宽度为80、90、105、120，长度为150、165、180、210、240

③ 圆桌：直径为90、120、135、150、180

- 书架

① 深度为25~40（每一格），长度为60~120

② 下大上小型下方深度为35~45，高度为80~90

③ 活动未及顶高柜：深度为45，高度为180~200

- 木隔间：墙厚为6~10，内角材排距长度为（45~60）×90

（2）墙面和餐厅常用尺寸（单位为mm）。

- 墙面尺寸

① 踢脚板高：80~200

② 墙裙高：800~1 500

③ 挂镜线高：1 600~1 800（画中心距地面高度）

- 餐厅

① 餐桌高：750~790

② 餐椅高：450~500

③ 圆桌直径：二人500，二人800，四人900，五人1 100，六人1 100~1 250，八人1 300，十人1 500，十二人1 800

④ 方餐桌尺寸：二人700×850，四人1 350×850，八人2 250×850

⑤ 餐桌转盘直径：700~800

⑥ 餐桌间距：应大于500（其中座椅占500）

⑦ 主通道宽：1 200~1 300

⑧ 内部工作道宽：600~900

⑨ 酒吧台高：900~1 050，宽500

⑩ 酒吧凳高：600~750

（3）卫生间。

- 卫生间面积：3~5m²

- 浴缸长度：一般有3种，分别为1 220mm、1 520mm、1 680mm，宽为720mm，高为450mm

- 坐便：750mm×350mm

- 冲洗器：690mm×350mm

- 盥洗盆：550mm×410mm

- 淋浴器高：2 100mm

- 化妆台：长为1 350mm，宽450mm

（4）交通空间（单位为mm）。

- 楼梯间休息平台净空：等于或大于2 100

- 楼梯跑道净空：等于或大于2 300

- 客房走廊高：等于或大于2 400

- 两侧设座的综合式走廊宽度：等于或大于2 500

- 楼梯扶手高：850~1 100

- 门的常用尺寸：宽为850~1 000

- 窗的常用尺寸：宽为400~1 800（不包括组合式窗子）
- 窗台：高为800~1 200

（5）灯具（单位为mm）。

- 大吊灯最小高度：2 400
- 壁灯高：1 500~1 800
- 反光灯槽最小直径：等于或大于灯管直径两倍
- 壁式床头灯高：1 200~1 400
- 照明开关高：1 000

2. 建筑室内设计的主要原则

（1）功能性原则。

功能性原则主要是指在对室内建筑、空间和装饰等进行设计时，应保证使用要求和保护主体结构不受损害。

（2）安全性原则。

在满足功能性原则的前提下，室内建筑结构要具有一定的强度和刚度，符合计算要求，特别是各部分之间连接的节点，更要安全可靠。

（3）可行性原则。

理论上再漂亮的设计，如果不便于实际施工操作都属枉然，因此，室内设计一定要具有可行性，力求施工方便，易于操作。

（4）经济性原则。

根据建筑的实际性质和用途确定设计标准，不要盲目提高标准，造成资金浪费；也不要片面降低标准而影响使用效果。要通过巧妙的设计达到经济、性价比最高的效果。

实战练习

（1）绘制以下图形，并计算阴影部分的面积。

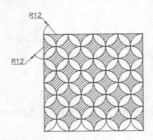

（2）绘制以下图形，并计算阴影部分的面积。

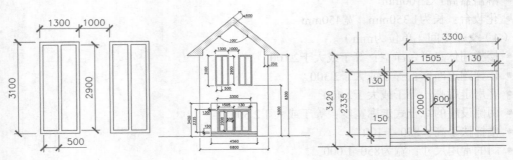

第 **2** 章

AutoCAD 2020入门

要学好AutoCAD 2020，需要对AutoCAD 2020的工作界面、文件管理、命令的调用、坐标的输入及基本设置等知识进行详细的了解。

学习效果

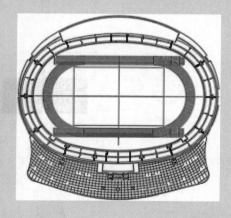
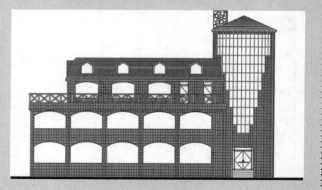

2.1 AutoCAD 2020的工作界面

　　AutoCAD 2020的工作界面由应用程序菜单、标题栏、快速访问工具栏、菜单栏、功能区、命令窗口、绘图窗口和状态栏等组成，如下图所示。

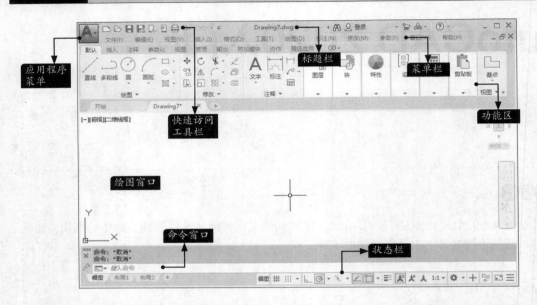

2.1.1 应用程序菜单

　　在应用程序菜单中，可以搜索命令、访问常用工具并浏览文件。在AutoCAD 2020界面左上方，单击【应用程序】按钮，弹出应用程序菜单。

　　可以在应用程序菜单中快速创建、打开、保存、核查、修复和清除文件，打印或发布图形，还可以单击右下方的【选项】按钮打开【选项】对话框或退出AutoCAD，如下左图所示。

　　在应用程序菜单上方的搜索框中，输入搜索字段，按【Enter】键确认，下方将显示搜索到的命令，如下右图所示。

2.1.2 菜单栏

菜单栏默认为隐藏状态，可以将其显示出来，如下左图所示。AutoCAD 2020默认有12个菜单（部分可能会与用户安装的插件有关，如Express），每个菜单选项下都有各类不同的菜单命令，是AutoCAD中最常用的调用命令的方式之一，如下右图所示。

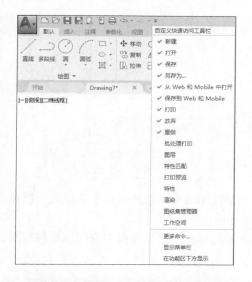 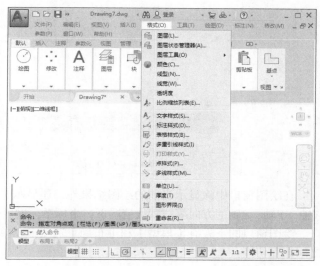

2.1.3 选项卡与面板

AutoCAD 2020根据任务标记将许多面板组织集中到某个选项卡中，面板包含很多工具和控件，如【参数化】选项卡中的【几何】面板如下图所示。

2.1.4 绘图窗口

在AutoCAD中，绘图窗口是绘图的工作区域，所有的绘图结果都反映在这个窗口中，如下图所示。可以根据需要关闭其周围和里面的各个工具栏，以增大绘图空间。如果图纸比较大，需要查看未显示部分时，可以单击窗口右边与下边滚动条上的箭头，或拖动滚动条上的滑块来移动图纸。

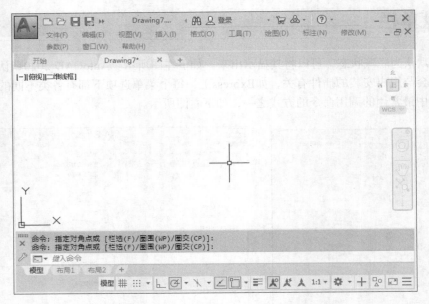

在绘图窗口中除显示当前的绘图结果外，还显示了当前使用的坐标系类型和坐标原点，以及 *X* 轴、*Y* 轴、*Z* 轴的方向等。默认情况下，坐标系为世界坐标系。

绘图窗口的下方有【模型】和【布局】选项卡，单击相应选项卡可以在模型空间或布局空间之间相互切换。

2.1.5 坐标系

在 AutoCAD 中有两个坐标系，一个是 WCS（World Coordinate System），即世界坐标系，另一个是 UCS（User Coordinate System），即用户坐标系。掌握这两种坐标系的使用方法对于精确绘图是十分重要的。

1. 世界坐标系

启动 AutoCAD 2020 后，在绘图区的左下角会看到一个坐标，即默认的世界坐标系（WCS），包含 *X* 轴和 *Y* 轴，如下左图所示。如果是在三维空间中则还有一个 *Z* 轴，并且沿 *X*、*Y*、*Z* 轴的方向规定为正方向，如下右图所示。

通常在二维视图中，世界坐标系（WCS）的 *X* 轴水平，*Y* 轴垂直。原点为 *X* 轴和 *Y* 轴的交点（0，0）。

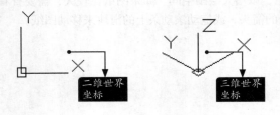

2. 用户坐标系

有时为了更方便地使用 AutoCAD 进行辅助设计，需要对坐标系的原点和方向进行相关设置和修改，即将世界坐标系更改为用户坐标系。更改为用户坐标系后的 *X*、*Y*、*Z* 轴仍然互相垂直，但是其方向和位置可以任意指定，有了很大的灵活性。

单击【工具】➤【新建UCS】➤【三点】。

指定 UCS 的原点或 [面 (F)/ 命名 (NA)/ 对象 (OB)/ 上一个 (P)/ 视图 (V)/ 世界 (W)/X/ Y/Z/Z 轴 (ZA)] < 世界 >: _3
指定新原点 <0,0,0>:

提示：

【指定UCS的原点】：重新指定UCS的原点以确定新的UCS。

【面】：将UCS与三维实体的选定面对齐。

【命名】：按名称保存、恢复或删除常用

的UCS方向。

【对象】：指定一个实体以定义新的坐标系。

【上一个】：恢复上一个UCS。

【视图】：将新的UCS的*Z Y*平面设置在与当前视图平行的平面上。

【世界】：将当前的UCS设置成WCS。

【X/Y/Z】：确定当前的UCS绕*X*、*Y*和*Z*轴中的某一轴旋转一定的角度以形成新的UCS。

【Z轴】：将当前UCS沿*Z*轴的正方向移动一定的距离。

2.1.6 命令行与文本窗口

【命令行】窗口位于绘图窗口的底部，用于接收输入的命令，并显示AutoCAD提供的信息。在AutoCAD 2020中，【命令行】窗口可以拖放为浮动窗口，如下图所示。处于浮动状态的【命令行】窗口随拖放位置的不同，其标题显示的方向也不同。

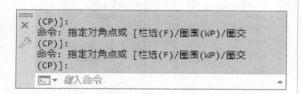

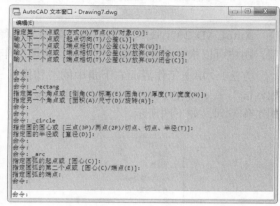

AutoCAD文本窗口是记录AutoCAD命令的窗口，是放大的【命令行】窗口，它记录了已执行的命令，也可以用来输入新命令。在AutoCAD 2020中，可以通过执行【视图】▶【显示】▶【文本窗口】菜单命令，或在命令行中输入【Textscr】命令或按【F2】键打开AutoCAD文本窗口，如右上图所示。

小提示

在AutoCAD 2020中，用户可以根据需要隐藏/打开命令行，隐藏/打开的方法为选择【工具】▶【命令行】命令或按"Ctrl+9"，AutoCAD会弹出【命令行 – 关闭窗口】对话框，如下图所示。

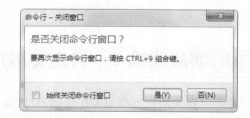

2.1.7 状态栏

状态栏用来显示AutoCAD当前的状态，如是否使用栅格、是否使用正交模式、是否显示线宽等，其位于AutoCAD界面的底部，如下图所示。

　　单击状态栏最右端的自定义按钮"三"，在弹出的选项菜单上，可以选择显示或关闭状态栏的选项，如下图所示。

2.1.8　切换工作空间

　　AutoCAD 2020版本软件包括"草图与注释""三维基础"和"三维建模"3种工作空间类型，用户可以根据需要切换工作空间。切换工作空间通常有以下3种方法。

　　方法1：单击工作界面右下角中的"切换工作空间" ✿ ▼ 按钮，在弹出的菜单中选择需要的工作空间，如下图所示。

　　方法2：在快速访问工具栏中选择相应的工作空间，如下图所示。

　　方法3：选择【工具】▶【工作空间】菜单命令，选择需要的工作空间，如下图所示。

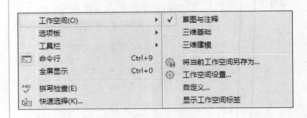

　　在切换工作空间后，AutoCAD默认会将菜单栏隐藏，单击快速访问工具栏右侧的下拉按钮，弹出下拉列表，在下拉列表中选择"显示菜单栏"选项即可显示或隐藏菜单栏，如2.1.2节中左图所示。

2.1.9　实战演练——自定义用户界面

　　使用自定义用户界面 (CUI) 编辑器可以创建、编辑或删除命令。还可以将新命令添加到下拉菜单、工具栏和功能区面板，或复制它们以将其显示在多个位置。自定义用户界面的具体操作步骤如下。

　　步骤 01 启动AutoCAD 2020并新建一个DWG文件，如右图所示。

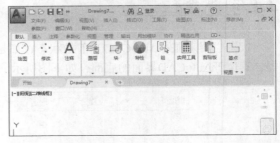

步骤 02 在命令行输入【CUI】并按空格键弹出【自定义用户界面】对话框，如下图所示。

步骤 03 在左侧窗口选中【工作空间】选项并右键，如下图所示。

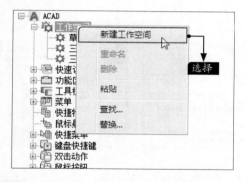

步骤 04 在弹出快捷菜单上选择【新建工作空间】选项，将新建的工作空间命名为【精简界面】，如下图所示。

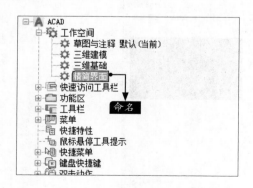

步骤 05 单击【确定】按钮关闭【自定义用户界面】对话框，回到CAD绘图界面后，单击状态栏的【切换工作空间】按钮✿▾，在弹出的快捷菜单上可以看到多了【精简界面】选项。

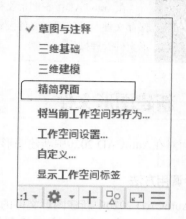

步骤 06 选择【精简界面】选项，切换到精简界面后如下图所示。

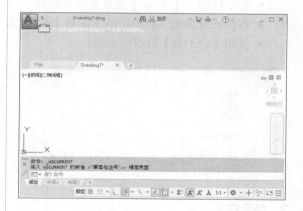

小提示

　　这里只是介绍如何自定义用户界面的方法，如果用户希望在创建的工作空间出现菜单栏、工具栏等，需要继续自定义这些功能才可以。

　　用户如果对创建的自定义界面不满意，在自定义用户界面选中创建的内容，单击右键，在弹出的快捷菜单中选择删除或替换。

2.2 AutoCAD图形文件管理

在AutoCAD中，图形文件管理一般包括新建图形文件、打开图形文件、保存文件、关闭图形文件及将文件输出为其他格式等。以下分别介绍各种图形文件管理操作。

2.2.1 新建图形文件

下面对在AutoCAD 2020中新建图形文件的方法进行介绍。

1. 命令调用方法

在AutoCAD 2020中新建图形文件的方法通常有以下5种。

- 选择【文件】➤【新建】菜单命令。
- 单击【应用程序菜单】按钮 ，然后选择【新建】➤【图形】菜单命令。
- 命令行输入【NEW】命令并按空格键。
- 单击快速访问工具栏中的【新建】按钮 。
- 使用【Ctrl+N】键盘组合键。

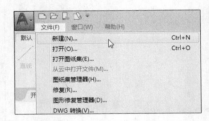

2. 命令提示

调用新建图形命令之后系统会弹出【选择样板】对话框，如下图所示。

3. 知识扩展

在【选择样板】对话框中选择对应的样板后（初学者一般选择样板文件acadiso.dwt即可），单击【打开】按钮，就会以对应的样板为模板建立新图形文件。

2.2.2 实战演练——新建一个样板为"acadiso.dwt"的图形文件

下面创建一个样板为"acadiso.dwt"的图形文件，具体操作步骤如下。

步骤 01 启动AutoCAD 2020，选择【文件】➤【新建】菜单命令，系统弹出【选择样板】对话框，选择"acadiso"样板，如下图所示。

步骤 02 单击【打开】按钮完成操作，如下图所示。

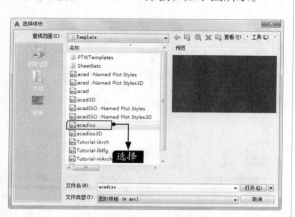

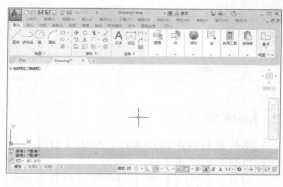

2.2.3 打开图形文件

下面将对在AutoCAD 2020中打开图形文件的方法进行介绍。

1. 命令调用方法

在AutoCAD 2020中打开图形文件的方法通常有以下5种。

- 选择【文件】➤【打开】菜单命令。
- 单击【应用程序菜单】按钮 A-，然后选择【打开】➤【图形】菜单命令。
- 命令行输入【OPEN】命令并按空格键。
- 单击快速访问工具栏中的【打开】按钮 。
- 使用【Ctrl+O】键盘组合键。

2. 命令提示

调用打开图形命令之后系统会弹出【选择文件】对话框，如下图所示。

3. 知识扩展

选择要打开的图形文件，单击【打开】按钮即可打开该图形文件。

另外，利用【打开】命令可以打开和加载局部图形，包括特定视图或图层中的几何图形。在【选择文件】对话框中单击【打开】旁边的箭头，可以选择【局部打开】或【以只读方式局部打开】，如下图所示。

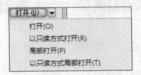

选择【局部打开】选项，将显示【局部打开】对话框，如下图所示。

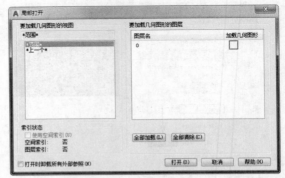

2.2.4 实战演练——打开多个图形文件

下面在AutoCAD 2020中同时打开多个建筑图形文件，具体操作步骤如下。

步骤01 启动AutoCAD 2020，选择【文件】➤【打开】菜单命令，弹出【选择文件】对话框，如下图所示。

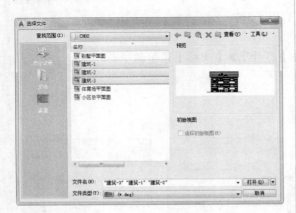

步骤02 按住"Ctrl"键的同时在【选择文件】对话框中分别选择"建筑-1""建筑-2""建筑-3"文件，单击【打开】按钮完成操作，如下图所示。

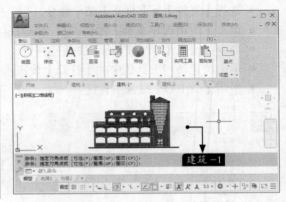

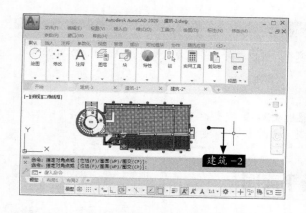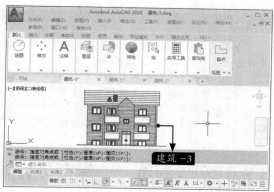

2.2.5 保存图形文件

下面对在AutoCAD 2020中保存图形文件的方法进行介绍。

1. 命令调用方法

在AutoCAD 2020中保存图形文件的方法通常有以下5种。

- 选择【文件】➤【保存】菜单命令。
- 单击【应用程序菜单】按钮 ，然后选择【保存】菜单命令。
- 命令行输入【QSAVE】命令并按空格键。
- 单击快速访问工具栏中的【保存】按钮 。
- 使用【Ctrl+S】键盘组合键。

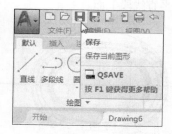

2. 命令提示

在图形第一次被保存时会弹出【图形另存为】对话框，如右图所示，需要用户确定文件的保存位置及文件名。如果图形已经保存过，只是在原有图形基础上重新对图形进行保存，则直接保存而不弹出【图形另存为】对话框。

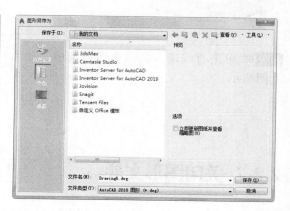

2.2.6 实战演练——保存体育场平面图

　　下面对体育场平面图进行保存，具体操作步骤如下。

步骤01 打开 "素材\CH02\体育场平面图.dwg" 文件，如下图所示。

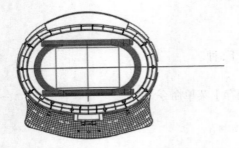

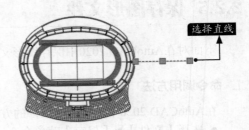

步骤02 在绘图区域中将光标移至下图所示的水平直线段上面。

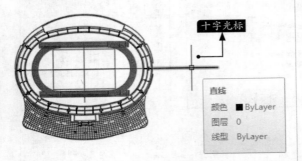

步骤03 单击直线段，将该直线段选中，如右上图所示。

步骤04 按【Del】键将所选直线段删除，结果如下图所示。

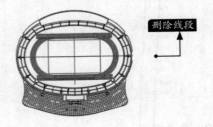

步骤05 选择【文件】➤【保存】菜单命令，完成保存操作。

2.2.7 关闭图形文件

　　下面对在AutoCAD 2020中关闭图形文件的方法进行介绍。

1. 命令调用方法

在AutoCAD 2020中调用【关闭】命令的方法通常有以下4种。
- 选择【文件】➤【关闭】菜单命令。
- 单击【应用程序菜单】按钮 A，然后选择【关闭】➤【当前图形】菜单命令。
- 命令行输入【CLOSE】命令并按空格键。
- 在绘图窗口中单击【关闭】按钮 。

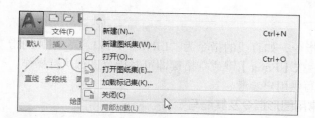

2. 命令提示

在绘图窗口中单击【关闭】按钮 ，弹出【AutoCAD】提示窗口，如下图所示。

3. 知识扩展

在【AutoCAD】提示窗口中，单击【是】按钮，AutoCAD会保存改动后的图形并关闭该图形；单击【否】按钮，将不保存图形并关闭该图形；单击【取消】按钮，将放弃当前操作。

2.2.8 实战演练——关闭小区总平面图

下面对小区总平面图进行查看，查看完成后可以将该文件关闭，具体操作步骤如下。

步骤 01 打开"素材\CH02\小区总平面图.dwg"文件，如下图所示。

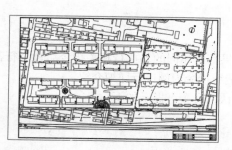

步骤 02 滚动鼠标滚轮，将指北针部分放大查看，如下图所示。

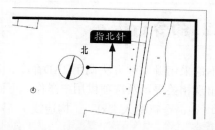

步骤 03 在绘图窗口中单击【关闭】按钮 ，然后在系统弹出的【AutoCAD】提示窗口中单击【否】按钮，完成关闭操作。

2.3 命令的调用方法

通常命令的基本调用方法可分为通过菜单栏调用、通过功能区选项板调用、通过工具栏调用、通过命令行调用4种。前3种调用方法基本相同，找到相应按钮或选项后进行单击即可。而利用命令行调用命令则需要在命令行输入相应指令，并配合空格（或Enter）键执行。本节将具体讲解AutoCAD 2020中命令的调用、退出、重复执行以及透明命令的使用方法。

2.3.1 输入命令

在命令行中输入命令即输入相关图形的指令，如直线的指令为"LINE"（或L），圆弧的指令为"ARC"（或A）等。输入完相应指令后按【Enter】键或空格键即可对指令进行执行操作。表2-1提供了部分较为常用的图形指令及其缩写供用户参考。

表2-1 部分常用图形指令及其缩写

命令全名	简写	对应操作	命令全名	简写	对应操作
POINT	PO	绘制点	LINE	L	绘制直线
XLINE	XL	绘制射线	PLINE	PL	绘制多段线
MLINE	ML	绘制多线	SPLINE	SPL	绘制样条曲线
POLYGON	POL	绘制正多边形	RECTANGLE	REC	绘制矩形
CIRCLE	C	绘制圆	ARC	A	绘制圆弧
DONUT	DO	绘制圆环	ELLIPSE	EL	绘制椭圆
REGION	REG	面域	MTEXT	MT/T	多行文本
BLOCK	B	块定义	INSERT	I	插入块
WBLOCK	W	定义块文件	DIVIDE	DIV	定数等分
BHATCH	H	填充	COPY	CO/CP	复制
MIRROR	MI	镜像	ARRAY	AR	阵列
OFFSET	O	偏移	ROTATE	RO	旋转
MOVE	M	移动	EXPLODE	X	分解
TRIM	TR	修剪	EXTEND	EX	延伸
STRETCH	S	拉伸	SCALE	SC	比例缩放
BREAK	BR	打断	CHAMFER	CHA	倒角
PEDIT	PE	编辑多段线	DDEDIT	ED	修改文本
PAN	P	平移	ZOOM	Z	视图缩放

2.3.2 命令行提示

不论采用哪一种方法调用CAD命令，调用后的结果都是相同的。执行相关指令后命令行都会自动出现相关提示及选项供用户操作。下面以执行构造线指令为例进行详细介绍。

步骤01 在命令行输入"xl"（构造线）后按空格键确认，命令行提示如下。

命令：XL
XLINE
指定点或 [水平 (H)/ 垂直 (V)/ 角度 (A)/ 二等分 (B)/ 偏移 (O)]:

步骤 02 命令行提示指定构造线中点，并附有相应选项"水平(H)/垂直(V)/角度(A)/二等分(B)/偏移(O)"。指定相应坐标点即可指定构造线中点。在命令行中输入相应选项代码如"角度"选项代码"A"后按【Enter】键确认，即可执行角度设置。

2.3.3 退出命令执行状态

退出命令通常分为两种情况，一种是命令执行完成后退出命令，另一种是调用命令后不执行（即直接退出命令）。对于第一种情况可通过按空格键、【Enter】键或【Esc】键来完成退出命令操作。第二种情况通常通过按【Esc】键来完成。用户需根据实际情况选择命令退出方式。

2.3.4 重复执行命令

如果重复执行的是刚结束的上个命令，直接按【Enter】键或空格键即可完成此操作。

单击鼠标右键，通过"重复"或"最近输入的"选项可以重复执行最近执行的命令，如下左图所示。此外，单击命令行【最近使用命令】的下拉按钮，在弹出的快捷菜单中也可以选择最近执行的命令，如下右图所示。

2.3.5 透明命令

对于透明命令而言，可以在不中断其他当前正在执行的命令的状态下进行调用。此种命令可以极大地方便用户的操作，尤其体现在对当前所绘制图形的即时观察方面。

1. 命令调用方法

在AutoCAD 2020中执行透明命令的方法通常有以下3种。
- 选择相应的菜单命令。
- 单击工具栏相应按钮。
- 通过命令行。

2. 知识扩展

为了便于操作管理，AutoCAD将许多命令赋予了透明的功能，表2-2所列为部分透明命令，供用户参考。需要注意的是，所有透明命令前面都带有符号"'"。

表2-2 部分透明命令

透明命令	对应操作	透明命令	对应操作	透明命令	对应操作
' Color	设置当前对象颜色	' Dist	查询距离	' Layer	管理图层
' Linetype	设置当前对象线型	' ID	点坐标	' PAN	实时平移
' Lweight	设置当前对象线宽	' Time	时间查询	' Redraw	重画
' Style	文字样式	' Status	状态查询	' Redrawall	全部重画
' Dimstyle	样注样式	' Setvar	设置变量	' Zoom	缩放
' Ddptype	点样式	' Textscr	文本窗口	' Units	单位控制
' Base	基点设置	' Thickness	厚度	' Limits	模型空间界限
' Adcenter	CAD设计中心	' Matchprop	特性匹配	' Help或' ?	CAD帮助
' Adcclose	CAD设计中心关闭	' Filter	过滤器	' About	关于CAD
' Script	执行脚本	' Cal	计算器	' Osnap	对象捕捉
' Attdisp	属性显示	' Dsettlngs	草图设置	' Plinewid	多段线变量设置
' Snapang	十字光标角度	' Textsize	文字高度	' Cursorsize	十字光标大小
' Filletrad	倒圆角半径	' Osmode	对象捕捉模式	' Clayer	设置当前层

2.4 综合应用——编辑别墅平面图并输出保存为PDF文件

 　下面综合利用AutoCAD 2020的打开、保存、输出、关闭等功能对别墅立面图进行编辑及输出操作，具体操作步骤如下。

步骤 01 打开"素材\CH02\别墅平面图.dwg"文件，如下图所示。

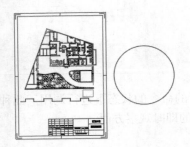

步骤 02 在绘图区域中将光标移至下图所示的圆形上面。

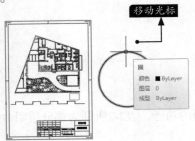

步骤 03 单击圆形，将该圆形选中，如下图所示。

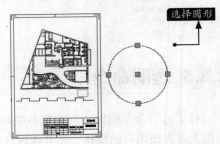

步骤 04 按【Del】键将所选圆形删除，结果如下图所示。

步骤 05 单击【应用程序菜单】按钮 A，然后选择【输出】➤【PDF】选项，系统弹出【另存为PDF】对话框，如下图所示。

步骤 06 指定当前文件的保存路径及名称，然后单击【保存】按钮完成输出操作。

步骤 07 选择【文件】➤【保存】菜单命令，完成保存操作。然后在绘图窗口中单击【关闭】按钮，关闭该图形文件。

疑难解答

1. 为什么我的命令行不能浮动

AutoCAD的命令行、选项卡、面板是可以浮动的，但当不小心选择【固定窗口】【固定工具栏】选项后，命令行、选项卡、面板将不能浮动。

步骤 01 启动AutoCAD 2020并新建一个DWG文件，如下图所示。

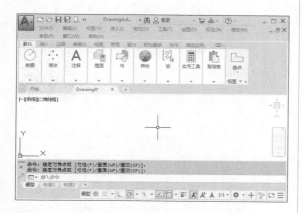

步骤 02 鼠标左键按住命令窗口进行拖动，如右图所示。

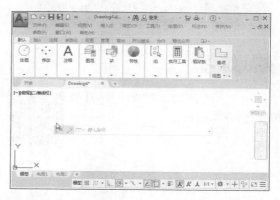

步骤 03 拖动命令窗口到合适位置后松开鼠标，然后单击【窗口】，在弹出的下拉菜单中选择【锁定位置】➤【全部】➤【锁定】，如下页图所示。

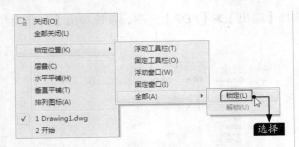
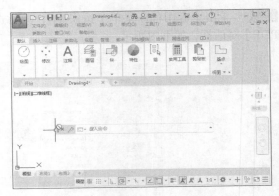

步骤 04 再次按住鼠标左键拖动命令窗口时，发现光标变成了 ，无法再拖动命令窗口，如右图所示。

小提示

选择【解锁】后，命令行又可以重新浮动。

2. 为什么启动AutoCAD时不显示开始选项卡

当STARTMODE的值为0时不显示开始选项卡，如下图所示。

当STARTMODE的值为1时显示开始选项卡，如下图所示。

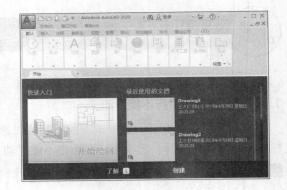

实战练习

（1）绘制以下图形，并计算阴影部分的面积。

（2）绘制以下图形，并计算阴影部分的面积。

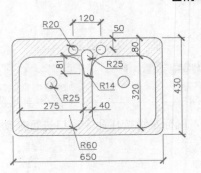

第**3**章

绘制二维图形对象

学习目标

　　绘制二维图形是AutoCAD的核心功能。任何复杂的图形，都是由点、线等基本二维图形组合而成的。熟练掌握基本二维图形的绘制与布置，有利于提高绘制复杂二维图形的准确度，同时提高绘图效率。

学习效果

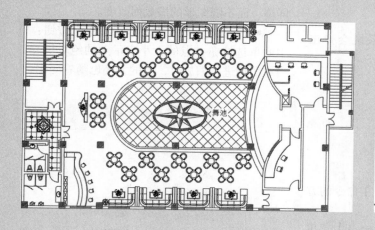

3.1 绘制点

点是绘图的基础，通常可以这样理解：点构成线，线构成面，面构成体。在AutoCAD 2020中，点可以作为绘制复杂图形的辅助点使用，可以作为某项标识使用，也可以作为直线、圆、矩形、圆弧、椭圆的相应特征的划分点使用。

3.1.1 设置点样式

1. 命令调用方法

在AutoCAD 2020中调用【点样式】命令的方法通常有以下3种。

- 选择【格式】➤【点样式】菜单命令。
- 命令行输入"DDPTYPE/ PTYPE"命令并按空格键。
- 单击【默认】选项卡➤【实用工具】面板➤【点样式】按钮。

2. 命令提示

调用【点样式】命令之后，系统会弹出【点样式】对话框，如右上图所示。

3. 知识扩展

【点样式】对话框中各选项的含义如下。

- 【点大小】文本框：用于设置点在屏幕中显示的大小比例。
- 【相对于屏幕设置大小】单选按钮：选中此单选按钮，点的大小比例将相对于计算机屏幕，而不随图形的缩放而改变。
- 【按绝对单位设置大小】单选按钮：选中此单选按钮，点的大小表示点的绝对尺寸，当对图形进行缩放时，点的大小也随着变化。

3.1.2 单点与多点

1. 命令调用方法

在AutoCAD 2020中调用【单点】命令的方法通常有以下两种。

- 选择【绘图】➤【点】➤【单点】菜单命令。
- 命令行输入"POINT/PO"命令并按空格键。

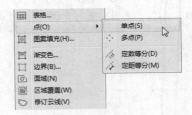

在AutoCAD 2020中调用【多点】命令的方法通常有以下两种。

- 选择【绘图】➤【点】➤【多点】菜单命令。
- 单击【默认】选项卡➤【绘图】面板➤【多点】按钮 ·:·。

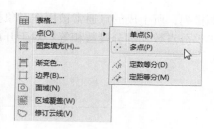
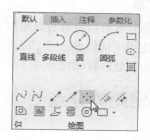

2. 命令提示

调用【单点】命令之后，命令行会进行如下提示。

```
命令：_point
当前点模式：PDMODE=0  PDSIZE=0.0000
指定点：
```

调用【多点】命令之后，命令行会进行如下提示。

```
命令：_point
当前点模式：PDMODE=0  PDSIZE=0.0000
指定点：
```

3. 知识扩展

绘制多点时按【Esc】键可以终止多点命令。

3.1.3 定数等分点

1. 命令调用方法

在AutoCAD 2020中调用【定数等分】命令的方法通常有以下3种。

- 选择【绘图】➤【点】➤【定数等分】菜单命令。
- 命令行输入"DIVIDE/DIV"命令并按空格键。
- 单击【默认】选项卡➤【绘图】面板➤【定数等分】按钮 。

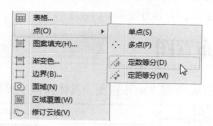
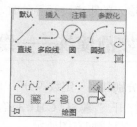

2. 命令提示

调用【定数等分】命令之后，命令行会进行如下提示。

命令：_divide
选择要定数等分的对象：

3. 知识扩展

定数等分点可以将等分对象的长度或周长等间隔排列，所生成的点通常被用作对象捕捉点或某种标识使用的辅助点。对于闭合图形（例如圆），等分点数和等分段数相等；对于开放图形，等分点数为等分段数减1。

3.1.4 定距等分点

1. 命令调用方法

在AutoCAD 2020中调用【定距等分】命令的方法通常有以下3种。

- 选择【绘图】➤【点】➤【定距等分】菜单命令。
- 命令行输入"MEASURE/ME"命令并按空格键。
- 单击【默认】选项卡➤【绘图】面板➤【定距等分】按钮。

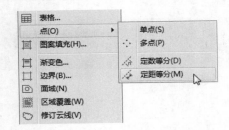
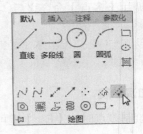

2. 命令提示

调用【定数等分】命令之后，命令行会进行如下提示。

命令：_measure
选择要定距等分的对象：

3. 知识扩展

通过定距等分可以从选定对象的一个端点划分出相等的长度。对直线、样条曲线等非闭合图形进行定距等分时，需要注意十字光标点选对象的位置，此位置即为定距等分的起始位置。当不能完全按输入的距离进行等分时，最后一段的距离通常小于等分距离。

3.1.5 实战演练——绘制客房立面布置图

下面分别利用"定数等分"和"定距等分"命令绘制客房立面布置图，具体操作步骤如下。

步骤 01 打开"素材\CH03\客房立面布置图.dwg"文件，如右图所示。

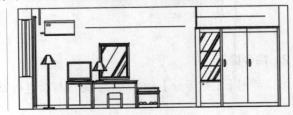

步骤 **02** 调用【定数等分】命令，在绘图区域中选择下图所示的直线作为需要定数等分的对象。

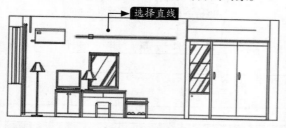

步骤 **03** 将线段数目设置为"10"，结果如下图所示。

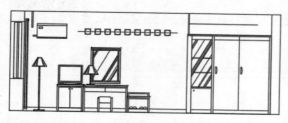

步骤 **04** 调用【定数等分】命令，在绘图区域中单击选择直线对象作为需要定距等分的对象，如下图所示。

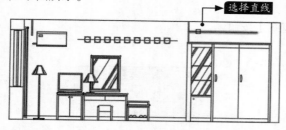

步骤 **05** 在命令行中指定线段长度为"366"，

并按【Enter】键确认，结果如下图所示。

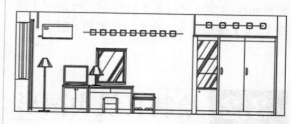

步骤 **06** 在绘图区域中选择下图所示的两条直线对象。

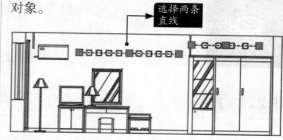

步骤 **07** 按【Del】键将所选对象删除，结果如下图所示。

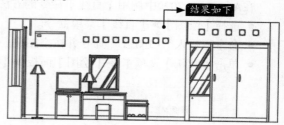

> **小提示**
>
> 关于选择对象将在4.1节中详细介绍。
> 关于删除对象将在4.5节中详细介绍。

3.1.6 实战演练——绘制景观平台基础布置图

下面利用"多点"命令绘制景观平台基础布置图，具体操作步骤如下。

步骤 **01** 打开"素材\CH03\景观平台基础布置图.dwg"文件，如下图所示。

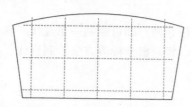

步骤 **02** 调用【点样式】命令，进行右图所示的

参数设置。

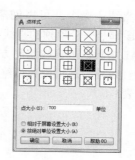

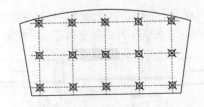

步骤 03 调用【多点】命令，在绘图区域中分别捕捉相应的交点进行多点的绘制，绘制完成后按【Esc】键结束多点命令，结果如下图所示。

3.2 绘制直线类图形

下面分别对直线、射线、构造线进行介绍。

3.2.1 直线

1. 命令调用方法

在AutoCAD 2020中调用【直线】命令的方法通常有以下3种。

- 选择【绘图】➤【直线】菜单命令。
- 命令行输入 "LINE/L" 命令并按空格键。
- 单击【默认】选项卡➤【绘图】面板➤【直线】按钮 ╱。

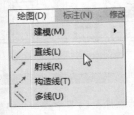

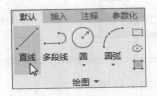

2. 命令提示

调用【直线】命令之后，命令行会进行如下提示。

```
命令：_line
指定第一个点：
```

3. 知识扩展

使用【直线】命令，可以创建一系列连续的线段，在一个由多条线段连接而成的简单图形中，每条线段都是一个单独的直线对象。

AutoCAD中默认的直线绘制方法是两点绘制，即连接任意两点即可绘制一条直线。除通过连接两点绘制直线外，还可以通过绝对坐标、相对直角坐标、相对极坐标等方法绘制直线。具体绘制方法参见表3-1。

表3-1

绘制方法	绘制步骤	结果图形	相应命令行显示
通过输入绝对坐标绘制直线	（1）指定第一点（或输入绝对坐标确定第一点）； （2）依次输入第二点、第三点……的绝对坐标	(500,1000) (500,500)　(1000,500)	命令：_LINE 指定第一个点：500,500 指定下一点或 [放弃(U)]：500,1000 指定下一点或 [放弃(U)]：1000,500 指定下一点或 [闭合(C)/放弃(U)]：c //闭合图形

通过输入相对直角坐标绘制直线	（1）指定第一点（或输入绝对坐标确定第一点）；
	（2）依次输入第二点、第三点……的相对前一点的直角坐标
		第二点
		第一点　第三点
			命令：_ LINE
			指定第一个点：
			//任意点击一点作为第一点
			指定下一点或 [放弃(U)]：@0,500
			指定下一点或 [放弃(U)]：@500,-500
			指定下一点或 [闭合(C)/放弃(U)]：c
			//闭合图形

通过输入相对极坐标绘制直线	（1）指定第一点（或输入绝对坐标确定第一点）；
	（2）依次输入第二点、第三点……的相对前一点的极坐标
		第三点
		第二点　第一点
			命令：_ LINE
			指定第一个点：
			//任意点击一点作为第一点
			指定下一点或 [放弃(U)]：@500<180
			指定下一点或 [放弃(U)]：@500<90
			指定下一点或 [闭合(C)/放弃(U)]：c
			//闭合图形

3.2.2 射线

1. 命令调用方法

在AutoCAD 2020中调用【射线】命令的方法通常有以下3种。

- 选择【绘图】➤【射线】菜单命令。
- 命令行输入"RAY"命令并按空格键。
- 单击【默认】选项卡➤【绘图】面板➤【射线】按钮 。

2. 命令提示

调用【射线】命令之后，命令行会进行如下提示。

命令：_ray
指定起点：

3. 知识扩展

射线有端点，但是射线没有中点。绘制射线时，指定的第一点就是射线的端点。

3.2.3 构造线

1. 命令调用方法

在AutoCAD 2020中调用【构造线】命令的方法通常有以下3种。

- 选择【绘图】➤【构造线】菜单命令。
- 命令行输入"XLINE/XL"命令并按空格键。
- 单击【默认】选项卡➤【绘图】面板➤【构造线】按钮。

2. 命令提示

调用【构造线】命令之后，命令行会进行如下提示。

命令：_xline
指定点或 [水平 (H)/ 垂直 (V)/ 角度 (A)/ 二等分 (B)/ 偏移 (O)]:

3. 知识扩展

构造线没有端点，但是构造线有中点。绘制构造线时，指定的第一点就是构造线的中点。

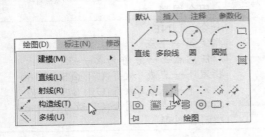

3.2.4 实战演练——完善会议室布置操作

下面分别利用"直线"和"射线"命令完善会议室布置操作，具体操作步骤如下。

步骤 01 打开"素材\CH03\会议室平面布置图.dwg"文件，如下图所示。

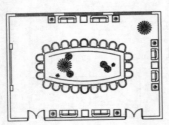

步骤 02 调用【直线】命令，分别捕捉端点A和端点B作为直线的第一个点和下一点，按【Enter】键确认，结果如下图所示。

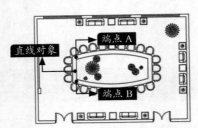

步骤 03 调用【射线】命令，捕捉右上图所示中点作为射线的起点。

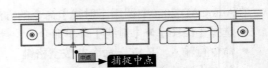

步骤 04 在水平方向上单击指定射线的通过点，按【Enter】键确认。通过射线可以看出，下图中的两个沙发对象在同一条水平线上。

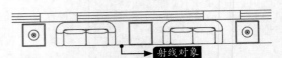

步骤 05 选择刚绘制的射线对象，按【Del】键将其删除，结果如下图所示。

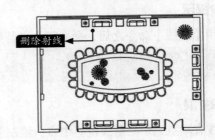

3.2.5 实战演练——绘制凉亭立面图

下面分别利用"直线"和"构造线"命令完善凉亭立面图，具体操作步骤如下。

步骤01 打开"素材\CH03\凉亭立面图.dwg"文件，如下图所示。

步骤02 调用【直线】命令，分别捕捉端点A和端点B作为直线的第一个点和下一点，按【Enter】键确认，结果如下图所示。

步骤03 调用【构造线】命令，捕捉下图所示中点作为构造线的中点。

步骤04 在水平方向上单击指定构造线的通过点，按【Enter】键确认，结果如下图所示。

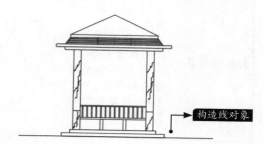

3.3 绘制矩形和多边形

矩形为四条线段首尾相接且4个角均为直角的四边形，而正多边形是由至少3条线段首尾相接组合成的规则图形，正多边形的概念范围内包括矩形。

3.3.1 矩形

1. 命令调用方法

在AutoCAD 2020中调用【矩形】命令的方法通常有以下3种。

- 选择【绘图】➤【矩形】菜单命令。
- 命令行输入"RECTANG/REC"命令并按空格键。
- 单击【默认】选项卡➤【绘图】面板➤【矩形】按钮□。

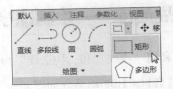

2. 命令提示

调用【矩形】命令之后，命令行会进行如下提示。

```
命令：_rectang
指定第一个角点或 [ 倒角 (C)/ 标高 (E)/ 圆角 (F)/ 厚度 (T)/ 宽度 (W)]:
```

3. 知识扩展

默认的绘制矩形的方式为指定两点绘制矩形，除此以外AutoCAD还提供了面积绘制、尺寸绘制和旋转绘制等绘制方法，具体的绘制方法参见表3-2。

表3-2

绘制方法	绘制步骤	结果图形	相应命令行显示
面积绘制法	（1）指定第一个角点； （2）输入"a"选择面积绘制法； （3）输入绘制矩形的面积值； （4）指定矩形的长或宽	8 / 12.5	命令:_RECTANG 指定第一个角点或 [倒角(C)/标高(E)/圆角(F)/厚度(T)/宽度(W)]: //单击指定第一角点 指定另一个角点或 [面积(A)/尺寸(D)/旋转(R)]: a 输入以当前单位计算的矩形面积 <100.0000>: //按空格键接受默认值 计算矩形标注时依据 [长度(L)/宽度(W)] <长度>: //按空格键接受默认值 输入矩形长度 <10.0000>: 8
尺寸绘制法	（1）指定第一个角点； （2）输入"d"选择尺寸绘制法； （3）指定矩形的长度和宽度； （4）拖曳鼠标指定矩形的放置位置	8 / 12.5	命令:_RECTANG 指定第一个角点或 [倒角(C)/标高(E)/圆角(F)/厚度(T)/宽度(W)]: //单击指定第一角点 指定另一个角点或 [面积(A)/尺寸(D)/旋转(R)]: d 指定矩形的长度 <8.0000>: 8 指定矩形的宽度 <12.5000>: 12.5 指定另一个角点或 [面积(A)/尺寸(D)/旋转(R)]: //拖曳鼠标指定矩形的放置位置
旋转绘制法	（1）指定第一个角点； （2）输入"r"选择旋转绘制法； （3）输入旋转的角度； （4）拖曳鼠标指定矩形的另一角点或输入"a""d"通过面积或尺寸确定矩形的另一个角点	(旋转矩形图)	命令:_RECTANG 指定第一个角点或 [倒角(C)/标高(E)/圆角(F)/厚度(T)/宽度(W)]: //单击指定第一角点 指定另一个角点或 [面积(A)/尺寸(D)/旋转(R)]: r 指定旋转角度或 [拾取点(P)] <0>: 45 指定另一个角点或 [面积(A)/尺寸(D)/旋转(R)]: //拖曳鼠标指定矩形的另一个角点

3.3.2 多边形

1. 命令调用方法

在AutoCAD 2020中调用【多边形】命令的方法通常有以下3种。

- 选择【绘图】➤【多边形】菜单命令。
- 命令行输入"POLYGON/POL"命令并按空格键。
- 单击【默认】选项卡➤【绘图】面板➤【多边形】按钮⬠。

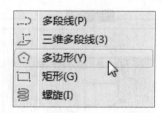

2. 命令提示

调用【多边形】命令之后，命令行会进行如下提示。

```
命令：_polygon
输入侧面数 <4>：
```

3. 知识扩展

多边形的绘制方法可以分为外切于圆和内接于圆两种。外切于圆是将多边形的边与圆相切，而内接于圆则是将多边形的顶点与圆相接。

3.3.3 实战演练——绘制次卧北墙立面图

下面分别利用"矩形"和"多边形"命令完善次卧北墙立面图，具体操作步骤如下。

步骤 01 打开"素材\CH03\次卧北墙立面图.dwg"文件，如下图所示。

作为矩形的第一个角点。

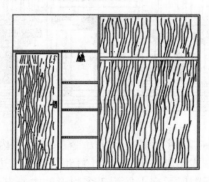

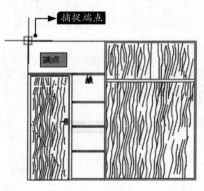

步骤 02 调用【矩形】命令，捕捉右图所示端点

步骤 03 在命令行输入"@3060，200"后按【Enter】键确认，结果如下页图所示。

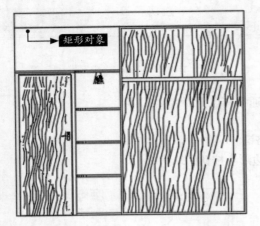

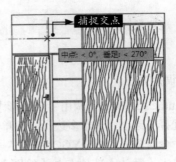

结果如下图所示。

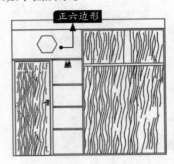

步骤04 调用【多边形】命令，使用"内接于圆"方式绘制一个半径为"200"的正六边形，捕捉右上图所示交点作为正多边形的中心点。

3.3.4 实战演练——创建古建门立面图

下面分别利用"矩形"和"多边形"命令完善古建门立面图，具体操作步骤如下。

步骤01 打开"素材\CH03\古建门立面图.dwg"文件，如下图所示。

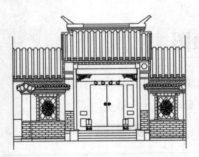

步骤02 调用【矩形】命令，在命令行输入"fro"后按【Enter】键确认，捕捉下图所示端点作为基点。

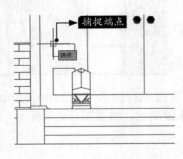

步骤03 命令行提示如下。

> 基点：< 偏移 >：@0,192
> 指定另一个角点或 [面积(A)/ 尺寸(D)/ 旋转(R)]：@325,1192
> 结果如下图所示。

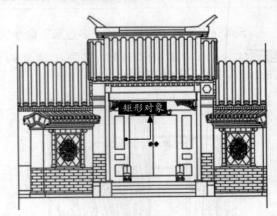

步骤04 调用【多边形】命令，使用"内接于圆"方式绘制一个半径为"150"的正六边形，捕捉下图所示交点作为正多边形的中心点。

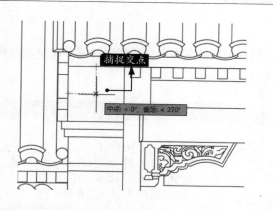

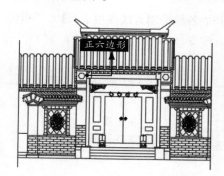

结果如下图所示。

3.4 绘制圆类图形

下面分别对圆、圆环、圆弧、椭圆及椭圆弧进行详细介绍。

3.4.1 圆

1. 命令调用方法

在AutoCAD 2020中调用【圆】命令的方法通常有以下3种。

- 选择【绘图】➤【圆】菜单命令，然后选择一种绘制圆的方式。
- 命令行输入"CIRCLE/C"命令并按空格键。
- 单击【默认】选项卡➤【绘图】面板➤【圆】按钮，然后选择一种绘制圆的方式。

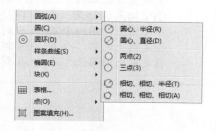

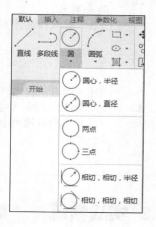

2. 命令提示

调用【圆】命令之后，命令行会进行如下提示。

命令：CIRCLE
指定圆的圆心或 [三点 (3P)/ 两点 (2P)/ 切点、切点、半径 (T)]：

3. 知识扩展

圆的各种绘制方法参见表3-3（"相切、相切、相切"绘制圆形命令只能通过菜单命令或面板调用，命令行无这一选项）。

表3-3

绘制方法	绘制步骤	结果图形	相应命令行显示
圆心、半径/直径	（1）指定圆心； （2）输入圆的半径/直径		命令: _ CIRCLE 指定圆的圆心或 [三点(3P)/两点(2P)/切点、切点、半径(T)]: 指定圆的半径或 [直径(D)]: 45
两点绘圆	（1）调用两点绘圆命令； （2）指定直径上的第一点； （3）指定直径上的第二点或输入直径长度		命令: _circle 指定圆的圆心或 [三点(3P)/两点(2P)/切点、切点、半径(T)]: _2p 指定圆直径的第一个端点: //指定第一点 指定圆直径的第二个端点: 80 //输入直径长度或指定第二点
三点绘圆	（1）调用"三点"绘圆命令； （2）指定圆周上第一个点； （3）指定圆周上第二个点； （4）指定圆周上第三个点		命令: _circle 指定圆的圆心或 [三点(3P)/两点(2P)/切点、切点、半径(T)]: _3p 指定圆上的第一个点: 指定圆上的第二个点: 指定圆上的第三个点:
相切、相切、半径	（1）调用"相切、相切、半径"绘圆命令； （2）选择与圆相切的两个对象； （3）输入圆的半径		命令: _circle 指定圆的圆心或 [三点(3P)/两点(2P)/切点、切点、半径(T)]: _ttr 指定对象与圆的第一个切点: 指定对象与圆的第二个切点: 指定圆的半径 <35.0000>: 45
相切、相切、相切	（1）调用"相切、相切、相切"绘圆命令； （2）选择与圆相切的3个对象		命令: _circle 指定圆的圆心或 [三点(3P)/两点(2P)/切点、切点、半径(T)]: _3p 指定圆上的第一个点: _tan 到 指定圆上的第二个点: _tan 到 指定圆上的第三个点: _tan 到

3.4.2 实战演练——绘制立柱大样图

下面利用"圆心、半径"绘制圆的方式完善立柱大样图，具体操作步骤如下。

步骤01 打开"素材\CH03\立柱大样图.dwg"文件，如下页图所示。

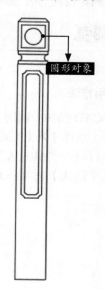

步骤 03 在命令行提示下输入"5"后按【Enter】键确认,以指定圆的半径值,结果如下图所示。

圆形对象

步骤 02 调用"圆心、半径"绘制圆的方式,捕捉下图所示的交点作为圆的圆心。

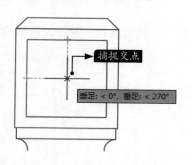

捕捉交点

垂足: < 0°,垂足: < 270°

3.4.3 圆环

1. 命令调用方法

在AutoCAD 2020中调用【圆环】命令的方法通常有以下3种。

- 选择【绘图】➤【圆环】菜单命令。
- 命令行输入"DONUT/DO"命令并按空格键。
- 单击【默认】选项卡➤【绘图】面板➤【圆环】按钮◎。

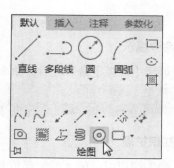

2. 命令提示

调用【圆环】命令之后,命令行会进行如下提示。

```
命令:_donut
指定圆环的内径 <0.5000>:
```

3. 知识扩展

若指定圆环内径为0，则可绘制实心填充圆。

3.4.4 圆弧

1. 命令调用方法

在AutoCAD 2020中调用【圆弧】命令的方法通常有以下3种。

- 选择【绘图】➤【圆弧】菜单命令，然后选择一种绘制圆弧的方式。
- 命令行输入"ARC/A"命令并按空格键。
- 单击【默认】选项卡➤【绘图】面板➤【圆弧】按钮，然后选择一种绘制圆弧的方式。

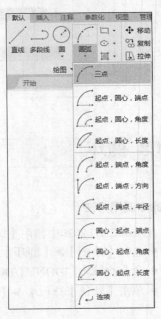

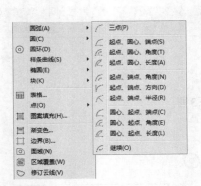

2. 命令提示

调用【圆弧】命令之后，命令行会进行如下提示。

命令：ARC
指定圆弧的起点或 [圆心 (C)]:

3. 知识扩展

绘制圆弧时，输入的半径值和圆心角有正负之分。对于半径，当输入的半径值为正时，生成的圆弧是劣弧；反之，生成的是优弧。对于圆心角，当角度值为正时，系统沿逆时针方向绘制圆弧；反之，则沿顺时针方向绘制圆弧。

绘制圆弧的默认方法是确定3点。此外，圆弧还可以通过设置起点、方向、中点、角度和弦长等参数来绘制。如表3-4所列。

表3-4

绘制方法	绘制步骤	结果图形	相应命令行显示
三点	（1）调用"三点"画弧命令； （2）指定3个不在同一条直线上的3个点即可完成圆弧的绘制		命令: _arc 指定圆弧的起点或 [圆心(C)]: 指定圆弧的第二个点或 [圆心(C)/端点(E)]: 指定圆弧的端点
起点、圆心、端点	（1）调用"起点、圆心、端点"画弧命令； （2）指定圆弧的起点； （3）指定圆弧的圆心； （4）指定圆弧的端点。		命令: _arc 指定圆弧的起点或 [圆心(C)]: 指定圆弧的第二个点或 [圆心(C)/端点(E)]: _c 指定圆弧的圆心: 指定圆弧的端点或 [角度(A)/弦长(L)]
起点、圆心、角度	（1）调用"起点、圆心、角度"画弧命令； （2）指定圆弧的起点； （3）指定圆弧的圆心； （4）指定圆弧所包含的角度。 提示：当输入的角度为正值时圆弧沿起点方向逆时针生成，当角度为负值时圆弧沿起点方向顺时针生成		命令: _arc 指定圆弧的起点或 [圆心(C)]: 指定圆弧的第二个点或 [圆心(C)/端点(E)]: _c 指定圆弧的圆心: 指定圆弧的端点或 [角度(A)/弦长(L)]: _a 指定包含角: 120
起点、圆心、长度	（1）调用"起点、圆心、长度"画弧命令； （2）指定圆弧的起点； （3）指定圆弧的圆心； （4）指定圆弧的弦长。 提示：弦长为正值时得到的弧为"劣弧"（小于180°），弦长为负值时得到的弧为"优弧"（大于180°）		命令: _arc 指定圆弧的起点或 [圆心(C)]: 指定圆弧的第二个点或 [圆心(C)/端点(E)]: _c 指定圆弧的圆心: 指定圆弧的端点或 [角度(A)/弦长(L)]: _l 指定弦长: 30
起点、端点角度	（1）调用"起点、端点、角度"画弧命令； （2）指定圆弧的起点； （3）指定圆弧的端点； （4）指定圆弧的角度。 提示：当输入的角度为正值时起点和端点沿圆弧呈逆时针关系，当角度为负值时起点和端点沿圆弧呈顺时针关系		命令: _arc 指定圆弧的起点或 [圆心(C)]: 指定圆弧的第二个点或 [圆心(C)/端点(E)]: _e 指定圆弧的端点: 指定圆弧的圆心或 [角度(A)/方向(D)/半径(R)]: _a 指定包含角: 137

续表

绘制方法	绘制步骤	结果图形	相应命令行显示
起点、端点、方向	（1）调用"起点、端点、方向"画弧命令； （2）指定圆弧的起点； （3）指定圆弧的端点； （4）指定圆弧的起点切向		命令：_arc 指定圆弧的起点或 [圆心(C)]： 指定圆弧的第二个点或 [圆心(C)/端点(E)]：_e 指定圆弧的端点： 指定圆弧的圆心或 [角度(A)/方向(D)/半径(R)]：_d 指定圆弧的起点切向
起点、端点、半径	（1）调用"起点、端点、半径"画弧命令； （2）指定圆弧的起点； （3）指定圆弧的端点； （4）指定圆弧的半径。 提示：当输入的半径值为正值时得到的圆弧是"劣弧"，当输入的半径值为负值时得到的圆弧为"优弧"		命令：_arc 指定圆弧的起点或 [圆心(C)]： 指定圆弧的第二个点或 [圆心(C)/端点(E)]：_e 指定圆弧的端点： 指定圆弧的圆心或 [角度(A)/方向(D)/半径(R)]：_r 指定圆弧的半径：140
圆心、起点、端点	（1）调用"圆心、起点、端点"画弧命令； （2）指定圆弧的圆心； （3）指定圆弧的起点； （4）指定圆弧的端点		命令：_arc 指定圆弧的起点或 [圆心(C)]：_c 指定圆弧的圆心： 指定圆弧的起点： 指定圆弧的端点或 [角度(A)/弦长(L)]
圆心、起点、角度	（1）调用"圆心、起点、角度"画弧命令； （2）指定圆弧的圆心； （3）指定圆弧的起点； （4）指定圆弧的角度		命令：_arc 指定圆弧的起点或 [圆心(C)]：_c 指定圆弧的圆心： 指定圆弧的起点： 指定圆弧的端点或 [角度(A)/弦长(L)]：_a 指定包含角：170
圆心、起点、长度	（1）调用"圆心、起点、长度"画弧命令； （2）指定圆弧的圆心； （3）指定圆弧的起点； （4）指定圆弧的弦长。 提示：弦长为正值时得到的弧为"劣弧"（小于180°），弦长为负值时，得到的弧为"优弧"（大于180°）		命令：_arc 指定圆弧的起点或 [圆心(C)]：_c 指定圆弧的圆心： 指定圆弧的起点： 指定圆弧的端点或 [角度(A)/弦长(L)]：_l 指定弦长：60

3.4.5 实战演练——绘制别墅一层平面墙体图形

下面利用"起点、端点、半径"绘制圆弧的方式完善别墅一层平面墙体图形，具体操作步骤如下。

步骤 01 打开 "素材\CH03\别墅一层平面墙体.dwg" 文件，如下图所示。

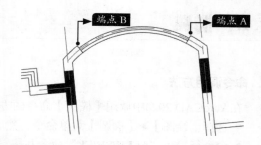

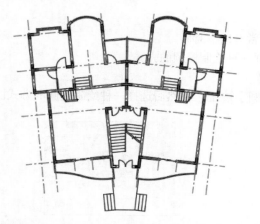

步骤 03 圆弧半径指定为 "2280"，结果如下图所示。

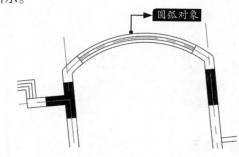

步骤 02 调用 "起点、端点、半径" 画圆弧方式，依次捕捉端点A和端点B，如右上图所示。

3.4.6 实战演练——绘制雨水管线出水口立面图

下面利用 "圆心、起点、端点" 绘制圆弧的方式完善雨水管线出水口立面图，具体操作步骤如下。

步骤 01 打开 "素材\CH03\雨水管线出水口立面图.dwg" 文件，如下图所示。

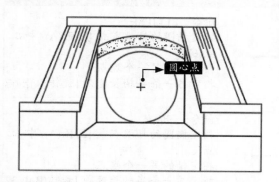

步骤 02 调用 "圆心、起点、端点" 画圆弧方式，命令行提示如下。

```
命令：_arc
指定圆弧的起点或 [ 圆心 (C)]: fro
基点：    // 捕捉圆心点
```

```
< 偏移 >: @6.4,−12
指定圆弧的第二个点或 [ 圆心 (C)/ 端点(E)]: _c
指定圆弧的圆心：  // 捕捉圆心点
指定圆弧的端点 ( 按住【Ctrl】键以切换方向 ) 或 [ 角度 (A)/ 弦长 (L)]: @−6.4,−12
结果如下图所示。
```

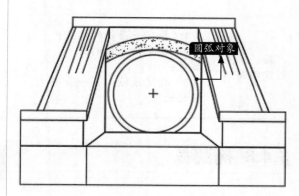

3.4.7 椭圆

1. 命令调用方法

在AutoCAD 2020中调用【椭圆】命令的方法通常有以下3种。

- 选择【绘图】➤【椭圆】菜单命令，然后选择一种绘制椭圆的方式。
- 命令行输入"ELLIPSE/EL"命令并按空格键。
- 单击【默认】选项卡➤【绘图】面板➤【椭圆】按钮⊙，然后选择一种绘制椭圆的方式。

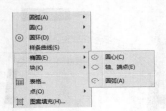
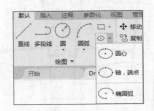

2. 命令提示

调用【椭圆】命令之后，命令行会进行如下提示。

命令：ELLIPSE
指定椭圆的轴端点或 [圆弧 (A)/ 中心点 (C)]:

3. 知识扩展

椭圆的各种绘制方法参见表3-5。

表3-5

绘制方法	绘制步骤	结果图形	相应命令行显示
指定圆心创建椭圆	（1）指定椭圆的中心； （2）指定一条轴的端点； （3）指定或输入另一条半轴的长度		命令: ELLIPSE 指定椭圆的轴端点或 [圆弧(A)/中心点(C)]: 指定轴的另一个端点: 指定另一条半轴长度或 [旋转(R)]: 65
"轴、端点"创建椭圆	（1）指定一条轴的端点； （2）指定该条轴的另一端点； （3）指定或输入另一条半轴的长度		命令: _ellipse 指定椭圆的轴端点或 [圆弧(A)/中心点(C)]: 指定轴的另一个端点: 指定另一条半轴长度或 [旋转(R)]: 32

3.4.8 椭圆弧

1. 命令调用方法

在AutoCAD 2020中调用【椭圆弧】命令的方法通常有以下3种。

- 选择【绘图】➤【椭圆】➤【圆弧】菜单命令。

- 命令行输入“ELLIPSE/EL”命令并按空格键，然后输入“a”绘制圆弧。
- 单击【默认】选项卡➤【绘图】面板➤【椭圆弧】按钮。

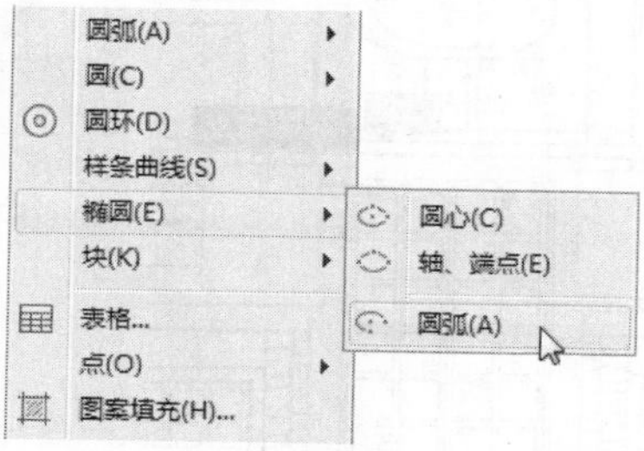

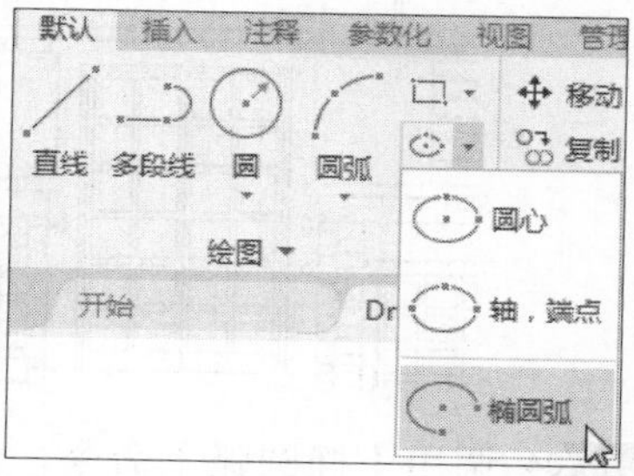

2. 命令提示

调用【椭圆弧】命令之后，命令行会进行如下提示。

```
命令：_ellipse
指定椭圆的轴端点或 [ 圆弧 (A)/ 中心点 (C)]: _a
指定椭圆弧的轴端点或 [ 中心点 (C)]:
```

3. 知识扩展

椭圆弧为椭圆上某一角度到另一角度的一段，在绘制椭圆弧前必须先绘制一个椭圆。

3.4.9 实战演练——绘制别墅立面图

下面分别利用“椭圆”和“椭圆弧”命令完善别墅立面图，具体操作步骤如下。

步骤 01 打开“素材\CH03\别墅立面图.dwg”文件，如下图所示。

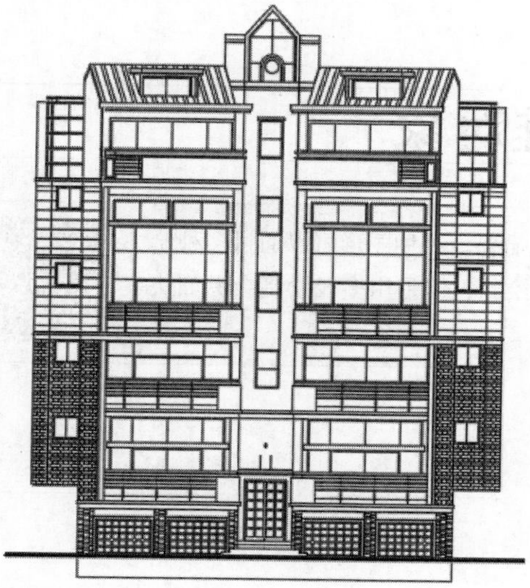

步骤 02 调用【圆心】绘制椭圆的方式，捕捉右图所示的圆心点作为椭圆的中心点。

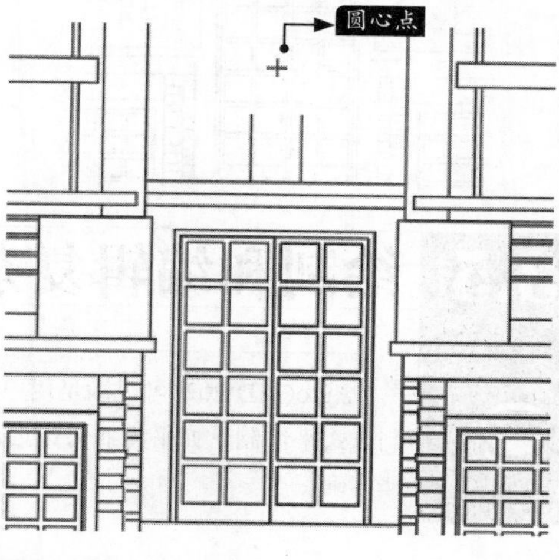

步骤 03 命令行提示如下。

```
命令：_ellipse
指定椭圆的轴端点或 [ 圆弧 (A)/ 中心点 (C)]: _c
指定椭圆的中心点： // 捕捉圆心点
指定轴的端点：@600,0
指定另一条半轴长度或 [ 旋转 (R)]: 300
```

结果如下图所示。

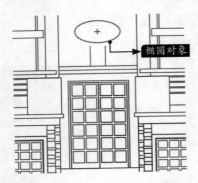

步骤 04 调用【椭圆弧】命令，命令行提示如下。

```
命令：_ellipse
指定椭圆的轴端点或 [ 圆弧 (A)/ 中心点 (C)]：_a
指定椭圆弧的轴端点或 [ 中心点 (C)]：c
指定椭圆弧的中心点：// 捕捉圆心点
指定轴的端点：@800,0
指定另一条半轴长度或 [ 旋转 (R)]：400
捕捉下图所示的端点。
```

步骤 05 捕捉下图所示的端点。

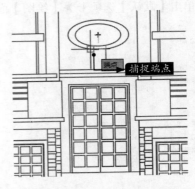

步骤 06 将圆心点删除，结果如下图所示。

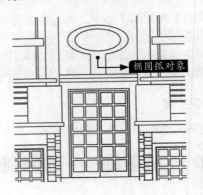

3.5 绘制和编辑复杂二维对象

AutoCAD 2020可以满足用户的多种绘图需要。一种图形可以通过多种绘制方式来绘制，如平行线可以用两条直线来绘制，但是用多线绘制会更加快捷准确。

3.5.1 绘制与编辑多线

1. 命令调用方法（多线样式）

在AutoCAD 2020中调用【多线样式】命令的方法通常有以下两种。

● 选择【格式】▶【多线样式】菜单命令。

- 命令行输入"MLSTYLE"命令并按空格键。

2. 命令提示（多线样式）

调用【多线样式】命令之后，系统会自动弹出【多线样式】对话框，如下图所示。

3. 命令调用方法（多线）

在AutoCAD 2020中调用【多线】命令的方法通常有以下两种。

- 选择【绘图】➤【多线】菜单命令。
- 命令行输入"MLINE/ML"命令并按空格键。

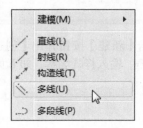

4. 命令提示（多线）

调用【多线】命令之后，命令行会进行如下提示。

```
命令：_mline
当前设置：对正 = 上，比例 = 20.00，样式 = STANDARD
指定起点或 [ 对正 (J)/ 比例 (S)/ 样式 (ST)]:
```

5. 知识扩展（多线）

多线不可以打断、拉长、倒角和圆角。

6. 命令调用方法（多线编辑工具）

在AutoCAD 2020中调用【多线编辑工具】命令的方法通常有以下两种。

- 选择【修改】➤【对象】➤【多线】菜单命令。
- 命令行输入"MLEDIT"命令并按空格键。

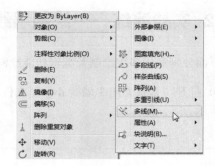

7. 命令提示（多线编辑工具）

调用【多线编辑工具】命令之后，系统会自动弹出【多线编辑工具】对话框，如下图所示。

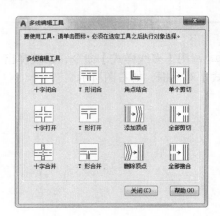

8. 知识扩展（多线编辑工具）

【多线编辑工具】对话框中各选项的含义如下。

- 【十字闭合】：在两条多线之间创建闭合的十字交点。
- 【十字打开】：在两条多线之间创建打开的十字交点；打断将插入第一条多线的所有元素和第二条多线的外部元素。
- 【十字合并】：在两条多线之间创建合并的十字交点；选择多线的次序并不重要。
- 【T形闭合】：在两条多线之间创建闭合的T形交点；将第一条多线修剪或延伸到与第二条多线的交点处。
- 【T形打开】：在两条多线之间创建打开的T形交点；将第一条多线修剪或延伸到与第二条多线的交点处。
- 【T形合并】：在两条多线之间创建合并的T形交点；将多线修剪或延伸到与另一条多线的交点处。
- 【角点结合】：在多线之间创建角点结合；将多线修剪或延伸到它们的交点处。
- 【添加顶点】：向多线上添加一个顶点。
- 【删除顶点】：从多线上删除一个顶点。
- 【单个剪切】：在选定多线元素中创建可见打断。
- 【全部剪切】：创建穿过整条多线的可见打断。
- 【全部接合】：将已被剪切的多线线段重新接合起来。

3.5.2 实战演练——绘制墙线图形

下面分别利用多线绘制及编辑功能绘制墙线图形，具体操作步骤如下。

步骤01 打开"素材\CH03\墙线.dwg"文件，如下图所示。

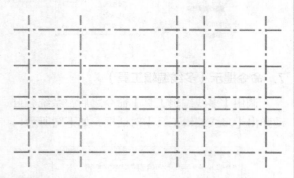

步骤02 调用【多线样式】命令，系统弹出【多线样式】对话框，如右图所示。

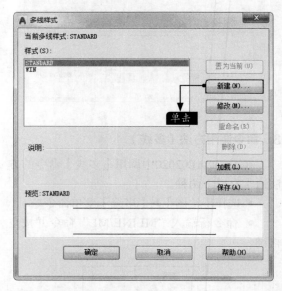

步骤03 单击【新建】按钮弹出【创建新的多线样式】对话框，输入样式名称，如下页图所示。

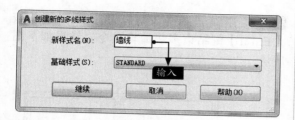

步骤 04 单击【继续】按钮弹出【新建多线样式：墙线】对话框，设置新建多线样式的封口为直线形式，如下图所示。

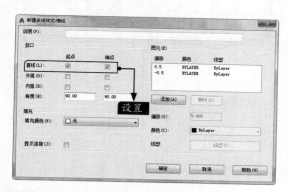

步骤 05 单击【确定】按钮，系统会自动返回【多线样式】对话框，选择【墙线】多线样式，并单击【置为当前】按钮，如下图所示。

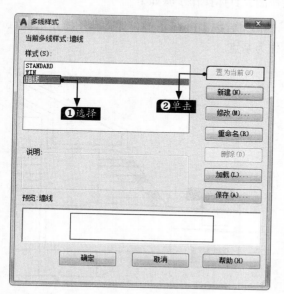

步骤 06 调用【多线】命令，比例设置为"240"，对正设置为"无"，捕捉右上图所示的交点作为多线的起点。

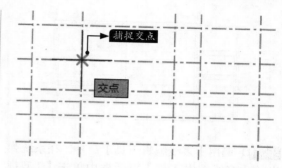

步骤 07 依次捕捉多线的下一点，按【Enter】键结束多线命令，结果如下图所示。

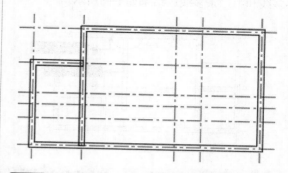

步骤 08 继续进行多线的绘制，结果如下图所示。

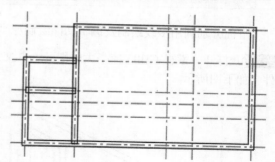

步骤 09 继续进行多线的绘制，结果如下图所示。

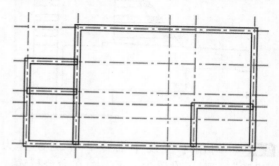

步骤 10 继续进行多线的绘制，结果如下页图所示。

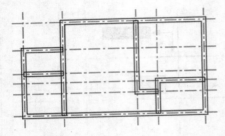

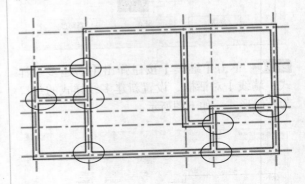

步骤 12 继续进行【T型打开】操作，并按【Enter】键结束多线编辑命令，结果如下图所示。

步骤 11 调用【多线编辑工具】命令，在系统弹出的【多线编辑工具】对话框中单击【T型打开】按钮，然后在绘图区域中分别选择第一条多线和第二条多线，结果如下图所示。

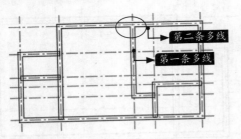

第二条多线

第一条多线

3.5.3 实战演练——绘制凉亭大样图

下面分别利用多线绘制及编辑功能绘制凉亭大样图，具体操作步骤如下。

步骤 01 打开"素材\CH03\凉亭大样图.dwg"文件，如下图所示。

"fro"后按【Enter】键，捕捉下图所示的端点作为基点。

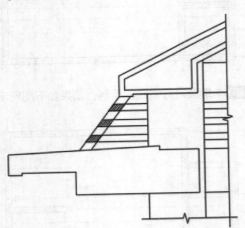

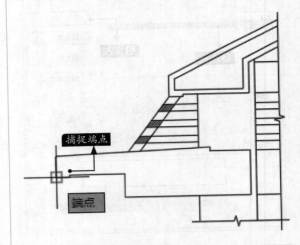

捕捉端点

端点

步骤 02 调用【多线】命令，比例设置为"250"，对正设置为"无"，在命令行输入

步骤 03 在命令行分别输入"@125，275"和"@4000，0"，并分别按【Enter】键确认，结束多线命令后结果如下页图所示。

束多线命令后结果如下图所示。

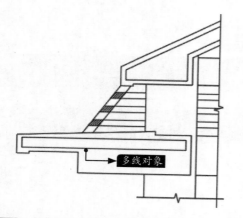

多线对象

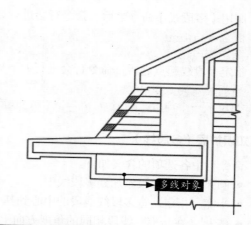

多线对象

步骤 04 调用【多线】命令，比例设置为"2500"，对正设置为"无"，在命令行输入"fro"后按【Enter】键，捕捉下图所示的端点作为基点。

步骤 06 调用【多线编辑工具】命令，在系统弹出的【多线编辑工具】对话框中单击【角点结合】按钮，然后在绘图区域中分别选择第一条多线和第二条多线，结果如下图所示。

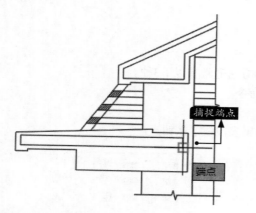

捕捉端点

端点

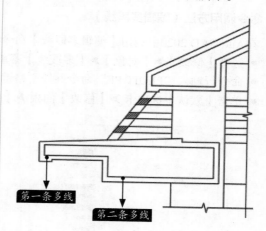

第一条多线

第二条多线

步骤 05 在命令行分别输入"@-1250，0"和"@0，-500"，并分别按【Enter】键确认，结

3.5.4 绘制与编辑多段线

1. 命令调用方法（多段线）

在AutoCAD 2020中调用【多段线】命令的方法通常有以下3种。

- 选择【绘图】➤【多段线】菜单命令。
- 命令行输入"PLINE/PL"命令并按空格键。
- 单击【默认】选项卡➤【绘图】面板➤【多段线】按钮。

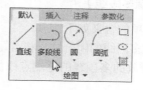

2. 命令提示（多段线）

调用【多段线】命令之后，命令行会进行如下提示。

命令：_pline
指定起点：
指定多段线起点之后，命令行会进行如下提示。

当前线宽为 0.0000
指定下一个点或 [圆弧 (A)/ 半宽 (H)/ 长度 (L)/ 放弃 (U)/ 宽度 (W)]：

3. 知识扩展（多段线）

命令行中各选项的含义如下。
- 圆弧：将圆弧段添加到多段线中。
- 半宽：指定从宽多段线线段的中心到其一边的宽度。
- 长度：在与上一线段相同的角度方向上绘制指定长度的直线段；如果上一线段是圆弧，将绘制与该圆弧段相切的新直线段。
- 放弃：删除最近一次添加到多段线上的直线段。
- 宽度：指定下一条线段的宽度。

4. 命令调用方法（编辑多段线）

在AutoCAD 2020中调用【编辑多段线】命令的方法通常有以下3种。
- 选择【修改】➤【对象】➤【多段线】菜单命令。
- 命令行输入"PEDIT/PE"命令并按空格键。
- 单击【默认】选项卡➤【修改】面板➤【编辑多段线】按钮。

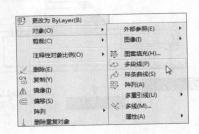

5. 命令提示（编辑多段线）

调用【编辑多段线】命令之后，命令行会进行如下提示。

命令：_pedit
选择多段线或 [多条 (M)]：
选择需要编辑的多段线之后，命令行会进行如下提示。

输入选项 [闭合 (C)/ 合并 (J)/ 宽度 (W)/ 编辑顶点 (E)/ 拟合 (F)/ 样条曲线 (S)/ 非曲线化 (D)/ 线型生成 (L)/ 反转 (R)/ 放弃 (U)]：

6. 知识扩展（编辑多段线）

命令行中各选项的含义如下。
- 闭合：创建多段线的闭合线，将首尾连接。
- 合并：在开放的多段线的尾端点添加直线、圆弧或多段线和从曲线拟合多段线中删除曲线拟合；对于要合并多段线的对象，除非在第一个PEDIT提示下使用"多个"选项，否则它们的端点必须重合；在这种情况下，如果模糊距离设置得足以包括端点，则可以将不相接的多段线合并。

- 宽度：为整个多段线指定新的统一宽度；可以使用"编辑顶点"选项的"宽度"选项来更改线段的起点宽度和端点宽度。

- 编辑顶点：在屏幕上绘制X标记多段线的第一个顶点；如果已指定此顶点的切线方向，则在此方向上绘制箭头。

- 拟合：创建圆弧拟合多段线。

- 样条曲线：使用选定多段线的顶点作为近似B样条曲线的曲线控制点或控制框架；该曲线（称为样条曲线拟合多段线）将通过第一个和最后一个控制点，除非原多段线是闭合的；曲线将会被拉向其他控制点，但并不一定通过它们；在框架特定部分指定的控制点越多，曲线上这种拉拽的倾向就越大；可以生成二次和三次拟合样条曲线多段线。

- 非曲线化：删除由拟合曲线或样条曲线插入的多余顶点，拉直多段线的所有线段；保留指定给多段线顶点的切向信息，用于随后的曲线拟合；使用命令（例如BREAK或TRIM）编辑样条曲线拟合多段线时，不能使用"非曲线化"选项。

- 线型生成：生成经过多段线顶点的连续图案线型；关闭此选项，将在每个顶点处以点划线开始和结束生成线型；"线型生成"不能用于带变宽线段的多段线。

- 反转：反转多段线顶点的顺序；使用此选项可反转使用包含文字线型的对象的方向；例如，根据多段线的创建方向，线型中的文字可能会倒置显示。

- 放弃：还原操作，可一直返回到PEDIT任务开始的状态。

3.5.5 实战演练——绘制歌舞厅舞池图形

下面利用多段线命令完善歌舞厅舞池图形，具体操作步骤如下。

步骤 01 打开"素材\CH03\歌舞厅平面布置图.dwg"文件，如下图所示。

步骤 02 调用【多段线】命令，捕捉下图所示端点作为多段线起点。

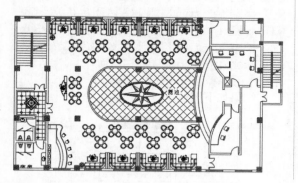

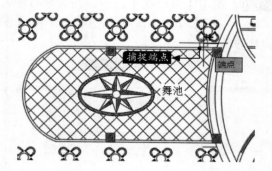

步骤 03 命令行提示如下。

```
指定下一个点或 [ 圆弧 (A)/ 半宽 (H)/ 长度 (L)/ 放弃 (U)/ 宽度 (W)]: @–10000,0
指定下一点或 [ 圆弧 (A)/ 闭合 (C)/ 半宽 (H)/ 长度 (L)/ 放弃 (U)/ 宽度 (W)]: a
指定圆弧的端点 ( 按住 Ctrl 键以切换方向 ) 或 [ 角度 (A)/ 圆心 (CE)/ 闭合 (CL)/ 方向 (D)/
半宽 (H)/ 直线 (L)/ 半径 (R)/ 第二个点 (S)/ 放弃 (U)/ 宽度 (W)]: r
指定圆弧的半径 : 3822
指定圆弧的端点 ( 按住 Ctrl 键以切换方向 ) 或 [ 角度 (A)]: @0,–7184
指定圆弧的端点 ( 按住 Ctrl 键以切换方向 ) 或 [ 角度 (A)/ 圆心 (CE)/ 闭合 (CL)/ 方向 (D)/
半宽 (H)/ 直线 (L)/ 半径 (R)/ 第二个点 (S)/ 放弃 (U)/ 宽度 (W)]: l
```

指定下一点或 [圆弧 (A)/ 闭合 (C)/ 半宽 (H)/ 长度 (L)/ 放弃 (U)/ 宽度 (W)]: @10000,0
  指定下一点或 [圆弧 (A)/ 闭合 (C)/ 半宽 (H)/ 长度 (L)/ 放弃 (U)/ 宽度 (W)]:   // 按【Enter】
键结束多段线命令

结果如下图所示。

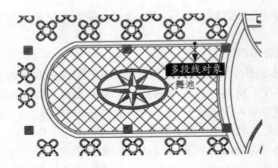

3.5.6 实战演练——绘制砂坑剖面图

下面利用多段线命令完善砂坑剖面图，具体操作步骤如下。

步骤 01 打开 "素材\CH03\砂坑剖面图.dwg" 文件，如下图所示。

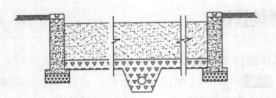

步骤 02 调用【多段线】命令，在命令行输入 "fro" 后按【Enter】键确认，捕捉下图所示端点作为基点。

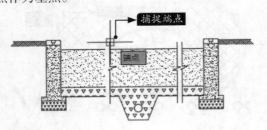

步骤 03 命令行提示如下。

基点：< 偏移 >: @−50,0

当前线宽为 0.0000
  指定下一个点或 [圆弧 (A)/ 半宽 (H)/ 长度 (L)/ 放弃 (U)/ 宽度 (W)]: @0,−261
  指定下一点或 [圆弧 (A)/ 闭合 (C)/ 半宽 (H)/ 长度 (L)/ 放弃 (U)/ 宽度 (W)]: @34,0
  指定下一点或 [圆弧 (A)/ 闭合 (C)/ 半宽 (H)/ 长度 (L)/ 放弃 (U)/ 宽度 (W)]: @−82,−37
  指定下一点或 [圆弧 (A)/ 闭合 (C)/ 半宽 (H)/ 长度 (L)/ 放弃 (U)/ 宽度 (W)]: @48,0
  指定下一点或 [圆弧 (A)/ 闭合 (C)/ 半宽 (H)/ 长度 (L)/ 放弃 (U)/ 宽度 (W)]: @0,−346
  指定下一点或 [圆弧 (A)/ 闭合 (C)/ 半宽 (H)/ 长度 (L)/ 放弃 (U)/ 宽度 (W)]:   // 按【Enter】键结束多段线命令

结果如下图所示。

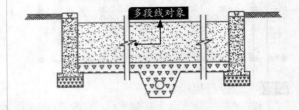

3.5.7 绘制与编辑样条曲线

1. 命令调用方法（样条曲线）

在AutoCAD 2020中调用【样条曲线】命令的方法通常有以下3种。

- 选择【绘图】➤【样条曲线】菜单命令，然后选择一种绘制样条曲线的方式。
- 命令行输入"SPLINE/SPL"命令并按空格键。
- 单击【默认】选项卡➤【绘图】面板➤【样条曲线拟合】按钮 / 【样条曲线控制点】按钮。

 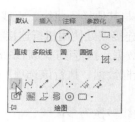 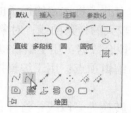

2. 命令提示（样条曲线）

调用【样条曲线】命令之后，命令行会进行如下提示。

命令：SPLINE
当前设置：方式 = 拟合　节点 = 弦
指定第一个点或 [方式 (M)/ 节点 (K)/ 对象 (O)]：

3. 知识扩展（样条曲线）

默认情况下，使用【拟合点】方式绘制样条曲线时拟合点将与样条曲线重合，使用【控制点】方式绘制样条曲线时将定义控制框（用来设置样条曲线的形状）。

4. 命令调用方法（编辑样条曲线）

在AutoCAD 2020中调用【编辑样条曲线】命令的方法通常有以下3种。
- 选择【修改】➤【对象】➤【样条曲线】菜单命令。
- 命令行输入"SPLINEDIT/SPE"命令并按空格键。
- 单击【默认】选项卡➤【修改】面板➤【编辑样条曲线】按钮。

5. 命令提示（编辑样条曲线）

调用【编辑样条曲线】命令之后，命令行会进行如下提示。

命令：_splinedit
选择样条曲线：

选择需要编辑的样条曲线之后，命令行会进行如下提示。

输入选项 [闭合 (C)/ 合并 (J)/ 拟合数据 (F)/ 编辑顶点 (E)/ 转换为多段线 (P)/ 反转 (R)/ 放弃
(U)/ 退出 (X)] < 退出 >：

6. 知识扩展（编辑样条曲线）

命令行中各选项的含义如下。

● 闭合：显示闭合或打开，具体取决于选定的样条曲线是开放还是闭合的；开放的样条曲线有两个端点，闭合的样条曲线则形成一个环。

● 合并：将选定的样条曲线与其他样条曲线、直线、多段线和圆弧在重合端点处合并，以形成一个较大的样条曲线；对象在连接点处使用扭折连接在一起。

● 拟合数据：用于编辑拟合数据，执行该选项后系统将进一步提示编辑拟合数据的相关选项。

● 编辑顶点：用于编辑控制框数据，执行该选项后系统将进一步提示编辑控制框数据的相关选项。

● 转换为多段线：将样条曲线转换为多段线，精度值决定生成的多段线与样条曲线的接近程度，有效值为介于0~99之间的任意整数。

● 反转：反转样条曲线的方向，此选项主要适用于第三方应用程序。

● 放弃：取消上一操作。

● 退出：返回到命令提示。

3.5.8 实战演练——绘制景观平台结构侧立面图

下面利用样条曲线命令完善景观平台结构侧立面图，具体操作步骤如下。

步骤01 打开"素材\CH03\景观平台结构侧立面图.dwg"文件，如下图所示。

步骤02 选择【绘图】➤【样条曲线】➤【拟合点】菜单命令，捕捉下图所示端点作为样条曲线的起始点。

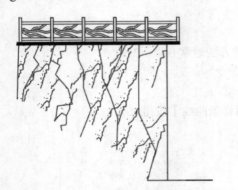 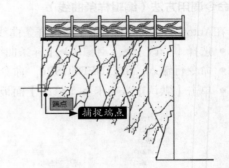

步骤03 在绘图区域的适当位置依次单击指定样条曲线的下一个点，形状类似即可，然后按【Enter】键确认，结果如下图所示。

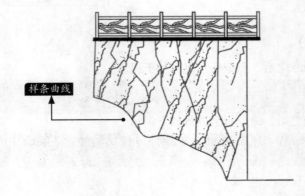

3.5.9 创建与编辑图案填充

1. 命令调用方法（图案填充）

在AutoCAD 2020中调用【图案填充】命令的方法通常有以下3种。

- 选择【绘图】➤【图案填充】菜单命令。
- 命令行输入"HATCH/H"命令并按空格键。
- 单击【默认】选项卡➤【绘图】面板➤【图案填充】按钮▨。

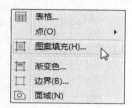
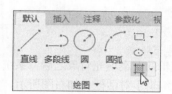

2. 命令提示（图案填充）

调用【图案填充】命令之后，系统会自动弹出【图案填充创建】选项卡，如下图所示。

3. 知识扩展（图案填充）

【图案填充创建】选项卡中各选项的含义如下。

- 【边界】面板：设置拾取点和填充区域的边界。
- 【图案】面板：指定图案填充的各种图案形状。
- 【特性】面板：指定图案填充的类型、背景色、透明度，选定填充图案的角度和比例。
- 【原点】面板：控制填充图案生成的起始位置。某些图案填充（例如砖块图案）需要与图案填充边界上的一点对齐。默认情况下，所有图案填充原点都对应于当前的 UCS 原点。
- 【选项】面板：控制几个常用的图案填充或填充选项，可以通过选择【特性匹配】选项使用选定图案填充对象的特性对指定的边界进行填充。
- 【关闭】面板：单击此面板，将关闭【图案填充创建】选项卡。

4. 命令调用方法（编辑图案填充）

在AutoCAD 2020中调用【编辑图案填充】命令的方法通常有以下3种。

- 选择【修改】➤【对象】➤【图案填充】菜单命令。
- 命令行输入"HATCHEDIT/HE"命令并按空格键。
- 单击【默认】选项卡➤【修改】面板➤【编辑图案填充】按钮▨。

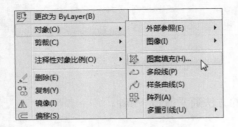

5. 命令提示（编辑图案填充）

调用【编辑图案填充】命令之后，命令行会进行如下提示。

命令：_hatchedit
选择图案填充对象：

选择需要编辑的图案填充对象之后，系统会弹出【图案填充编辑】对话框，如右图所示。

6. 知识扩展（编辑图案填充）

双击或单击填充图案，也可以弹出【图案填充编辑】，只是该界面是选项卡形式。

3.5.10 实战演练——绘制材质铺设图

下面利用填充命令绘制材质铺设图，具体操作步骤如下。

步骤 01 打开"素材\CH03\材质铺设图.dwg"文件，如下图所示。

步骤 02 调用【图案填充】命令，在系统弹出的【图案填充创建】选项卡中选择填充图案为"DOLMIT"，填充比例设置为"20"，在绘

图区域中选择主卧室、次卧室、儿童房作为填充区域，如下图所示。

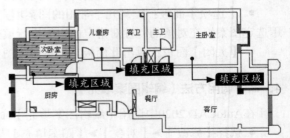

步骤 03 在【图案填充创建】选项卡中单击【关闭图案填充创建】按钮，结果如下页图所示。

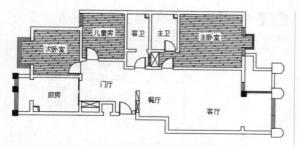

步骤 04 将填充图案设置为"ANGLE"，填充比例设置为"50"，在绘图区域中选择主卫、客卫作为填充区域，结果如下图所示。

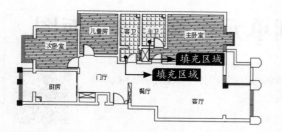

步骤 05 将填充图案设置为"NET"，填充比例设置为"200"，在绘图区域中选择厨房、门厅、餐

厅、客厅作为填充区域，结果如下图所示。

步骤 06 调用【编辑图案填充】命令，在绘图区域选择 **步骤 05** 中创建的图案填充对象，在系统弹出的【图案填充编辑】对话框中将填充比例设置为"100"，单击【确定】按钮，结果如下图所示。

3.5.11 实战演练——绘制自行车棚铺装剖面大样图

下面利用填充命令完善自行车棚铺装剖面大样图，具体操作步骤如下。

步骤 01 打开"素材\CH03\自行车棚铺装剖面大样图.dwg"文件，如下图所示。

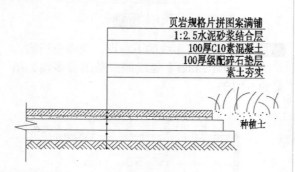

步骤 02 调用【图案填充】命令，在系统弹出的【图案填充创建】选项卡中选择填充图案为"AR-CONC"，填充比例设置为"5"，在绘图区域中选择需要填充的区域，如右上图所示。

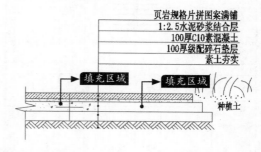

步骤 03 在【图案填充创建】选项卡中单击【关闭图案填充创建】按钮，结果如下图所示。

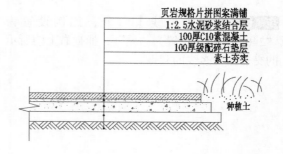

步骤 04 将填充图案设置为"TRIANG"，填充比例设置为"25"，在绘图区域中选择需要填充的区域，如下图所示。

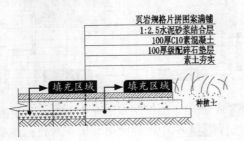

步骤 05 在【图案填充创建】选项卡中单击【关闭图案填充创建】按钮，结果如下图所示。

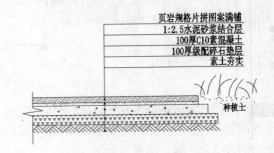

3.6 综合应用——绘制单元建筑墙体平面图

　下面利用多线的绘制及编辑功能绘制单元建筑墙体平面图，具体操作步骤如下。

步骤 01 打开"素材\CH03\单元建筑墙体平面图.dwg"文件，如下图所示。

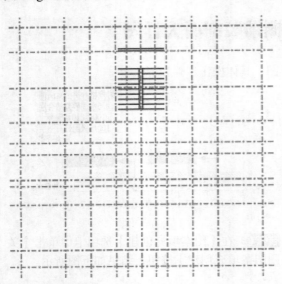

步骤 02 调用【多线】命令，比例设置为"240"，对正设置为"无"，捕捉右上图所示的交点作为多线的起点。

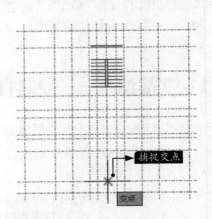

步骤 03 依次捕捉多线的下一点，在命令行输入"C"后按【Enter】键绘制一条闭合多线，结果如下图所示。

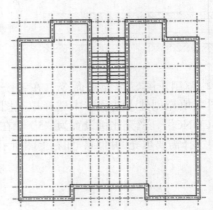

步骤 04 继续进行多线的绘制，比例设置为
"100"，对正设置为"无"，结果如下图所示。

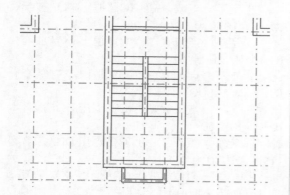

步骤 05 继续进行多线的绘制，比例设置为
"240"，对正设置为"无"，结果如下图所示。

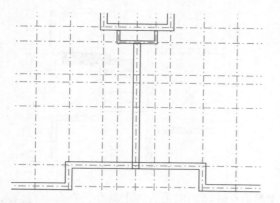

步骤 06 继续进行多线的绘制，比例设置为
"120"，对正设置为"无"，结果如下图所示。

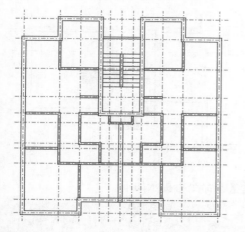

步骤 07 继续进行多线的绘制，比例设置为
"100"，对正设置为"上"，捕捉右上图所示
的端点作为多线的起点。

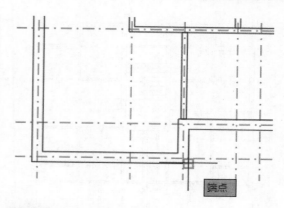

步骤 08 命令行提示如下。

> 指定下一点：@0,-1000
> 指定下一点或 [放弃 (U)]：@4560,0
> 指定下一点或 [闭合 (C)/ 放弃 (U)]：
> @0,1000
> 指定下一点或 [闭合 (C)/ 放弃 (U)]：// 按
> 【Enter】键结束多线命令

结果如下图所示。

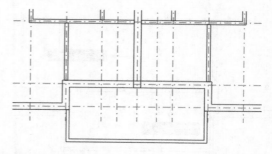

步骤 09 调用【多线编辑工具】命令，在系统弹
出的【多线编辑工具】对话框中单击【T型打
开】按钮，然后在绘图区域中分别选择第一条
多线和第二条多线，结果如下图所示。

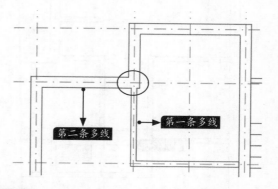

步骤 10 继续进行【T型打开】操作，并按
【Enter】键结束多线编辑命令，结果如下页
图所示。

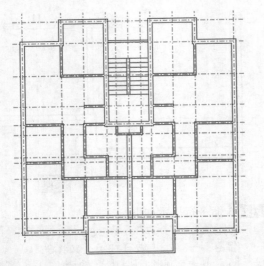

指定下一点或 [退出 (E)/ 放弃 (U)]：@0,250
指定下一点或 [关闭 (C)/ 退出 (X)/ 放弃 (U)]：@1080,0
指定下一点或 [关闭 (C)/ 退出 (X)/ 放弃 (U)]：@0,250
指定下一点或 [关闭 (C)/ 退出 (X)/ 放弃 (U)]：@−1080,0
指定下一点或 [关闭 (C)/ 退出 (X)/ 放弃 (U)]：@0,250
指定下一点或 [关闭 (C)/ 退出 (X)/ 放弃 (U)]：@1080,0
指定下一点或 [关闭 (C)/ 退出 (X)/ 放弃 (U)]：// 按【Enter】键结束直线命令
结果如下图所示。

步骤⑪ 执行【十字闭合】操作，然后在绘图区域中分别选择第一条多线和第二条多线，并按【Enter】键结束多线编辑命令，结果如下图所示。

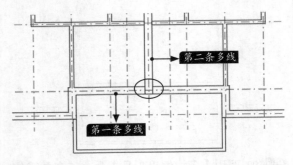

第二条多线

第一条多线

步骤⑫ 调用【直线】命令，在命令行输入"fro"后按【Enter】键，捕捉下图所示的端点作为基点。

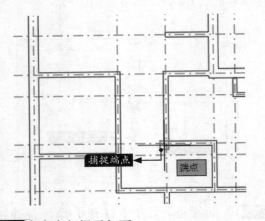

捕捉端点　端点

步骤⑬ 命令行提示如下。
　　基点：< 偏移 >：@0,250
　　指定下一点或 [放弃 (U)]：@−1080,0

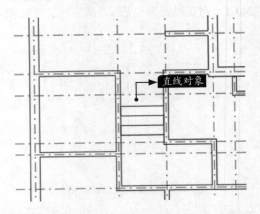

直线对象

步骤⑭ 继续调用【直线】命令，在命令行输入"fro"后按【Enter】键，捕捉下图所示的端点作为基点。

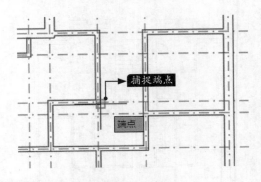

捕捉端点　端点

步骤⑮ 命令行提示如下。
　　基点：< 偏移 >：@0,250
　　指定下一点或 [放弃 (U)]：@1080,0
　　指定下一点或 [退出 (E)/ 放弃 (U)]：@0,250
　　指定下一点或 [关闭 (C)/ 退出 (X)/ 放弃 (U)]：@−1080,0

指定下一点或 [关闭 (C)/ 退出 (X)/ 放弃 (U)]: @0,250

指定下一点或 [关闭 (C)/ 退出 (X)/ 放弃 (U)]: @1080,0

指定下一点或 [关闭 (C)/ 退出 (X)/ 放弃 (U)]: @0,250

指定下一点或 [关闭 (C)/ 退出 (X)/ 放弃 (U)]: @-1080,0

指定下一点或 [关闭 (C)/ 退出 (X)/ 放弃 (U)]: // 按【Enter】键结束直线命令

结果如下图所示。

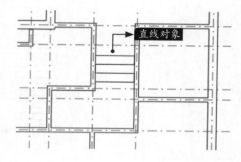

 疑难解答

1. 如何填充个性化图案

除了AutoCAD软件自带的填充图案之外，用户还可以自定义图案，将其放置到AutoCAD安装路径的"Support"文件夹中，这样便可以将其作为填充图案进行填充，如下图所示。

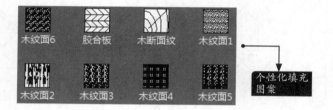

2. 绘制圆弧的七要素

下左图是绘制圆弧时可以使用的各种要素，下右图是绘制圆弧时的流程。

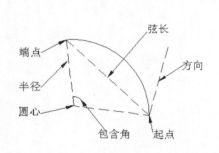

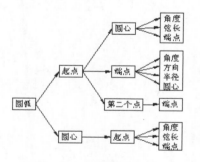

实战练习

（1）绘制以下图形，并计算阴影部分的面积。

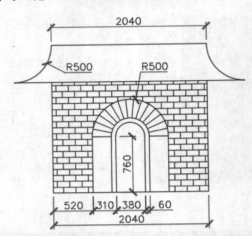

（2）绘制下图中的左侧图形，并计算阴影部分的面积。右侧图形为左侧图形的尺寸注释。

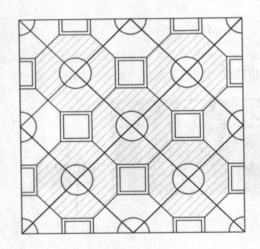

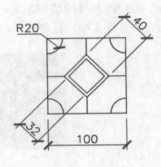

第 **4** 章

编辑二维图形对象

学习目标

　　单纯地使用绘图命令，只能创建一些基本的图形对象。如果要绘制复杂的图形，在很多情况下必须借助图形编辑命令。AutoCAD 2020提供了强大的图形编辑功能，可以帮助用户合理地构造和组织图形，既保证绘图的精确性，又简化绘图操作，从而极大地提高绘图效率。

学习效果

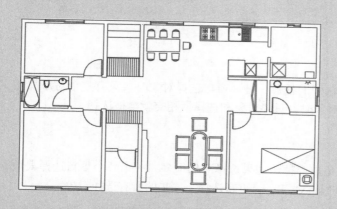

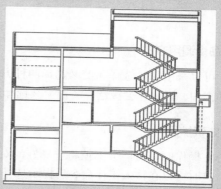

4.1 选择对象

在AutoCAD中创建的每个几何图形都是一个AutoCAD对象。AutoCAD对象具有很多形式,例如,直线、圆、标注、文字、多边形和矩形等都是对象。

在AutoCAD中,选择对象是一个非常重要的环节,通常在执行编辑命令前先选择对象。因此,选择命令会频繁使用。

4.1.1 单个选取对象

1. 命令调用方法

将十字光标移至需要选择的图形对象上面单击即可选中该对象。

2. 知识扩展

选择对象时可以选择单个对象,也可以通过多次选择单个对象实现多个对象的选择。对于重叠对象可以利用【选择循环】功能进行相应对象的选择,如下图所示。

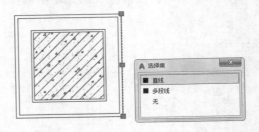

4.1.2 选取多个对象

1. 命令调用方法

可以采用窗口选择和交叉选择两种方法中的任意一种。窗口选择对象时,只有整个对象都在选择框中,对象才会被选择。而交叉选择对象时,只要对象和选择框相交就会被选择。

2. 知识扩展

在操作时,可能会不慎将选择好的对象放弃掉。如果选择对象很多,一个一个重新选择太烦琐,这时可以在输入操作命令后提示选择时输入"P",重新选择上一步的所有选择对象。

4.1.3 实战演练——同时选择多个图形对象

下面分别采用窗口选择和交叉选择的方式对多个图形对象同时进行选择,具体操作步骤如下。

1. 窗口选择

步骤 01 打开"素材\CH04\选择对象.dwg"文件，如下图所示。

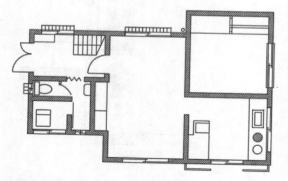

步骤 02 在绘图区域左边空白处单击鼠标，确定矩形窗口第一点，如下图所示。

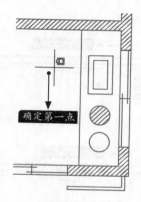

步骤 03 从左向右拖曳鼠标，展开一个矩形窗口，如下图所示。

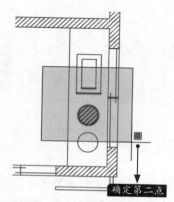

步骤 04 单击鼠标后，完全位于窗口内的对象即被选择，如右上图所示。

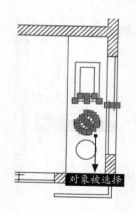

2. 交叉选择

步骤 01 打开"素材\CH04\选择对象.dwg"文件，如下图所示。

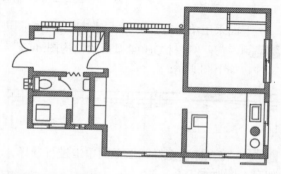

步骤 02 在绘图区域右边空白处单击鼠标，确定矩形窗口第一点，如下图所示。

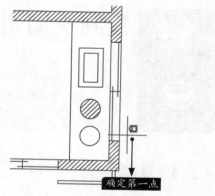

步骤 03 从右向左拖曳鼠标，展开一个矩形窗口，如下页图所示。

全部被选择，如下图所示。

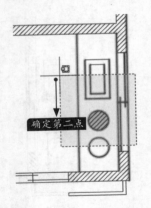

确定第二点

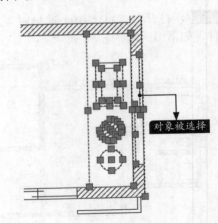

对象被选择

步骤 04 单击鼠标后，凡是与选择框接触的对象

4.1.4 实战演练——编辑弧形梁结构图

下面采用单击选择的方式对弧形梁结构图进行编辑，具体操作步骤如下。

步骤 01 打开"素材\CH04\弧形梁结构图.dwg"文件，如下图所示。

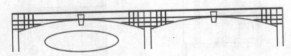

步骤 02 将光标移至椭圆形上面单击进行选择，如右上图所示。

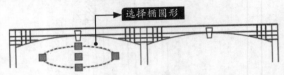

选择椭圆形

步骤 03 按【Del】键将所选椭圆形删除，结果如下图所示。

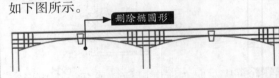

删除椭圆形

4.2 复制类编辑对象

下面对AutoCAD 2020中复制类图形对象的编辑方法进行详细介绍，包括复制、偏移、镜像和阵列等。

4.2.1 复制

复制，通俗地讲就是把原对象变成多个完全一样的对象。这与现实当中复印身份证或求职简历是一个道理。例如，通过【复制】命令，可以很轻松地从单个楼梯复制出多个楼梯，实现相同楼梯的快速创建。

1. 命令调用方法

在AutoCAD 2020中调用【复制】命令的常用方法有以下4种。

- 选择【修改】➤【复制】菜单命令。
- 在命令行中输入"COPY/CO/CP"命令并按空格键确认。
- 单击【默认】选项卡➤【修改】面板中的【复制】按钮 。
- 选择对象后单击鼠标右键，在快捷菜单中选择【复制选择】命令。

  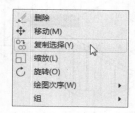

2. 命令提示

调用【复制】命令之后，命令行会进行如下提示。

```
命令：_copy
选择对象：
```

3. 知识扩展

执行一次【复制】命令，可以连续复制多次同一个对象，退出【复制】命令后终止复制操作。

4.2.2 实战演练——复制图形对象

下面利用复制命令编辑楼梯剖面图，具体操作步骤如下。

步骤 01 打开"素材\CH04\复制图形对象.dwg"文件，如下图所示。

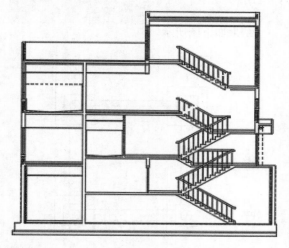

步骤 02 调用【复制】命令，在绘图区域中选择右上图所示的对象作为需要复制的对象，按【Enter】键确认。

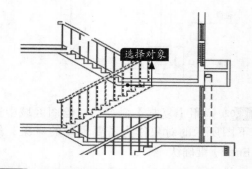

步骤 03 在绘图区域中捕捉下图所示端点作为复制基点。

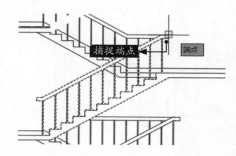

步骤 04 在绘图区域中捕捉下图所示端点作为复制的第二个点。

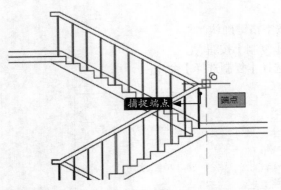

捕捉端点　基点

步骤 05 按【Enter】键结束复制命令，结果如右图所示。

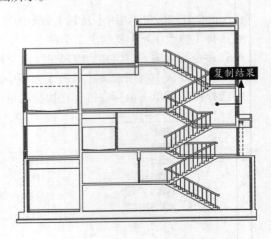

复制结果

4.2.3 实战演练——绘制凉亭基础平面图

下面利用复制命令编辑凉亭基础平面图，具体操作步骤如下。

步骤 01 打开"素材\CH04\凉亭基础平面图.dwg"文件，如下图所示。

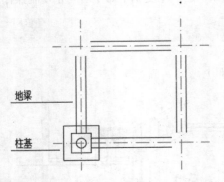

地梁

柱基

步骤 02 调用【复制】命令，在绘图区域中选择下图所示的对象作为需要复制的对象，按【Enter】键确认。

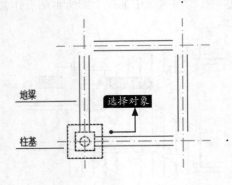

地梁

选择对象

柱基

步骤 03 命令行提示如下。

指定基点或 [位移 (D)/ 模式 (O)] < 位移 >: // 任意捕捉一点即可

指定第二个点或 [阵列 (A)] < 使用第一个点作为位移 >: @2550,0

指定第二个点或 [阵列 (A)/ 退出 (E)/ 放弃 (U)] < 退出 >: @2550,2550

指定第二个点或 [阵列 (A)/ 退出 (E)/ 放弃 (U)] < 退出 >: @0,2550

指定第二个点或 [阵列 (A)/ 退出 (E)/ 放弃 (U)] < 退出 >: // 按【Enter】键结束复制命令

结果如下图所示。

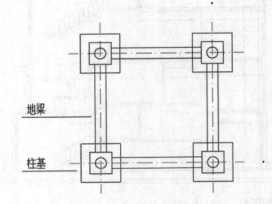

地梁

柱基

4.2.4 偏移

通过偏移可以创建与原对象造型平行的新对象。在AutoCAD中如果偏移的对象为直线，那么偏移的结果相当于复制；偏移对象如果是圆，偏移的结果是一个与源对象同心的同心圆，偏移距离即为两个圆的半径差；偏移的对象如果是矩形，偏移结果还是一个与源对象同中心的矩形，偏移距离即为两个矩形平行边之间的距离。

1．命令调用方法

在AutoCAD 2020中调用【偏移】命令的常用方法有以下3种。
- 选择【修改】➤【偏移】菜单命令。
- 在命令行中输入"OFFSET/O"命令并按空格键确认。
- 单击【默认】选项卡➤【修改】面板中的【偏移】按钮 。

2．命令提示

调用【偏移】命令之后，命令行会进行如下提示。

```
命令：_offset
当前设置：删除源 = 否  图层 = 源  OFFSETGAPTYPE=0
指定偏移距离或 [ 通过 (T)/ 删除 (E)/ 图层 (L)] < 通过 >：
```

3．知识扩展

命令行中各选项的含义如下。
- 指定偏移距离：指定需要被偏移的距离值。
- 通过(T)：可以指定一个已知点，偏移后生成的新对象将通过该点。
- 删除(E)：控制是否在执行偏移命令后将源对象删除。
- 图层(L)：确定将偏移对象创建在当前图层上还是源对象所在的图层上。

4.2.5 实战演练——偏移图形对象

下面利用偏移命令偏移直线对象，具体操作步骤如下。

步骤 01 打开"素材\CH04\偏移图形对象.dwg"文件，如下页图所示。

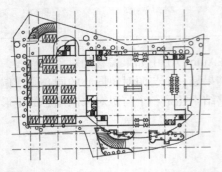

步骤02 调用【偏移】命令，偏移距离指定为"400"，选择下图所示的直线对象进行偏移。

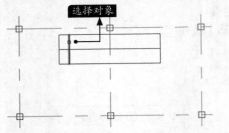

步骤03 单击所选直线对象的右侧，以指定偏移

方向，结果如下图所示。

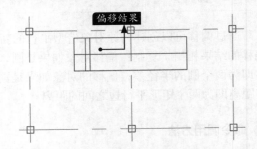

步骤04 依次将偏移得到的直线段向右侧偏移，共计偏移20次，按【Enter】键结束偏移命令，结果如下图所示。

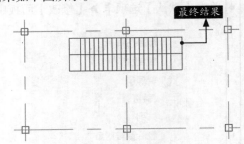

4.2.6 实战演练——绘制楼梯剖面结构详图

下面利用偏移命令偏移直线对象，具体操作步骤如下。

步骤01 打开"素材\CH04\楼梯剖面结构详图.dwg"文件，如下图所示。

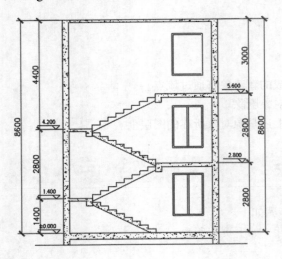

步骤02 调用【偏移】命令，偏移距离指定为"520"，选择下图所示的直线对象进行偏移。

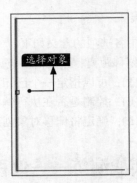

步骤03 单击所选直线对象的右侧，以指定偏移方向，按【Enter】键结束偏移命令，结果如下页图所示。

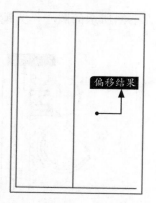

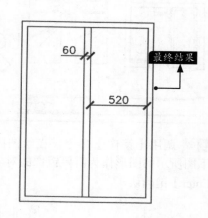

所示。

步骤 04 依次将偏移得到的直线向右侧偏移，偏移距离分别指定为 "60" "520" ，结果如右图

4.2.7 镜像

镜像对创建对称的对象非常有用。通常可以快速地绘制半个对象，然后将其镜像，而不必绘制整个对象。

1. 命令调用方法

在AutoCAD 2020中调用【镜像】命令的常用方法有以下3种。

- 选择【修改】➤【镜像】菜单命令。
- 在命令行中输入 "MIRROR/MI" 命令并按空格键确认。
- 单击【默认】选项卡➤【修改】面板中的【镜像】按钮⚠。

2. 命令提示

调用【镜像】命令之后，命令行会进行如下提示。

```
命令：_mirror
选择对象：
```

4.2.8 实战演练——镜像图形对象

下面利用镜像命令编辑客房布置图，具体操作步骤如下。

步骤 01 打开 "素材\CH04\镜像图形对象.dwg" 文件，如下页图所示。

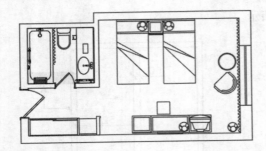

步骤 02 调用【镜像】命令，在绘图区域中选择下图所示的图形作为需要镜像的对象，并按【Enter】键确认。

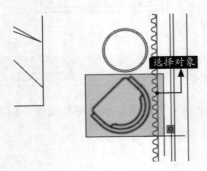

步骤 03 捕捉下图所示的圆心作为镜像线的第一点。

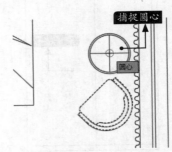

步骤 04 在水平方向单击指定镜像线的第二点，当命令行提示是否删除"源对象"时，输入"N"并按【Enter】键确认，结果如下图所示。

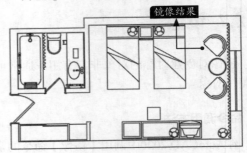

4.2.9 实战演练——绘制自行车棚剖面图

下面利用镜像命令编辑自行车棚剖面图，具体操作步骤如下。

步骤 01 打开"素材\CH04\自行车棚剖面图.dwg"文件，如下图所示。

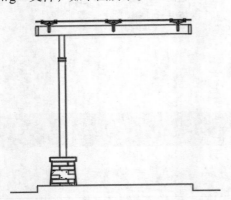

步骤 02 调用【镜像】命令，在绘图区域中选择右上图所示的图形作为需要镜像的对象，并按【Enter】键确认。

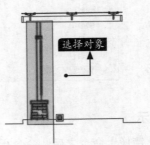

步骤 03 捕捉下图所示的中点作为镜像线的第一点。

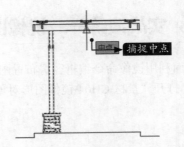

步骤 **04** 在垂直方向单击指定镜像线的第二点，当命令行提示是否删除"源对象"时，输入"N"并按【Enter】键确认，结果如右图所示。

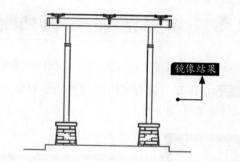

镜像结果

4.2.10 阵列

阵列功能可以为对象快速创建多个副本。在AutoCAD 2020中，阵列可以分为矩形阵列、路径阵列以及环形阵列（极轴阵列）。

1. 命令调用方法

在AutoCAD 2020中调用【阵列】命令的常用方法有以下3种。

- 选择【修改】➤【阵列】菜单命令，然后选择一种阵列方式。
- 在命令行中输入"ARRAY/AR"命令并按空格键确认，选择需要阵列的对象后可以选择一种阵列方式。
- 单击【默认】选项卡➤【修改】面板中的【阵列】按钮，然后选择一种阵列方式。

2. 命令提示

调用【AR】命令之后，在绘图区域选择需要阵列的对象并按【Enter】键确认，命令行会进行如下提示。

```
命令：ARRAY
选择对象：找到 1 个
选择对象：
输入阵列类型 [ 矩形 (R)/ 路径 (PA)/ 极轴 (PO)] < 矩形 >：
```

3. 知识扩展

各种阵列方式的区别如下。

- 矩形阵列：可以创建对象的多个副本，并可控制副本数目和副本之间的距离。
- 环形阵列：也可创建对象的多个副本，并可对副本是否旋转以及旋转角度进行控制。
- 路径阵列：项目将均匀地沿路径或部分路径分布。

4.2.11 实战演练——阵列图形对象

下面分别利用路径阵列及环形阵列命令编辑图形对象，具体操作步骤如下。

步骤 01 打开"素材\CH04\阵列图形对象.dwg"文件，如下图所示。

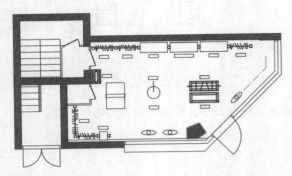

步骤 02 调用【路径阵列】命令，在绘图区域中选择下图所示的两个图形作为需要路径阵列的对象，按【Enter】键确认。

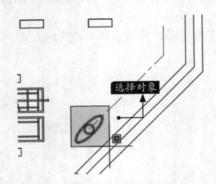

步骤 03 在绘图区域中选择路径曲线，如下图所示。

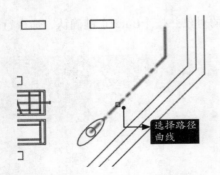

步骤 04 在系统弹出的【阵列创建】选项卡中采用默认参数设置，单击【关闭阵列】按钮，结果如右上图所示。

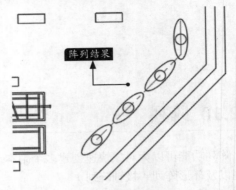

步骤 05 调用【环形阵列】命令，在绘图区域中选择下图所示的矩形作为需要环形阵列的对象，按【Enter】键确认。

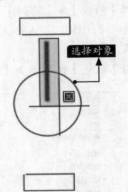

步骤 06 在绘图区域中捕捉下图所示圆心点作为阵列的中心点。

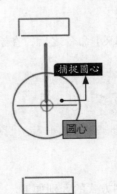

步骤 07 在系统弹出的【阵列创建】选项卡中进行相关参数设置，如下页图所示。

项目数：	16		行数：	1
介于：	23	f_x	介于：	635.2766
填充：	360		总计：	635.2766
	项目			行 ▾

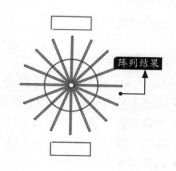

阵列结果

步骤 08 单击【关闭阵列】按钮，结果如下图所示。

4.2.12 实战演练——绘制景观平台结构正立面图

下面利用矩形阵列编辑景观平台结构正立面图，具体操作步骤如下。

步骤 01 打开"素材\CH04\景观平台结构正立面图.dwg"文件，如下图所示。

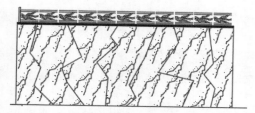

步骤 02 调用【矩形阵列】命令，在绘图区域中选择下图所示的图形作为需要矩形阵列的对象，按【Enter】键确认。

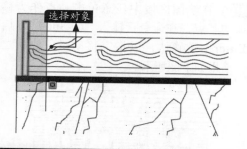

选择对象

步骤 03 在系统弹出的【阵列创建】选项卡中进行相关参数设置，如下图所示。

列数：	12	f_x	行数：	1
介于：	1840		介于：	2250
总计：	20240		总计：	2250
	列			行 ▾

步骤 04 单击【关闭阵列】按钮，结果如下图所示。

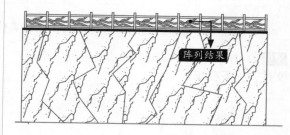

阵列结果

4.3 调整对象的大小或位置

下面对AutoCAD 2020中调整对象大小或位置的方法进行详细介绍，包括移动、修剪、缩放、延伸、旋转、拉伸和拉长等。

4.3.1 移动

【移动】命令可以将源对象以指定的距离和角度移动到任何位置，从而实现对象的组合以形成一个新的对象。

1. 命令调用方法

在AutoCAD 2020中调用【移动】命令的常用方法有以下4种。

- 选择【修改】➤【移动】菜单命令。
- 在命令行中输入"MOVE/M"命令并按空格键。
- 单击【默认】选项卡➤【修改】面板中的【移动】按钮✛。
- 选择对象后单击鼠标右键,在快捷菜单中选择【移动】命令。

 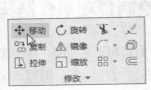 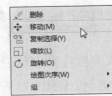

2. 命令提示

调用【移动】命令之后,命令行会进行如下提示。

```
命令:_move
选择对象:
```

4.3.2 实战演练——移动图形对象

下面利用移动命令对图形进行编辑操作,具体操作步骤如下。

步骤 01 打开"素材\CH04\移动图形对象.dwg"文件,如下图所示。

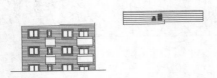

步骤 02 调用【移动】命令,在绘图区域中选择下图所示的图形作为需要移动的对象,按【Enter】键确认。

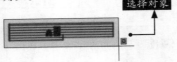

步骤 03 在绘图区域中任意单击一点作为移动对象的基点,在命令行输入"@-3000,0"后按【Enter】键确认,以指定移动对象的第二个点,结果如下图所示。

4.3.3 修剪

1. 命令调用方法

在AutoCAD 2020中调用【修剪】命令的常用方法有以下3种。

- 选择【修改】➤【修剪】菜单命令。
- 在命令行中输入"TRIM/TR"命令并按空格键。
- 单击【默认】选项卡➤【修改】面板中的【修剪】按钮✂。

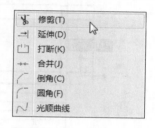

2. 命令提示

调用【修剪】命令之后，命令行会进行如下提示。

命令：_trim
当前设置：投影=UCS，边=无
选择剪切边…
选择对象或<全部选择>：
对剪切边进行选择确认之后，命令行会进行如下提示。

选择要修剪的对象或按住 Shift 键选择要延伸的对象，或者
[栏选(F)/窗交(C)/投影(P)/边(E)/删除(R)]：

3. 知识扩展

命令行中各选项的含义如下。

- 选择要修剪的对象：选择需要被修剪掉的对象。
- 按住Shift键选择要延伸的对象：延伸选定对象而不执行修剪操作。
- 栏选(F)：与选择栏相交的所有对象将被选择。选择栏是一系列临时线段，用两个或多个栏选点指定且不会构成闭合环。
- 窗交(C)：选择矩形区域（由两点确定）内部或与之相交的对象。
- 投影(P)：指定延伸对象时使用的投影方法，默认提供了"无（N）""UCS（U）""视图（V）"3种投影选项供用户选择。
- 边(E)：确定对象是在另一对象的延长边处进行修剪，还是仅在三维空间中与该对象相交的对象处进行修剪。默认提供了"延伸（E）"和"不延伸（N）"两种模式供用户选择。
- 删除(R)：修剪命令执行过程中可以对需要删除的部分进行有效删除，而不影响修剪命令的执行。

4.3.4 实战演练——修剪图形对象

下面利用移动命令对图形进行编辑操作，具体操作步骤如下。

步骤 01 打开"素材\CH04\修剪图形对象.dwg"文件，如下页图所示。

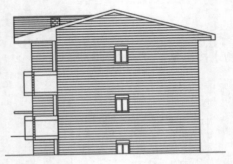

步骤 02 调用【修剪】命令，在绘图区域中选择剪切边，按【Enter】键确认，如下图所示。

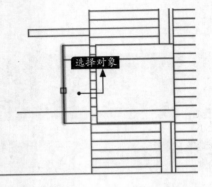

步骤 03 在绘图区域中选择需要被修剪掉的部分

对象，如下图所示。

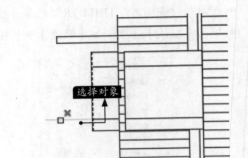

步骤 04 按【Enter】键确认，结果如下图所示。

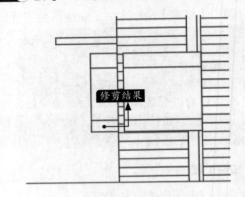

4.3.5 实战演练——编辑围墙立面图

下面利用修剪命令对围墙立面图进行编辑操作，具体操作步骤如下。

步骤 01 打开"素材\CH04\围墙立面图.dwg"文件，如下图所示。

步骤 02 调用【修剪】命令，在绘图区域中选择剪切边，按【Enter】键确认，如下图所示。

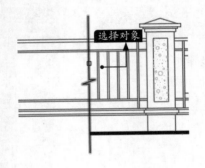

步骤 03 在绘图区域中选择需要被修剪掉的部分对象，如下图所示。

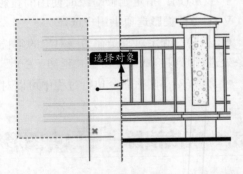

步骤 04 按【Enter】键确认，结果如下图所示。

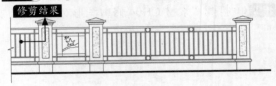

4.3.6 缩放

【缩放】命令可以在x、y和z坐标上同比放大或缩小对象，最终使对象符合设计要求。在对对象进行缩放操作时，对象的比例保持不变，但在x、y、z坐标上的数值将发生改变。

1. 命令调用方法

在AutoCAD 2020中调用【缩放】命令的常用方法有以下4种。

- 选择【修改】➤【缩放】菜单命令。
- 在命令行中输入"SCALE/SC"命令并按空格键。
- 单击【默认】选项卡➤【修改】面板中的【缩放】按钮□。
- 选择对象后单击鼠标右键，在快捷菜单中选择【缩放】命令。

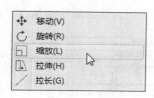

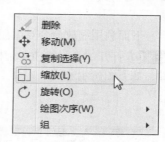

2. 命令提示

调用【缩放】命令之后，命令行会进行如下提示。

```
命令：_scale
选择对象：
```

4.3.7 实战演练——缩放图形对象

下面利用缩放命令对图形进行编辑操作，具体操作步骤如下。

步骤 01 打开"素材\CH04\缩放图形对象.dwg"文件，如下图所示。

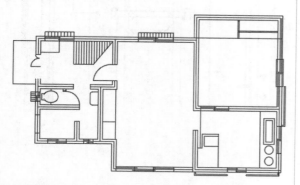

步骤 02 调用【缩放】命令，在绘图区域中选择右图所示的图形作为需要缩放的对象，按

【Enter】键确认。

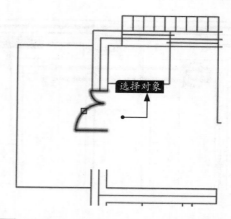

步骤 03 捕捉下页图所示的端点作为缩放的基点。

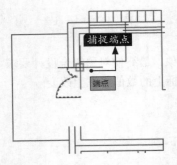

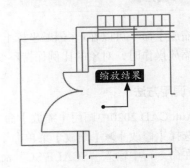

"2"，按【Enter】键确认，结果如下图所示。

步骤04 在命令行提示下指定缩放比例因子为

4.3.8 实战演练——编辑雨棚节点图

下面利用缩放命令对雨棚节点图进行编辑操作，具体操作步骤如下。

步骤01 打开"素材\CH04\雨棚节点图.dwg"文件，如下图所示。

步骤03 捕捉下图所示的中点作为缩放的基点。

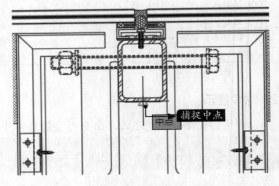

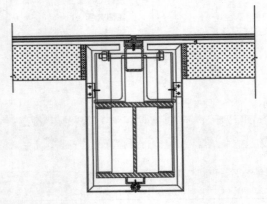

步骤04 在命令行提示下指定缩放比例因子为"0.5"，按【Enter】键确认，结果如下图所示。

步骤02 调用【缩放】命令，在绘图区域中选择下图所示的图形作为需要缩放的对象，按【Enter】键确认。

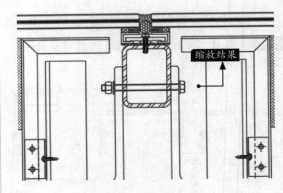

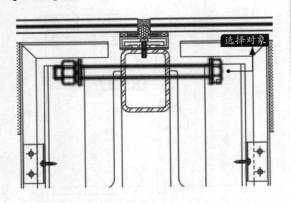

4.3.9 延伸

1. 命令调用方法

在AutoCAD 2020中调用【延伸】命令的常用方法有以下3种。

- 选择【修改】➤【延伸】菜单命令。
- 在命令行中输入"EXTEND/EX"命令并按空格键。
- 单击【默认】选项卡➤【修改】面板中的【延伸】按钮→|。

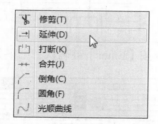
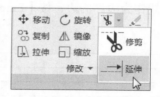

2. 命令提示

调用【延伸】命令之后，命令行会进行如下提示。

命令：_extend
当前设置：投影 =UCS，边 = 无
选择边界的边 …
选择对象或 < 全部选择 >：

对延伸边界对象进行选择确认之后，命令行会进行如下提示。

选择要延伸的对象或按住 Shift 键选择要修剪的对象，或者
[栏选 (F)/ 窗交 (C)/ 投影 (P)/ 边 (E)]：

3. 知识扩展

命令行中各选项的含义如下。

- 选择要延伸的对象：指定需要被延伸的对象。
- 按住Shift键选择要修剪的对象：将选定对象修剪到最近的边界而不是将其延伸。
- 栏选(F)：与选择栏相交的所有对象将被选择；选择栏是一系列临时线段，用两个或多个栏选点指定且不会构成闭合环。
- 窗交(C)：选择矩形区域（由两点确定）内部或与之相交的对象。
- 投影(P)：指定延伸对象时使用的投影方法，默认提供了"无（N）""UCS（U）""视图（V）"3种投影选项供用户选择。
- 边(E)：将对象延伸到另一个对象的隐含边，或仅延伸到三维空间中与其实际相交的对象。

4.3.10 实战演练——延伸图形对象

下面利用延伸命令对图形进行编辑操作，具体操作步骤如下。

步骤 01 打开"素材\CH04\延伸图形对象.dwg"文件，如下页图所示。

步骤 02 调用【延伸】命令，在绘图区域中选择下图所示的直线作为边界的边，按【Enter】键确认。

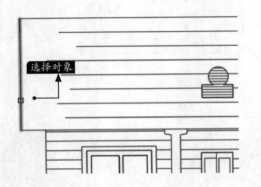

步骤 03 在绘图区域中选择下图所示的部分图形作为要延伸的对象。

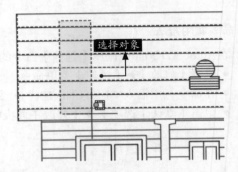

步骤 04 按【Enter】键确认，结果如下图所示。

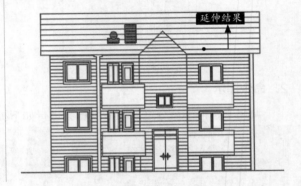

4.3.11　实战演练——绘制楼梯踏步详图

下面利用延伸命令对楼梯踏步详图进行编辑操作，具体操作步骤如下。

步骤 01 打开"素材\CH04\楼梯踏步详图.dwg"文件，如下图所示。

确认。

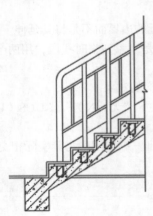

步骤 02 调用【延伸】命令，在绘图区域中选择右图所示的对象作为边界的边，按【Enter】键

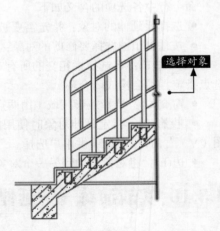

步骤 03 在绘图区域中选择下页图所示的直线作为要延伸的对象。

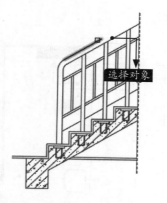
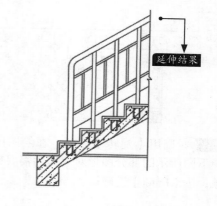

步骤 04 按【Enter】键确认，结果如右图所示。

4.3.12 旋转

旋转是指绕指定基点旋转图形中的对象。

1. 命令调用方法

在AutoCAD 2020中调用【旋转】命令的常用方法有以下4种。

- 选择【修改】➤【旋转】菜单命令。
- 在命令行中输入"ROTATE/RO"命令并按空格键。
- 单击【默认】选项卡➤【修改】面板中的【旋转】按钮C。
- 选择对象后单击鼠标右键，在快捷菜单中选择【旋转】命令。

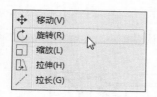
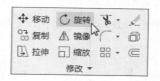
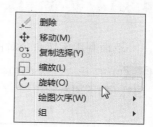

2. 命令提示

调用【旋转】命令之后，命令行会进行如下提示。

```
命令：_rotate
当前的正角方向：ANGDIR= 逆时针  ANGBASE=0
选择对象：
```

4.3.13 实战演练——旋转图形对象

下面利用旋转命令对图形进行编辑操作，具体操作步骤如下。

步骤 01 打开"素材\CH04\旋转图形对象.dwg"文件，如下页图所示。

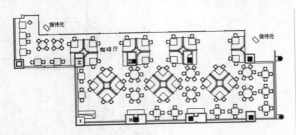

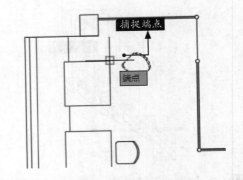

的旋转基点。

步骤 02 调用【旋转】命令，在绘图区域中选择下图所示的部分图形对象作为需要旋转的对象，按【Enter】键确认。

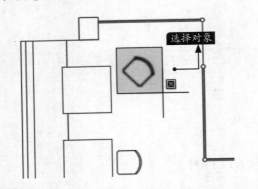

步骤 04 在命令行中指定旋转角度为"−45"，按【Enter】键确认，结果如下图所示。

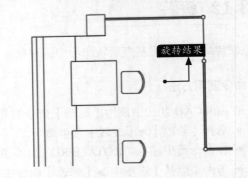

步骤 03 捕捉右上图所示的端点以指定图形对象

4.3.14 实战演练——编辑古建门平面图

下面利用旋转命令对古建门平面图进行编辑操作，具体操作步骤如下。

步骤 01 打开"素材\CH04\古建门平面图.dwg"文件，如下图所示。

象，按【Enter】键确认。

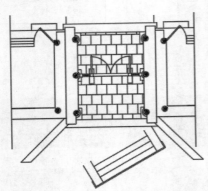

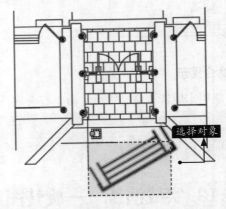

步骤 02 调用【旋转】命令，在绘图区域中选择右图所示的部分图形对象作为需要旋转的对

步骤 03 捕捉下页图所示的端点以指定图形对象的旋转基点。

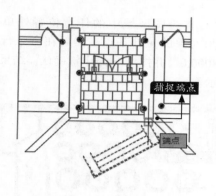

捕捉端点

端点

步骤 ⑭ 在命令行中指定旋转角度为"-30"，按【Enter】键确认，结果如下图所示。

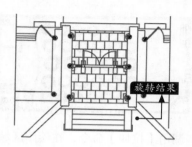

旋转结果

4.3.15 拉伸

通过【拉伸】命令可以改变对象的形状。在AutoCAD中，【拉伸】命令主要用于非等比缩放。【缩放】命令是对对象的整体进行放大或缩小，也就是说，缩放前后对象的大小发生改变，但比例和形状保持不变。【拉伸】命令可以对对象进行形状或比例上的改变。

1. 命令调用方法

在AutoCAD 2020中调用【拉伸】命令的常用方法有以下3种。
- 选择【修改】▶【拉伸】菜单命令。
- 在命令行中输入"STRETCH/S"命令并按空格键。
- 单击【默认】选项卡▶【修改】面板中的【拉伸】按钮 ⬜。

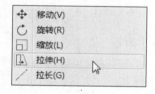

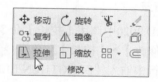

2. 命令提示

调用【拉伸】命令之后，命令行会进行如下提示。

```
命令：_stretch
以交叉窗口或交叉多边形选择要拉伸的对象 ...
选择对象：
```

3. 知识扩展

在选择对象时，必须采用交叉选择的方式，全部被选择的对象将被移动，部分被选择的对象进行拉伸。

4.3.16 实战演练——拉伸图形对象

下面利用拉伸命令对宴会厅平面布置图进行编辑操作，具体操作步骤如下。

步骤 01 打开"素材\CH04\拉伸图形对象.dwg"文件，如下图所示。

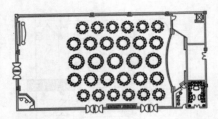

步骤 02 调用【拉伸】命令，在绘图区域中由右向左交叉选择要拉伸的对象，按【Enter】键确认，如下图所示。

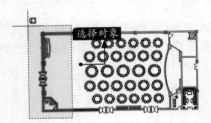

步骤 03 在绘图区域中的任意位置处单击指定图形对象的拉伸基点，然后在命令行输入"@8000,0"并按【Enter】键确认，结果如下图所示。

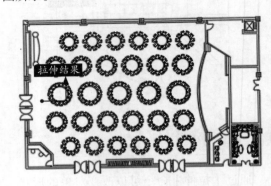

4.3.17 拉长

拉长命令可以通过指定百分比、增量、最终长度或角度来更改对象的长度和圆弧的包含角。

1. 命令调用方法

在AutoCAD 2020中调用【拉长】命令的常用方法有以下3种。

- 选择【修改】➤【拉长】菜单命令。
- 在命令行中输入"LENGTHEN/LEN"命令并按空格键。
- 单击【默认】选项卡➤【修改】面板中的【拉长】按钮 ╱。

2. 命令提示

调用【拉长】命令之后，命令行会进行如下提示。

命令：_lengthen
选择要测量的对象或 [增量 (DE)/ 百分比 (P)/ 总计 (T)/ 动态 (DY)] < 总计 (T)>：

3. 知识扩展

在选择拉伸对象时需要注意选择的位置，选择的位置不同，得到的结果不同。

4.3.18　实战演练——拉长图形对象

下面利用拉长命令对图形进行编辑操作，具体操作步骤如下。

步骤 01 打开"素材\CH04\拉长图形对象.dwg"文件，如下图所示。

步骤 02 调用【拉长】命令，在命令行输入"DY"后按【Enter】键确认，在绘图区域中选择下图所示的直线段作为需要修改的对象。

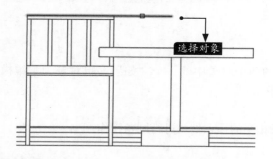

步骤 03 捕捉右上图所示的端点作为修改对象的新端点。

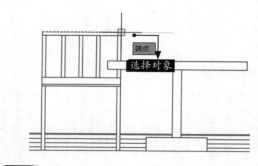

步骤 04 按【Enter】键确认，结果如下图所示。

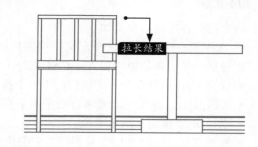

4.4　构造类编辑对象

下面对AutoCAD 2020中构造对象的方法进行详细介绍，包括圆角、倒角、合并、打断和打断于点等。

4.4.1　圆角

【圆角】命令可以对比较尖锐的角进行圆滑处理，也可以对平行或延长线相交的边线进行圆角处理。

1. 命令调用方法

在AutoCAD 2020中调用【圆角】命令的常用方法有以下3种。

- 选择【修改】▶【圆角】菜单命令。
- 在命令行中输入"FILLET/F"命令并按空格键确认。
- 单击【默认】选项卡▶【修改】面板中的【圆角】按钮 。

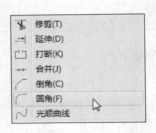

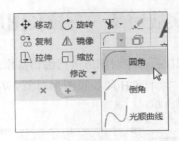

2. 命令提示

调用【圆角】命令之后，命令行会进行如下提示。

命令：_fillet
当前设置：模式 = 修剪，半径 = 0.0000
选择第一个对象或 [放弃 (U)/ 多段线 (P)/ 半径 (R)/ 修剪 (T)/ 多个 (M)]:

3. 知识扩展

命令行中各选项的含义如下。

- 选择第一个对象：选择定义二维圆角所需的两个对象中的一个，如果编辑对象为三维模型，则选择三维实体的边（在 AutoCAD LT 中不可用）。
- 放弃(U)：恢复在命令中执行的上一个操作。
- 多段线(P)：对整个二维多段线中两条直线段相交的顶点处均进行圆角操作。
- 半径(R)：预定义圆角半径。
- 修剪(T)：控制 FILLET 是否将选定的边修剪到圆角圆弧的端点。
- 多个(M)：可以为多个对象添加相同半径值的圆角。

4.4.2 实战演练——创建圆角对象

下面利用圆角命令对图形进行编辑操作，具体操作步骤如下。

步骤01 打开 "素材\CH04\圆角图形对象.dwg"
文件，如下图所示。

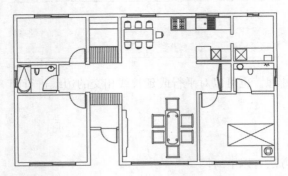

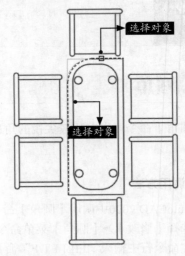

步骤02 调用【圆角】命令，将圆角半径定义为 "320"，并在绘图区域中选择右图所示的两条直线作为需要圆角的对象进行圆角。

结果如下页图所示。

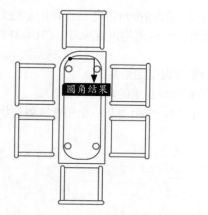

圆角结果

角操作，结果如下图所示。

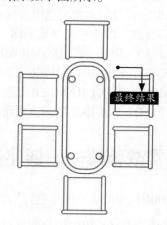

最终结果

步骤 03 继续对另外3个位置进行相同参数的圆

4.4.3　倒角

倒角操作用于连接两个对象，使它们以平角或倒角相接。

1. 命令调用方法

在AutoCAD 2020中调用【倒角】命令的常用方法有以下3种。

- 选择【修改】➤【倒角】菜单命令。
- 在命令行中输入"CHAMFER/CHA"命令并按空格键确认。
- 单击【默认】选项卡➤【修改】面板中的【倒角】按钮。

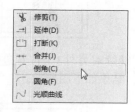

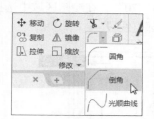

2. 命令提示

调用【倒角】命令之后，命令行会进行如下提示。

```
命令：_chamfer
（"修剪"模式）当前倒角距离 1 = 0.0000，距离 2 = 0.0000
选择第一条直线或 [ 放弃 (U)/ 多段线 (P)/ 距离 (D)/ 角度 (A)/ 修剪 (T)/ 方式 (E)/ 多个 (M)]:
```

3. 知识扩展

命令行中各选项的含义如下。

- 选择第一条直线：指定定义二维倒角所需的两条边中的第一条边；还可以选择三维实体的边进行倒角，然后从两个相邻曲面中指定一个作为基准曲面（在 AutoCAD LT 中不可用）。
- 放弃(U)：恢复在命令中执行的上一个操作。
- 多段线(P)：对整个二维多段线倒角，相交多段线线段在每个多段线顶点处被倒角，倒角成为多段线的新线段；如果多段线包含的线段过短以至于无法容纳倒角距离，则不对这些线段倒角。

- 距离(D)：设定倒角至选定边端点的距离，如果将两个距离均设定为零，CHAMFER 将延伸或修剪两条直线，以使它们终止于同一点。
- 角度(A)：用第一条线的倒角距离和第二条线的角度设定倒角距离。
- 修剪(T)：控制 CHAMFER 是否将选定的边修剪到倒角直线的端点。
- 方式(E)：控制 CHAMFER 是使用两个距离还是使用一个距离和一个角度来创建倒角。
- 多个(M)：为多组对象的边倒角。

4.4.4 实战演练——创建倒角对象

下面利用倒角命令对图形进行编辑操作，具体操作步骤如下。

步骤01 打开"素材\CH04\倒角图形对象.dwg"文件，如下图所示。

步骤02 调用【倒角】命令，将倒角距离1、倒角距离2均设置为"70"，在绘图区域中选择下图所示的两条相邻直线段。

倒角结果如下图所示。

步骤03 继续对另外3个位置进行相同参数的倒角操作，结果如下图所示。

4.4.5 实战演练——编辑信息栏立面图

下面利用倒角命令对信息栏立面图进行编辑操作，具体操作步骤如下。

步骤 01 打开"素材\CH04\信息栏立面图.dwg"文件，如下图所示。

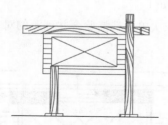

步骤 02 调用【倒角】命令，将倒角距离1设置为"200"，倒角距离2均设置为"100"，在绘图区域中选择下图所示的直线段作为第一个对象。

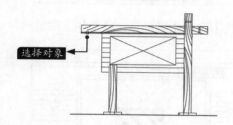

步骤 03 在绘图区域中选择下图所示的直线段作为第二个对象。

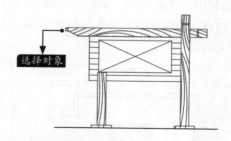

结果如下图所示。

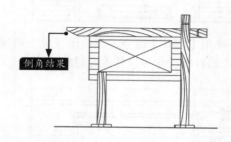

4.4.6 合并

使用【合并】命令可以将相似的对象合并为一个完整的对象。

1. 命令调用方法

在AutoCAD 2020中调用【合并】命令的常用方法有以下3种。

- 选择【修改】➤【合并】菜单命令。
- 在命令行中输入"JOIN/J"命令并按空格键。
- 单击【默认】选项卡➤【修改】面板中的【合并】按钮 ⫲ 。

2. 命令提示

调用【合并】命令之后，命令行会进行如下提示。

```
命令：_join
 选择源对象或要一次合并的多个对象：
```

3. 知识扩展

合并两条或多条圆弧或椭圆弧时，将从源对象开始按逆时针方向合并圆弧。

4.4.7 实战演练——合并图形对象

下面利用合并命令对图形进行编辑操作，具体操作步骤如下。

步骤 01 打开"素材\CH04\合并图形对象.dwg"文件，如下图所示。

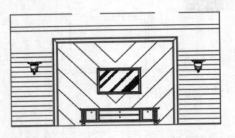

步骤 03 依次单击选择要合并到源的对象，如下图所示。

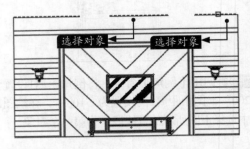

步骤 02 调用【合并】命令，在绘图区域中选择下图所示的直线段作为合并的源对象。

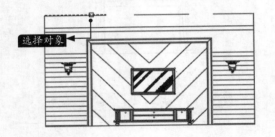

步骤 04 按【Enter】键确认，结果如下图所示。

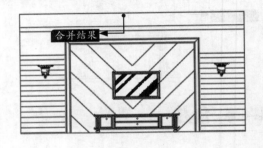

4.4.8 有间隙的打断

利用【打断】命令可以轻松实现在两点之间打断对象。

1. 命令调用方法

在AutoCAD 2020中调用【打断】命令的常用方法有以下3种。

- 选择【修改】➤【打断】菜单命令。
- 在命令行中输入"BREAK/BR"命令并按空格键。
- 单击【默认】选项卡➤【修改】面板中的【打断】按钮。

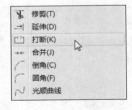

2. 命令提示

调用【打断】命令之后，命令行会进行如下提示。

命令：_break
　选择对象：

选择需要打断的对象之后，命令行会进行如下提示。

指定第二个打断点 或 [第一点 (F)]:

3. 知识扩展

命令行中各选项的含义如下。

● 指定第二个打断点：指定第二个打断点的位置，此时系统默认以单击选择该对象时所单击的位置为第一个打断点。

● 第一点(F)：用指定的新点替换原来的第一个打断点。

4.4.9 实战演练——创建有间隙的打断

下面利用打断命令为图形创建有间隙的打断，具体操作步骤如下。

步骤 01 打开 "素材\CH04\打断对象.dwg" 文件，如下图所示。

步骤 02 调用【打断】命令，在绘图区域中选择下图所示的直线段作为需要打断的对象。

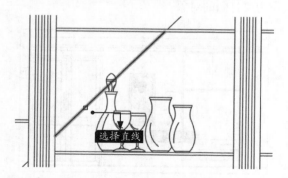

步骤 03 在命令行输入 "F" 后按【Enter】键确认，然后在绘图区域中单击指定第一个打断点，如右上图所示。

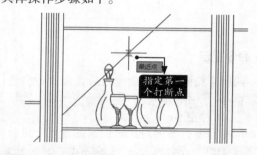

步骤 04 在绘图区域中单击指定第二个打断点，如下图所示。

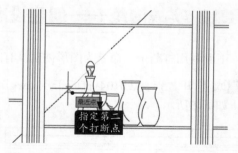

结果如下图所示。

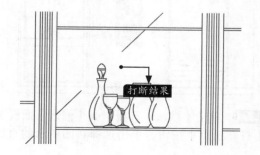

4.4.10 没有间隙的打断——打断于点

利用【打断于点】命令可以实现将对象在一点处打断，而不存在缝隙。

1. 命令调用方法

在AutoCAD 2020中调用【打断于点】命令的常用方法有以下3种。

- 选择【修改】➤【打断】菜单命令。
- 在命令行中输入"BREAK/BR"命令并按空格键。
- 单击【默认】选项卡➤【修改】面板中的【打断于点】按钮 □。

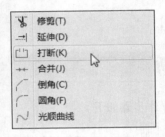

2. 命令提示

调用【打断于点】命令之后，命令行会进行如下提示。

命令：_break
选择对象：

选择需要打断的对象之后，命令行会进行如下提示。

指定第二个打断点 或 [第一点(F)]：_f
指定第一个打断点：

4.4.11 实战演练——创建没有间隙的打断

下面利用打断于点命令为图形创建没有间隙的打断，具体操作步骤如下。

步骤 01 打开"素材\CH04\打断于点.dwg"文件，如下图所示。

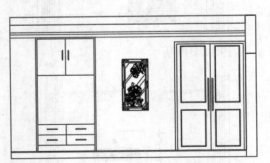

步骤 02 单击【默认】选项卡➤【修改】面板➤【打断于点】按钮，单击选择右图所示的直线

作为要打断的对象。

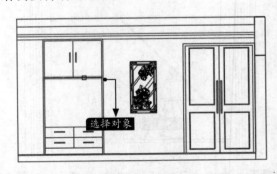

步骤 03 在绘图区域中单击直线中点作为打断点，如下页图所示。

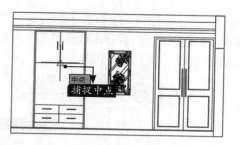

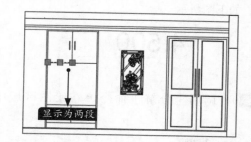

到线段显示为两段，如下图所示。

步骤 04 在线段一端单击鼠标选择线段，可以看

4.5 分解和删除对象

通过分解操作可以将块、面域、多段线等分解为它的组成对象，以便单独修改一个或多个对象；删除操作则可以按需求将多余对象从源对象中删除。

4.5.1 分解

【分解】命令主要是把单个组合的对象分解成多个单独的对象，从而更方便地对各个单独对象进行编辑。

1. 命令调用方法

在AutoCAD 2020中调用【分解】命令的常用方法有以下3种。

- 选择【修改】▶【分解】菜单命令。
- 在命令行中输入"EXPLODE/X"命令并按空格键。
- 单击【默认】选项卡▶【修改】面板中的【分解】按钮。

2. 命令提示

调用【分解】命令之后，命令行会进行如下提示。

```
命令：_explode
选择对象：
```

4.5.2 实战演练——分解标高图块

下面利用分解命令为标高图块执行分解操作，具体操作步骤如下。

步骤 01 打开"素材\CH04\标高图块.dwg"文件，如下图所示。

4.500

步骤 02 调用【分解】命令，在绘图区域中

选择全部图形对象作为需要分解的对象，按【Enter】键确认，然后单击选择图形，可以看到该图形被分解成了多个单体。

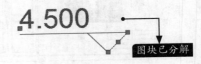

4.500

图块已分解

4.5.3 删除

删除是把相关图形从源文档中移除，不保留任何痕迹。

1. 命令调用方法

在AutoCAD 2020中调用【删除】命令的常用方法有以下5种。

- 选择【修改】➤【删除】菜单命令。
- 在命令行中输入"ERASE/E"命令并按空格键。
- 单击【默认】选项卡➤【修改】面板中的【删除】按钮 。
- 选择对象后单击鼠标右键，在快捷菜单中选择【删除】命令。
- 选择需要删除的对象，然后按【Del】键。

2. 命令提示

调用【删除】命令之后，命令行会进行如下提示。

```
命令：_erase
选择对象：
```

4.5.4 实战演练——删除中轴线图形

下面利用删除命令删除中轴线图形，具体操作步骤如下。

步骤 01 打开"素材\CH04\删除对象.dwg"文件，如下图所示。

步骤 02 调用【删除】命令，在绘图区域中选择中轴线图形作为需要删除的对象，如下图所示。

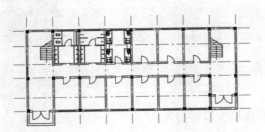
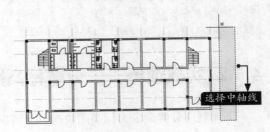

选择中轴线

步骤 **03** 按【Enter】键确认，结果如下图所示。

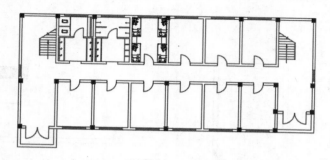

4.5.5 实战演练——编辑信息栏平面图

下面利用删除命令编辑信息栏平面图，具体操作步骤如下。

步骤 **01** 打开"素材\CH04\信息栏平面图.dwg"文件，如下图所示。

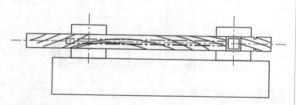

步骤 **02** 调用【删除】命令，在绘图区域中选择矩形作为需要删除的对象，如右上图所示。

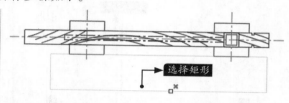

步骤 **03** 按【Enter】键确认，结果如下图所示。

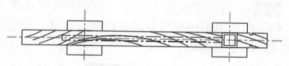

4.6 综合应用——绘制别墅底层平面图

 下面综合利用AutoCAD 2020的旋转、镜像、缩放、修剪、删除等功能对别墅底层平面图进行编辑，具体操作步骤如下。

步骤 **01** 打开"素材\CH04\别墅底层平面图.dwg"文件，如下图所示。

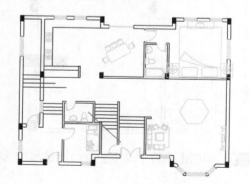

步骤 **02** 调用【旋转】命令，在绘图区域中选择下图所示的部分图形对象作为需要旋转的对象，按【Enter】键确认。

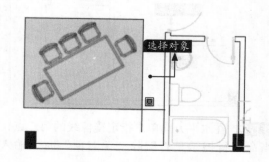

步骤 03 捕捉下图所示的端点以指定图形对象的旋转基点。

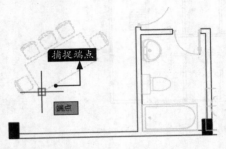

步骤 04 在命令行中指定旋转角度为"−30"，按【Enter】键确认，结果如下图所示。

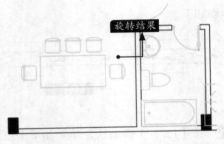

步骤 05 调用【镜像】命令，在绘图区域中选择下图所示的图形作为需要镜像的对象，并按【Enter】键确认。

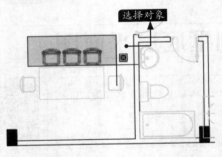

步骤 06 捕捉下图所示的中点作为镜像线的第一点。

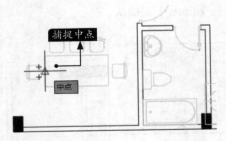

步骤 07 在水平方向单击指定镜像线的第二点，当命令行提示是否删除"源对象"时，输入

"N"并按【Enter】键确认，结果如下图所示。

步骤 08 调用【缩放】命令，在绘图区域中选择下图所示的图形作为需要缩放的对象，按【Enter】键确认。

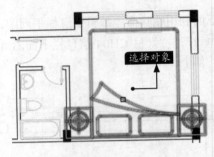

步骤 09 捕捉下图所示的中点作为缩放的基点。

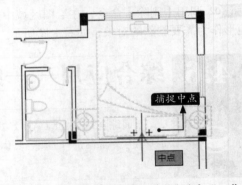

步骤 10 在命令行中指定缩放比例因子为"0.5"，按【Enter】键确认，结果如下图所示。

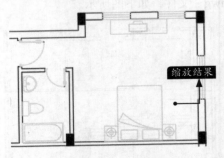

步骤 11 调用【修剪】命令，在绘图区域中选择

剪切边,按【Enter】键确认,如下图所示。

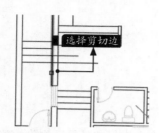

步骤⑫ 在绘图区域中选择需要被修剪掉的部分对象,如下图所示。

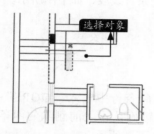

步骤⑬ 按【Enter】键确认,结果如下图所示。

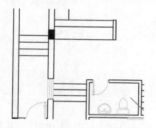

步骤⑭ 调用【删除】命令,在绘图区域中选择正六边形作为需要删除的对象,如下图所示。

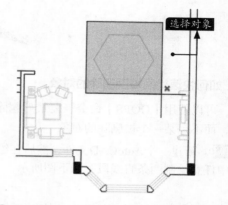

步骤⑮ 按【Enter】键确认,结果如下图所示。

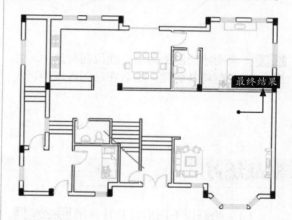

 疑难解答

1. 如何快速绘制出需要的箭头

下面对快速绘制箭头的方法进行详细介绍。

步骤① 在DWG文件中创建一个对齐标注,如下图所示。

步骤② 选择刚才创建的对齐标注,然后选择【修改】▶【特性】菜单命令,在系统弹出的特性面板中可以对箭头的大小及样式进行设置,如下图所示。

步骤③ 设置完成之后将该对齐标注分解,并将多余部分删除,即可得到需要的箭头,如下页

图所示。

2. 如何快速找回被误删除的对象

可以使用【OOPS】命令恢复最后删除的组。【OOPS】命令恢复的是最后删除的整个选择集合，而不是某一个被删除的对象。

步骤 01 新建一个AutoCAD文件，然后在绘图区域中任意绘制两条直线段，如下图所示。

步骤 02 将刚才绘制的两条直线段同时选中，并按【Del】键将其删除，然后在绘图区域中再次任意绘制一条直线段，如下图所示。

步骤 03 在命令行中输入"OOPS"命令后按【Enter】键确认，之前删除的两条线段被找回，结果如下图所示。

实战练习

（1）绘制以下图形，并计算阴影部分的面积。

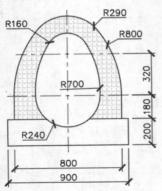

（2）下面上图为素材文件，下图为结果文件，参考结果文件对素材文件进行修改。

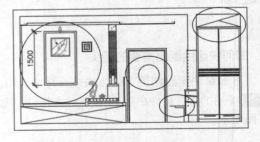

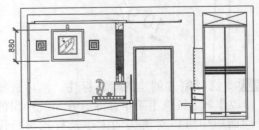

第 5 章

管理和高效绘图

学习目标

在AutoCAD 2020中图层和图块可以帮助用户更方便地管理当前文件，有效提高绘图效率，降低计算机资源的占用。本章将对图层和图块的应用进行详细的讲解。

学习效果

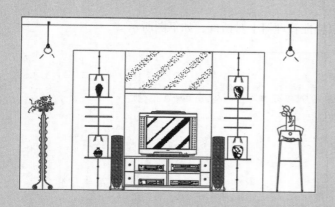

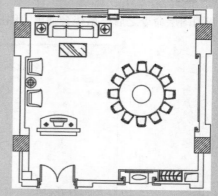

5.1 图层

图层相当于重叠的透明图纸，每张图纸上面的图形都具备自己的颜色、线宽、线型等特性。将所有图纸上面的图形绘制完成后，可以根据需要对其进行相应的隐藏或显示，从而得到最终的图形需求结果。为方便对AutoCAD对象进行统一管理和修改，用户可以把类型相同或相似的对象指定给同一图层。

5.1.1 图层特性管理器

图层特性管理器可以显示图形中的图层列表及其特性，可以添加、删除和重命名图层，还可以更改图层特性、设置布局视口的特性替代或添加说明等。

1. 命令调用方法

在AutoCAD 2020中打开图层特性管理器的方法通常有以下3种。

- 选择【格式】➤【图层】菜单命令。
- 命令行输入"LAYER/LA"命令并按空格键。
- 单击【默认】选项卡➤【图层】面板➤【图层特性】按钮 。

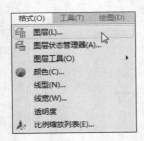

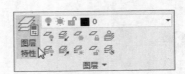

2. 命令提示

调用图层命令之后，系统会弹出【图层特性管理器】对话框，如下图所示。

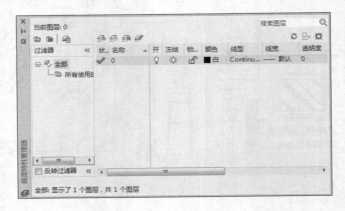

3. 知识扩展

【图层特性管理器】对话框中各选项含义如下。

● 【新建图层】按钮：单击该按钮，AutoCAD会自动创建一个名称为"图层1"的图层，如下图所示。

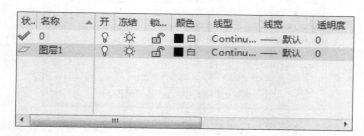

根据工作需要，可以在一个工程文件中创建多个图层，每个图层都可以控制相同属性的对象。新图层将继承图层列表中当前选定图层的特性，例如颜色或开关状态等。

● 【颜色】按钮■：单击该按钮，系统会弹出【选择颜色】对话框，如下图所示。

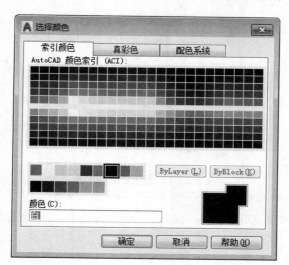

AutoCAD系统中提供了256种颜色。在设置图层的颜色时，一般会采用红色、黄色、绿色、青色、蓝色、紫色以及白色7种标准颜色。这7种颜色区别较大又有名称，便于识别和调用。

● 【线型】按钮：单击该按钮，系统会弹出【选择线型】对话框，如下图所示。

在【选择线型】对话框中单击【加载】按钮，系统会弹出【加载或重载线型】对话框，如下页图所示。

AutoCAD提供了实线、虚线及点划线等45种线型，默认的线型为"Continuous（连续）"。

● 【线宽】按钮：单击该按钮，系统会弹出【线宽】对话框，如下图所示。

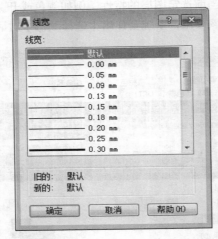

AutoCAD中有20多种线宽可供选择。注意，TrueType字体、光栅图像、点和实体填充（二维实体）无法显示线宽。

5.1.2 实战演练——创建"轴线"图层

下面利用【图层特性管理器】对话框创建"轴线"图层，具体操作步骤如下。

步骤 01 新建一个DWG文件，调用【图层】命令，在弹出的【图层特性管理器】对话框中单击【新建图层】按钮，创建一个默认名称为"图层1"的新图层，如下图所示。

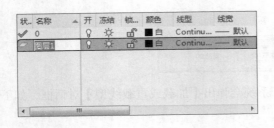

步骤 02 将"图层1"的名称更改为"轴线"，结果如下图所示。

步骤 03 单击"轴线"图层的【颜色】按钮■，在

弹出的【选择颜色】对话框中选择"红色"，如下图所示。

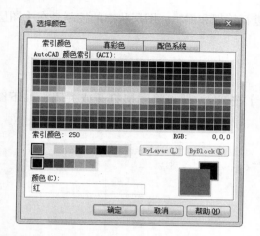

步骤 04 单击【确定】按钮，返回【图层特性管理器】对话框，如下图所示。

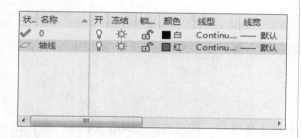

步骤 05 单击"轴线"图层的【线型】按钮，在弹出的【选择线型】对话框中单击【加载】按钮，弹出【加载或重载线型】对话框，选择"CENTER"，如下图所示。

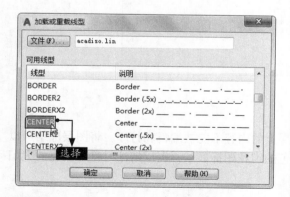

步骤 06 单击【确定】按钮，返回【选择线型】对话框，选择刚才加载的线型"CENTER"，如右上图所示。

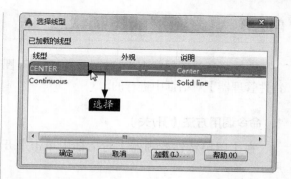

步骤 07 单击【确定】按钮，返回【图层特性管理器】对话框，如下图所示。

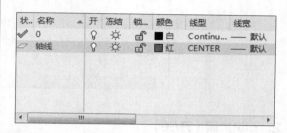

步骤 08 单击"轴线"图层的【线宽】按钮，在弹出的【线宽】对话框中选择"0.13mm"，如下图所示。

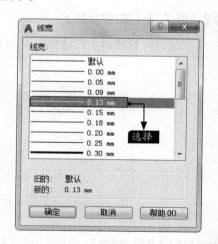

步骤 09 单击【确定】按钮，返回【图层特性管理器】对话框，结果如下图所示。

5.1.3 更改图层的控制状态

图层可通过图层状态进行控制，以便于对图形进行管理和编辑。图层状态的控制是在【图层特性管理器】对话框中进行的。

1. 命令调用方法（开/关）

在【图层特性管理器】对话框中单击【开/关】按钮，即可将图层打开或关闭，如下图所示。

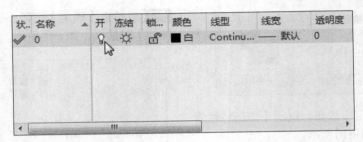

2. 知识扩展（开/关）

通过将图层打开或关闭可以控制图形的显示或隐藏。图层处于关闭状态时，图层中的内容将被隐藏且无法编辑和打印。

3. 命令调用方法（冻结/解冻）

在【图层特性管理器】对话框中单击【冻结/解冻】按钮，即可将图层冻结或解冻，如下图所示。

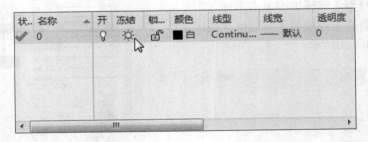

4. 知识扩展（冻结/解冻）

图层冻结时，图层中的内容被隐藏，且该图层上的内容不能被编辑和打印。将图层冻结可以减少复杂图形的重生成时间。图层冻结时将以灰色的雪花图标显示，图层解冻时将以明亮的太阳图标显示。

5. 命令调用方法（锁定/解锁）

在【图层特性管理器】对话框中单击【锁定/解锁】按钮，即可将图层锁定或解锁，如下页图所示。

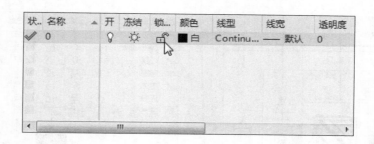

6. 知识扩展（锁定/解锁）

图层锁定后，图层上的内容依然可见，但是不能被编辑。

除了在【图层特性管理器】中控制图层的打开/关闭、冻结/解冻、锁定/解锁外，还可以通过【默认】选项卡 ➤【图层】面板中的图层选项对图层的状态进行控制，如下图所示。

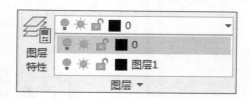

7. 命令调用方法（打印/不打印）

在【图层特性管理器】对话框中单击【打印/不打印】按钮 🖶，即可将图层置于可打印状态或不可打印状态，如下图所示。

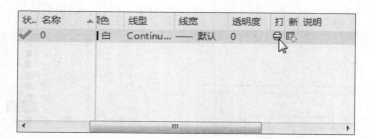

8. 知识扩展（打印/不打印）

图层的不打印设置只对图形中可见的图层（即图层是打开并且解冻的）有效。若图层设为打印但该层是冻结或关闭的，则AutoCAD将不打印该图层。

5.1.4 实战演练——编辑家装电视墙立面图

下面利用【图层特性管理器】对话框编辑家装电视墙立面图，具体操作步骤如下。

步骤 01 打开"素材\CH05\家装电视墙立面图.dwg"文件，如下页图所示。

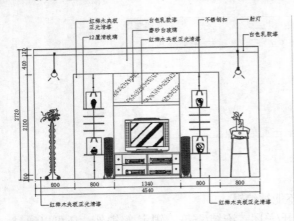

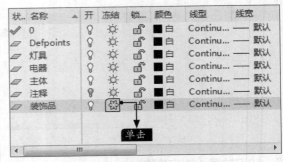

步骤 02 调用【图层】命令，在弹出的【图层特性管理器】对话框中单击"注释"图层的【开/关】按钮，如下图所示。

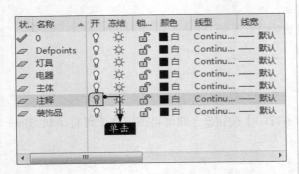

步骤 03 关闭【图层特性管理器】对话框，结果如下图所示。

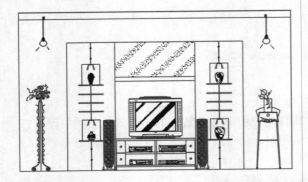

步骤 04 调用【图层】命令，在弹出的【图层特性管理器】对话框中单击"装饰品"图层的【冻结/解冻】按钮，如右上图所示。

步骤 05 关闭【图层特性管理器】对话框，结果如下图所示。

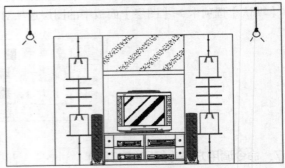

步骤 06 调用【图层】命令，在弹出的【图层特性管理器】对话框中单击"灯具"图层的【锁定/解锁】按钮，如下图所示。

步骤 07 关闭【图层特性管理器】对话框，在绘图区域中将十字光标放置到灯具图形上面，结果如下图所示。

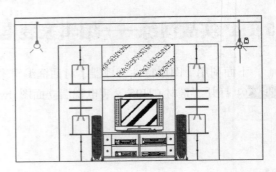

步骤 08 调用【移动】命令，将绘图区域中的所有对象全部作为需要移动的对象，命令行提示如下。

```
命令：_move
选择对象：找到 9025 个
180 个在锁定的图层上。
```

步骤 09 灯具图形不可以移动，其他图形可以移动，结果如下图所示。

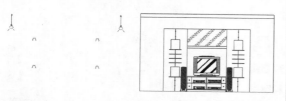

步骤 10 调用【图层】命令，在弹出的【图层特性管理器】对话框中单击"电器"图层的【打印/不打印】按钮，如下图所示。

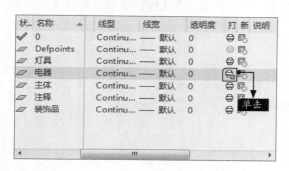

步骤 11 关闭【图层特性管理器】对话框，选择【文件】▶【打印】菜单命令，【打印范围】选择【窗口】，打印区域如下图所示。

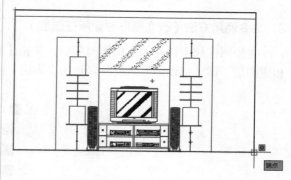

打印结果如下图所示。

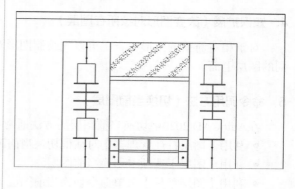

5.1.5 管理图层

对图层进行有效管理，不仅可以提高绘图效率，保证绘图质量，而且可以及时将无用图层删除，节约磁盘空间。

1. 命令调用方法（删除图层）

在【图层特性管理器】对话框中选择相应图层，然后单击【删除图层】按钮，即可将相应图层删除，如下图所示。

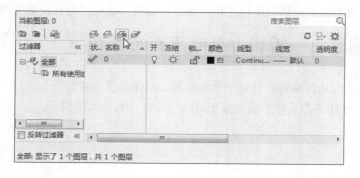

2. 知识扩展（删除图层）

系统默认的图层 "0" 、包含图形对象的层、当前图层以及使用外部参照的图层，是不能被删除的。

3. 命令调用方法（改变图形对象所在图层）

在绘图区域中选择相应图形对象后，单击【默认】选项卡 ➤【图层】面板中的图层选项选择相应图层，即可将该图形对象放置到相应图层上面。

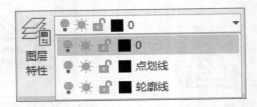

4. 知识扩展（改变图形对象所在图层）

对于相对简单的图形而言，可以先绘制图形对象，然后利用该方法将图形对象分别放置到不同的图层上面。

5. 命令调用方法（切换当前图层）

在AutoCAD 2020中切换当前图层的方法通常有以下3种。
- 利用【图层特性管理器】对话框切换当前图层。
- 利用【图层】选项卡切换当前图层。
- 利用【图层工具】菜单命令切换当前图层。

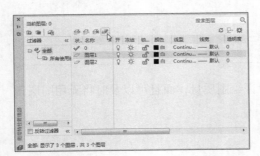
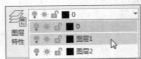

6. 知识扩展（切换当前图层）

在【图层特性管理器】对话框中选中相应图层后双击，也可以将其设置为当前图层。

5.1.6 实战演练——编辑办公室平面布置图

下面利用图层管理功能编辑办公室平面布置图，具体操作步骤如下。

步骤 01 打开 "素材\CH05\办公室平面布置图.dwg" 文件，如下页图所示。

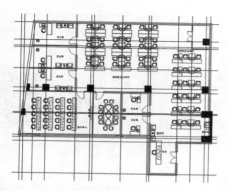

步骤 02 在绘图区域中选择下图所示的部分图形对象。

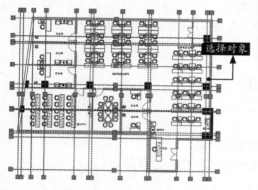

步骤 03 单击【默认】选项卡 ➤【图层】面板中的"轴线"图层。

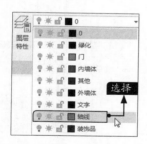

步骤 04 按【Esc】键取消对图形对象的选择，结果如下图所示。

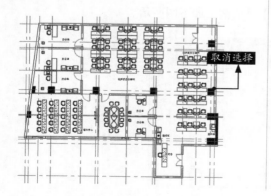

步骤 05 调用【图层】命令，在弹出的【图层特性管理器】对话框中选择"绿化"图层后，单击【删除图层】按钮，如下图所示。

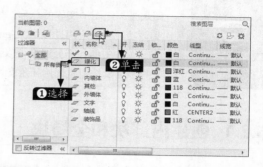

步骤 06 "绿化"图层删除后，结果如下图所示。

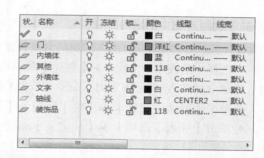

步骤 07 继续在【图层特性管理器】对话框中选择"其他"图层，单击【置为当前】按钮 ✏，如下图所示。

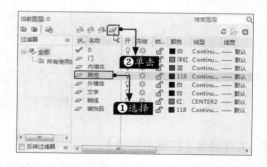

结果如下图所示。

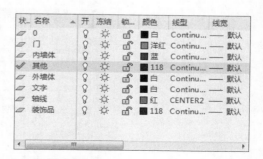

5.2 图块

图块是一组图形实体的总称，当需要在图形中插入某些特殊符号时会经常用到该功能。在应用过程中，AutoCAD图块将作为一个独立、完整的对象来操作，图块中的各部分图形可以拥有各自的图层、线型、颜色等特征。用户可以根据需要按指定比例和角度将图块插入到指定位置。

5.2.1 创建内部块和全局块

图块分为内部块和全局块（写块）两种。顾名思义，内部块只能在当前图形中使用，不能使用到其他图形中；全局块不仅能在当前图形中使用，而且可以使用到其他图形中。

1. 命令调用方法（创建内部块）

在AutoCAD 2020中创建内部块的方法通常有以下4种。

- 选择【绘图】▶【块】▶【创建】菜单命令。
- 命令行输入"BLOCK/B"命令并按空格键。
- 单击【默认】选项卡▶【块】面板▶【创建】按钮 。
- 单击【插入】选项卡▶【块定义】面板▶【创建块】按钮 。

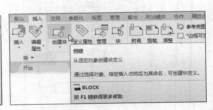

2. 命令提示（创建内部块）

调用创建块命令之后，系统会弹出【块定义】对话框，如下图所示。

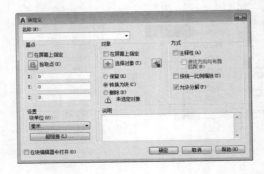

3. 知识扩展（创建内部块）

【块定义】对话框中各选项的含义如下。

• 【名称】文本框：指定块的名称。名称最多可以包含255个字符，包括字母、数字、空格，以及操作系统或程序未作他用的任何特殊字符。

• 【基点】区：指定块的插入基点，默认值是 (0,0,0)。用户可以选中【在屏幕上指定】复选框，也可以单击【拾取点】按钮，在绘图区单击指定。

• 【对象】区：指定新块中要包含的对象，以及创建块之后如何处理这些对象，如是保留还是删除选定的对象，或者是将它们转换成块实例。

• 【保留】：选择该项，图块创建完成后，原图形仍保留原来的属性。

• 【转换为块】：选择该项，图块创建完成后，原图形将转换成图块的形式存在。

• 【删除】：选择该项，图块创建完成后，原图形将自动删除。

• 【方式】区：指定块的方式。在该区域中可以指定块参照是否可以被分解和是否阻止块参照不按统一比例缩放。

• 【允许分解】：选择该项，当创建的图块插入图形后，可以通过【分解】命令进行分解；如果没有选择该选项，则创建的图块插入图形后，不能通过【分解】命令进行分解。

• 【设置】区：指定块的设置。在该区域中可以指定块参照插入单位等。

4. 命令调用方法（创建全局块）

在AutoCAD 2020中创建全局块的方法通常有以下两种。

• 命令行输入"WBLOCK/W"命令并按空格键。

• 单击【插入】选项卡 ➤【块定义】面板 ➤【写块】按钮。

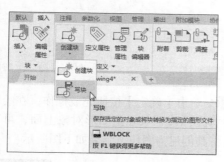

5. 命令提示（创建全局块）

调用全局块命令之后，系统会弹出【写块】对话框，如下图所示。

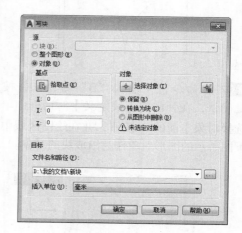

6. 知识扩展（创建全局块）

【写块】对话框中各选项的含义如下。

• 【源】区：指定块和对象，将其另存为文件并指定插入点。

• 【块】：指定要另存为文件的现有块。从列表中选择名称。

• 【整个图形】：选择要另存为其他文件的当前图形。

• 【对象】：选择要另存为文件的对象。指定基点并选择下面的对象。

• 【基点】区：指定块的基点。默认值是 (0,0,0)。

• 【拾取点】：暂时关闭对话框以使用户能在当前图形中拾取插入基点。

• 【X】：指定基点的 x 坐标值。

- 【Y】：指定基点的 *y* 坐标值。
- 【Z】：指定基点的 *z* 坐标值。
- 【对象】区：设置用于创建块的对象上的块创建的效果。
- 【选择对象】：临时关闭该对话框以便可以选择一个或多个对象以保存至文件。
- 【快速选择】：打开该对话框，从中可以过滤选择集。
- 【保留】：将选定对象另存为文件后，在当前图形中仍保留它们。
- 【转换为块】：将选定对象另存为文件后，在当前图形中将它们转换为块。
- 【从图形中删除】：将选定对象另存为文件后，从当前图形中将它们删除。
- 【选定的对象】：指示选定对象的数目。
- 【目标】区：指定文件的新名称和新位置以及插入块时所用的测量单位。
- 【文件名和路径】：指定文件名和保存块或对象的路径。
- 【插入单位】：指定从 DesignCenter ™（设计中心）拖曳新文件或将其作为块插入使用不

同单位的图形中时用于自动缩放的单位。

5.2.2 实战演练——创建"双开门"图块

下面对双开门图形进行内部块的创建，具体操作步骤如下。

步骤 **01** 打开"素材\CH05\双开门.dwg"文件，如下图所示。

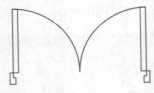

步骤 **02** 在命令行中输入"B"命令，并按空格键确认，在弹出的【块定义】对话框中单击【选择对象】前的 ✚ 按钮，并在绘图区域中选择下图所示的图形对象作为组成块的对象。

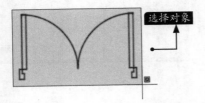
选择对象

步骤 **03** 按空格键确认，返回【块定义】对话框，单击【拾取点】前的 ⿻ 按钮，并在绘图区域中捕捉下图所示的端点作为图块的插入基点。

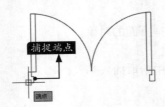
捕捉端点
端点

步骤 **04** 返回【块定义】对话框，为块添加名称"双开门"，如下图所示。

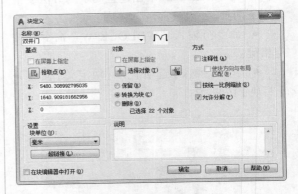

步骤 **05** 单击【确定】按钮完成操作，在绘图区域中将光标移至双开门图形对象上面，可以看到已将其创建为图块。结果如下图所示。

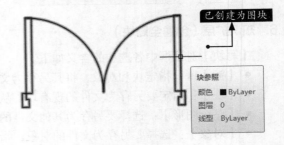
已创建为图块

5.2.3 实战演练——创建"桌椅"图块

下面对桌椅图形进行外部块的创建，具体操作步骤如下。

步骤 01 打开"素材\CH05\桌椅.dwg"文件，如下图所示。

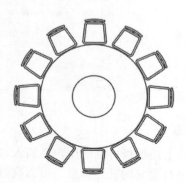

步骤 02 调用【写块】命令，在弹出的【写块】对话框中单击【选择对象】前的 按钮，在绘图区域选择全部图形对象，如下图所示。

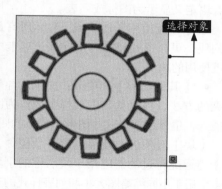

步骤 03 按空格键确认，返回【写块】对话框，单击【拾取点】前的 按钮，在绘图区选择右上图所示的点作为插入基点。

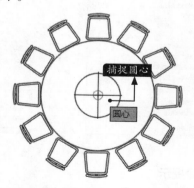

步骤 04 返回【写块】对话框，在【文件名和路径】栏中可以设置文件名称和保存路径，设置完成后单击【确定】按钮，如下图所示。

5.2.4 插入块

本节重点介绍图块的插入。在插入图块的过程中主要会运用到【块选项板】。

1. 命令调用方法

在AutoCAD 2020中调用【块选项板】的方法通常有以下4种。

- 选择【插入】➤【块选项板】菜单命令。
- 命令行输入"INSERT/I"命令并按空格键。
- 单击【默认】选项卡➤【块】面板中的【插入】按钮 ，然后选择一个适当的选项。
- 单击【插入】选项卡➤【块】面板中的【插入】按钮 ，然后选择一个适当的选项。

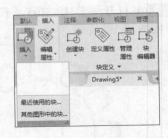

2. 命令提示

调用插入块的命令后，系统会弹出【块】选项板，如下图所示。

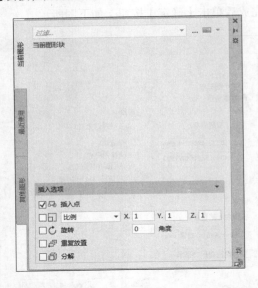

3. 知识扩展

【块】选项板可以使用户在插入块的过程中对块进行更好的视觉预览，可以高效地从最近使用的列表或指定的图形指定和插入块。"块"选项板中3个选项卡的作用如下。

- 【当前图形】选项卡：将当前图形中的所有块定义显示为图标或列表。

- 【最近使用】选项卡：显示所有最近插入的块。可以通过鼠标右键在该选项卡中删除最近使用的块。

- 【其他图形】选项卡：提供了导航到文件夹的方法，可以从其中选择图形作为图块进行插入，也可以选择这些图形中定义的图块。

【块】选项板的顶部包含多个控件，包含用于将通配符过滤器应用于块名称的字段，以及多个用于不同缩略图大小和列表样式的选项。

5.2.5 实战演练——插入"洗手池"图块

下面利用块选项板插入洗手池图块，具体操作步骤如下。

步骤01 打开"素材\CH05\洗手池.dwg"文件，如下图所示。

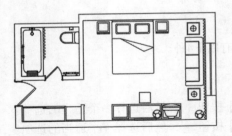

步骤02 在命令行中输入"I"命令后按空格键，在弹出的【块选项板】▶【当前图形】选项卡中选择"洗手池"，单击鼠标右键，在弹出的快捷菜单中选择"插入"，如下页图所示。

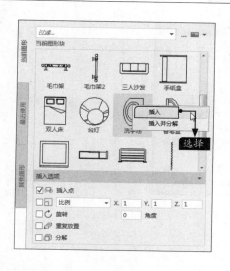

步骤 **03** 在绘图区域中的适当位置处单击指定插入基点，结果如下图所示。

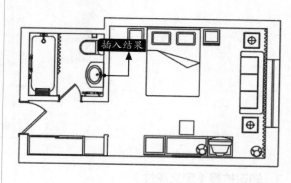

5.2.6 创建和编辑带属性的块

要创建属性，首先要创建包含属性特征的属性定义。属性特征主要包括标记（标识属性的名称）、插入块时显示的提示、值的信息、文字格式、块中的位置和所有可选模式（不可见、常数、验证、预设、锁定位置和多行）。

1. 命令调用方法（定义属性）

在AutoCAD 2020中调用【属性定义】对话框的常用方法有以下3种。

- 选择【绘图】➤【块】➤【定义属性】菜单命令。
- 命令行输入"ATTDEF/ATT"命令并按空格键。
- 单击【插入】选项卡➤【块定义】面板中的【定义属性】按钮 。

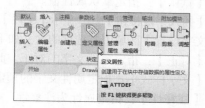

2. 命令提示（定义属性）

调用定义属性命令后，系统会弹出【属性定义】对话框，如下页图所示。

3. 知识扩展（定义属性）

【模式】区域中各选项的含义如下。

- 【不可见】：指定插入块时不显示或打印属性值。
- 【固定】：插入块时赋予属性固定值。
- 【验证】：插入块时提示验证属性值是否正确。
- 【预设】：插入包含预设属性值的块时，将属性设置为默认值。
- 【锁定位置】：锁定块参照中属性的位置。解锁后，属性可以相对于使用夹点编辑的块的其他部分移动，并且可以调整多行文字属性的大小。
- 【多行】：指定属性值可以包含多行文字。选定此项后，可以指定属性的边界宽度。

【插入点】区域中各选项的含义如下。

- 【在屏幕上指定】：关闭对话框后将显示"起点"提示，使用定点设备相对于要与属性关联的对象指定属性的位置。
- 【X】：指定属性插入点的x坐标。
- 【Y】：指定属性插入点的y坐标。
- 【Z】：指定属性插入点的z坐标。

【属性】区域中各选项的含义如下。

- 【标记】：标识图形中每次出现的属性，使用任何字符组合（空格除外）输入属性标记，小写字母会自动转换为大写字母。
- 【提示】：指定在插入包含该属性定义的块时显示的提示。如果不输入提示，属性标记将用作提示。
- 【默认】：指定默认属性值。
- 【插入字段按钮】：显示【字段】对话框，可以插入一个字段作为属性的全部或部分值。

【文字设置】区域中各选项的含义如下。

- 【对正】：指定属性文字的对正。此项是关于对正选项的说明。
- 【文字样式】：指定属性文字的预定义样式。显示当前加载的文字样式。
- 【注释性】：指定属性为注释性。如果块是注释性的，则属性将与块的方向相匹配。单击信息图标可以了解有关注释性对象的详细信息。
- 【文字高度】：指定属性文字的高度。此高度为从原点到指定位置的测量值。如果选择有固定高度的文字样式，或者在【对正】下拉列表中选择了【对齐】或【高度】选项，则此项不可用。
- 【旋转】：指定属性文字的旋转角度。此旋转角度为从原点到指定位置的测量值。如果在【对正】下拉列表中选择了【对齐】或【调整】选项，则【旋转】选项不可用。
- 【边界宽度】：换行前需指定多行文字属性中文字行的最大长度。值0.000表示对文字行的长度没有限制。此选项不适用于单行文字属性。

4. 命令调用方法（修改属性定义）

在AutoCAD 2020中修改单个属性命令的方法通常有以下5种。

- 选择【修改】➤【对象】➤【属性】➤【单个】菜单命令。
- 命令行输入"EATTEDIT"命令并按空格键。
- 单击【默认】选项卡➤【块】面板中的【单个】按钮 。
- 单击【插入】选项卡➤【块】面板中的【单个】按钮 。
- 双击块的属性。

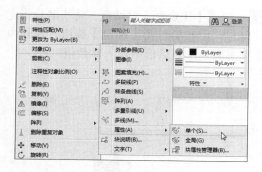 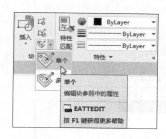 

5. 命令提示（修改属性定义）

调用修改单个属性的命令后，命令行会进行如下提示。

命令：_eattedit
选择块：

在绘图区域中选择相应的块对象后，系统会弹出【增强属性编辑器】对话框，如下图所示。

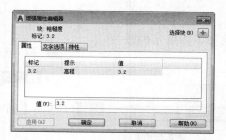

5.2.7 实战演练——创建带属性的图块

下面为窗户图形创建带属性的图块，具体操作步骤如下。

步骤 01 打开"素材\CH05\带属性的图块.dwg"文件，如下图所示。

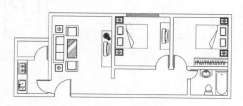

步骤 02 调用【定义属性】命令，弹出【属性定义】对话框，在【属性】区的【标记】文本框中输入"C"，在【提示】文本框中输入"请输入编号"，在【文字设置】区的【文字高度】文本框中输入"150"，如下页图所示。

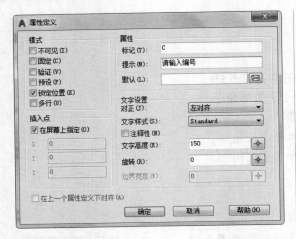

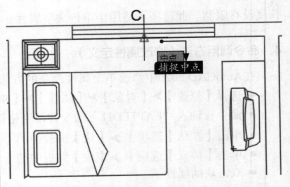

步骤 03 单击【确定】按钮，在绘图区域中单击指定起点，结果如下图所示。

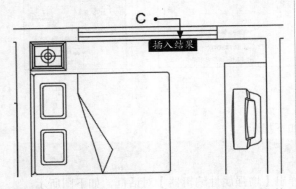

步骤 06 返回【块定义】对话框，将块名称指定为"窗户"，然后单击【确定】按钮，在弹出的【编辑属性】对话框中输入参数值"C1"，如下图所示。

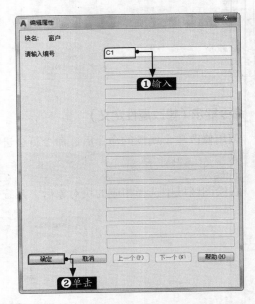

步骤 04 在命令行中输入"B"命令后按空格键，弹出【块定义】对话框，单击【选择对象】按钮，并在绘图区域中选择下图所示的图形对象作为组成块的对象。

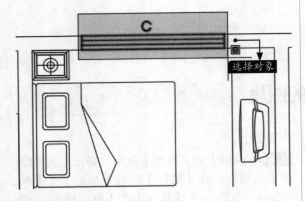

步骤 07 单击【确定】按钮，结果如下图所示。

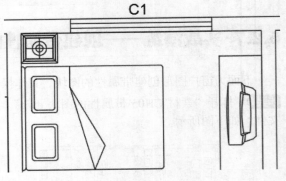

步骤 05 按【Enter】键确认，然后单击【拾取点】前的 按钮，并在绘图区域中单击指定插入基点，如右上图所示。

5.2.8 实战演练——修改"标高"图块的属性定义

下面利用单个属性编辑命令对块的属性进行修改，具体操作步骤如下。

步骤 01 打开"素材\CH05\标高.dwg"文件，如下图所示。

步骤 02 双击图块，在弹出的【增强属性编辑器】对话框中将【值】参数修改为"21.200"，如下图所示。

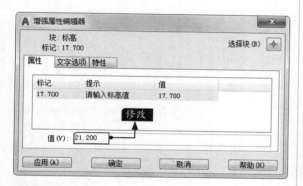

步骤 03 选中【文字选项】选项卡，修改【高度】参数为"200"，如右上图所示。

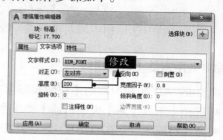

步骤 04 选择【特性】选项卡，修改【颜色】为"蓝"，如下图所示。

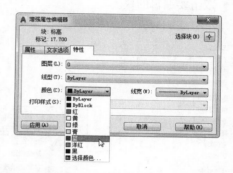

步骤 05 单击【确定】按钮，结果如下图所示。

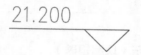

5.2.9 图块管理

在AutoCAD中较为常见的图块管理操作包括分解块、编辑已定义的图块以及对已定义的图块进行重定义等，下面分别对相关内容进行详细介绍。

1. 命令调用方法（分解图块）

在AutoCAD 2020中调用【分解】命令的方法通常有以下3种。
- 选择【修改】➤【分解】菜单命令。
- 命令行输入"EXPLODE/X"命令并按空格键。
- 单击【默认】选项卡➤【修改】面板中的【分解】按钮。

2. 命令提示（分解图块）

调用【分解】命令后，命令行会进行如下提示。

```
命令：_explode
选择对象：
```

在绘图区域中选择相应的对象后按空格键确认，即可将该对象成功分解。

3. 命令调用方法（块编辑器）

在AutoCAD 2020中调用【块编辑器】对话框的方法通常有以下5种。

- 选择【工具】➤【块编辑器】菜单命令。
- 命令行输入"BEDIT/BE"命令并按空格键。
- 单击【默认】选项卡➤【块】面板中的【块编辑器】按钮。
- 单击【插入】选项卡➤【块定义】面板中的【块编辑器】按钮。
- 双击要编辑的块。

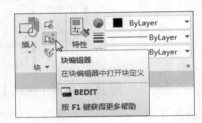

4. 命令提示（块编辑器）

调用块编辑器命令后，系统会弹出【编辑块定义】对话框，如下图所示。

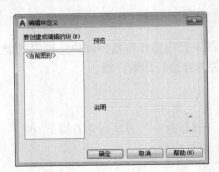

5.2.10 实战演练——重定义"双人桌"图块

对于已定义的图块，用户可以根据需要对其进行重定义。重定义图块也是在【块定义】对话框下进行的。下面对重定义图块的方法进行详细介绍，具体操作步骤如下。

步骤 01 打开"素材\CH05\重定义块.dwg"文件，如下页图所示。

步骤 02 在命令行中输入"I"命令后按空格键，在弹出的【块选项板】➤【当前图形】选项卡中选择"双人桌"，将其插入图中合适的位置，如下图所示。

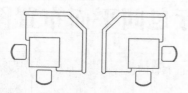

步骤 03 在命令行中输入"B"命令，并按空格键确认。在弹出的【块定义】对话框中选择名称为"双人桌"的图块，并单击【拾取点】按钮，选择下图所示的端点为拾取点。

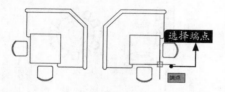

步骤 04 回到【块定义】对话框后，单击【选择对象】按钮，然后在绘图区域选择原有图形，

如下图所示。

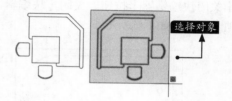

步骤 05 按空格键结束选择，回到【块定义】对话框后单击【确定】按钮，系统弹出【块-重新定义块】询问对话框，如下图所示。

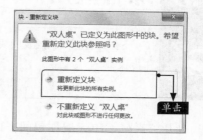

步骤 06 单击【重新定义块】，完成操作。原来的图块即被重定义，结果如下图所示。

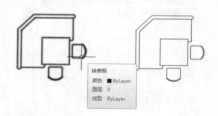

5.2.11 实战演练——编辑图块内容

下面对已定义的图块进行相关编辑，具体操作步骤如下。

步骤 01 打开"素材\CH05\编辑块.dwg"文件，如下图所示。

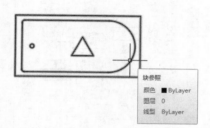

步骤 02 双击图块对象，在弹出的【编辑块定义】对话框中选择"矩形浴缸"对象，并单击【确定】按钮，然后在绘图区域中单击选择要编辑的图形，如右上图所示。

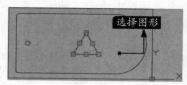

步骤 03 按键盘上的【Del】键将所选三角形删除，如下图所示。

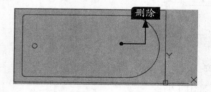

步骤 04 在【块编辑器】选项卡的【打开/保

存】面板上单击【保存块】按钮，然后单击【关闭块编辑器】按钮，关闭【块编辑器】选项卡，结果如下图所示。

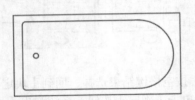

步骤 05 将光标放到剩余的图形上，可以看到剩余的部分图形仍是一个整体，如下图所示。

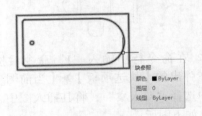

5.3 综合应用——编辑餐厅包间平面布置图

 下面综合利用图层及图块命令对餐厅包间平面布置图进行编辑，具体操作步骤如下。

步骤 01 打开"素材\CH05\餐厅包间平面布置图.dwg"文件，如下图所示。

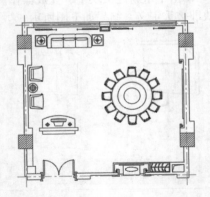

步骤 02 调用【图层】命令，在弹出的【图层特性管理器】对话框中单击"轴线"图层的【开/关】按钮，如下图所示。

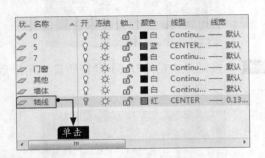

步骤 03 关闭【图层特性管理器】对话框，结果如右上图所示。

步骤 04 在命令行中输入"I"命令后按空格键，在弹出的【块选项板】▶【当前图形】选项卡中选择"茶桌"，单击鼠标右键，在弹出的快捷菜单中选择"插入"，如下图所示。

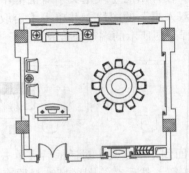

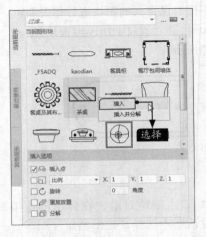

步骤 05 在绘图区域中的适当位置处单击指定插入基点，结果如下页图所示。

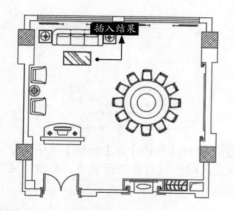

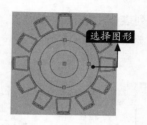

步骤 06 双击下图所示的图块对象。

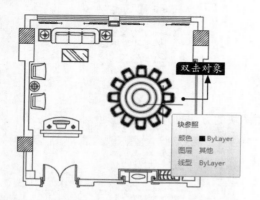

步骤 08 按键盘上的【Del】键将所选圆形删除，如下图所示。

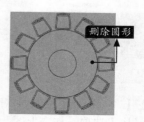

步骤 07 在弹出的【编辑块定义】对话框中选择"餐桌及其布置图"对象，并单击【确定】按钮，然后在绘图区域中单击选择要编辑的图形，如右上图所示。

步骤 09 在【块编辑器】选项卡的【打开/保存】面板上单击【保存块】按钮，然后单击【关闭块编辑器】按钮，关闭【块编辑器】选项卡，结果如下图所示。

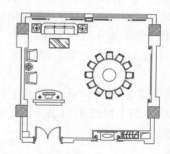

 疑难解答

1. 如何分解无法分解的图块

在创建图块时如果没有勾选【允许分解】复选框，则得到的图块将无法正常分解。可以通过下面的方法对该类图块进行分解操作。

步骤 01 打开"素材\CH05\无法分解的图块.dwg"文件，如下图所示。

步骤 02 选择【修改】▶【分解】菜单命令，对该绘图区域中的图块对象进行分解，命令行提示【无法分解】，如下图所示。

步骤 03 选择【修改】▶【对象】▶【块说明】菜单命令，弹出【块定义】对话框，在【名

称】下拉列表框中选择【植物】，勾选【允许分解】复选框，单击【确定】按钮，如下图所示。

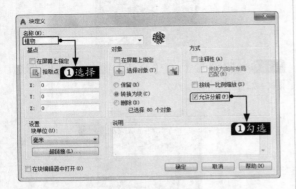

步骤 04 在【块-重新定义块】对话框中选择【重新定义块】选项，如右上图所示。

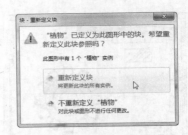

步骤 05 选择【修改】➤【分解】菜单命令，对重新定义的图块对象进行分解，分解结果如下图所示。

2. 以图块的形式打开无法修复的文件

当文件遭到损坏并且无法修复时，可以尝试使用图块的方法打开该文件。

步骤 01 新建一个AutoCAD文件，然后在命令行中输入"I"命令并按空格键，在弹出的【块选项板】➤【当前图形】选项卡中单击"…"按钮，弹出【选择图形文件】对话框，如右图所示。

步骤 02 浏览到相应文件并且单击【打开】按钮，系统返回到【块选项板】，将其插入绘图区域即可。

实战练习

（1）绘制以下图形，并计算阴影部分的面积，其中粗实线部分线条宽度为20。

（2）绘制以下图形，并计算圆形A的半径。

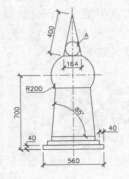

第6章

完善图形信息

学习目标

图形绘制完成后，还需要对其进行标注及添加文字、表格等注释，本章对文字、表格、标注等内容进行详细介绍。

学习效果

建筑设计是一门科学，同时也是为人类创造美好生活环境的综合艺术，涵盖的专业内容非常广泛。

项目管理人员			
项目部	姓名	职称	证书编号
项目技术负责人			
施工员			
技术员			
质量员			
安全员			
材料员			

6.1 文字

在AutoCAD中，可以根据需要创建单行文字或多行文字，并且可以对文字样式进行管理，下面分别进行详细介绍。

6.1.1 文字样式

1. 命令调用方法

在AutoCAD 2020中调用【文字样式】命令的方法通常有以下3种。

- 选择【格式】➤【文字样式】菜单命令。
- 命令行输入"STYLE/ST"命令并按空格键。
- 单击【默认】选项卡➤【注释】面板➤【文字样式】按钮 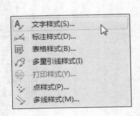 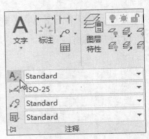 。

2. 命令提示

调用【文字样式】命令之后，系统会弹出【文字样式】对话框，如下图所示。

3. 知识扩展

创建文字样式是进行文字注释的首要任务。在AutoCAD中，文字样式用于控制图形中所使用文字的字体、宽度和高度等参数。在一幅图形中可定义多种文字样式以适应工作的需要。例如，在一幅完整的图纸中，需要定义说明性文字的样式、标注文字的样式和标题文字的样式等。在创建文字注释和尺寸标注时，AutoCAD通常使用当前的文字样式，也可以根据具体要求重新设置文字样式或创建新的样式。

6.1.2 实战演练——创建文字样式

下面利用【文字样式】对话框创建文字样式，具体操作步骤如下。

步骤 01 新建一个DWG文件，调用【文字样式】命令，在弹出的【文字样式】对话框中单击【新建】按钮，弹出【新建文字样式】对话框，将新的文字样式命名为"建筑文字样式"，如下图所示。

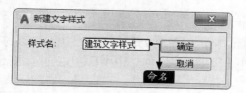

步骤 02 单击【确定】按钮后返回【文字样式】对话框，在【样式】栏下多了一个新样式名称"建筑文字样式"，如下图所示。

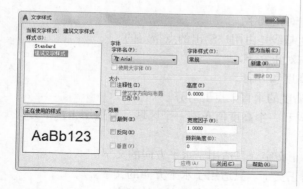

步骤 03 选中"建筑文字样式"，单击【字体名】下拉列表，选择"仿宋"，如下图所示。

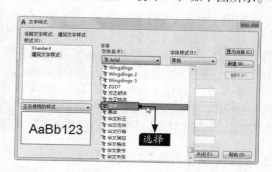

步骤 04 在【高度】一栏中输入"300"，并单击【应用】按钮，如下图所示。

步骤 05 单击【置为当前】按钮，把"建筑文字样式"设置为当前样式。

6.1.3 输入与编辑单行文字

可以使用单行文字命令创建一行或多行文字，在创建多行文字的时候，通过按【Enter】键来结束每一行。其中，每行文字都是独立的对象，可对其进行重定位、调整格式或进行其他修改。

1. 命令调用方法（创建单行文字）

在AutoCAD 2020中调用【单行文字】命令的方法通常有以下4种。

- 选择【绘图】➤【文字】➤【单行文字】菜单命令。
- 命令行输入"TEXT/DT"命令并按空格键。
- 单击【默认】选项卡➤【注释】面板➤【单行文字】按钮A。
- 单击【注释】选项卡➤【文字】面板➤【单行文字】按钮A。

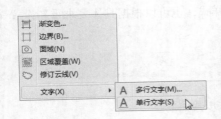  

2. 命令提示（创建单行文字）

调用【单行文字】命令之后，命令行会进行如下提示。

命令：_text
当前文字样式："Standard" 文字高度：2.5000 注释性：否 对正：左
指定文字的起点 或 [对正 (J)/ 样式 (S)]:

输入"J"并按【Enter】键之后，命令行会进行如下提示。

输入选项 [左 (L)/ 居中 (C)/ 右 (R)/ 对齐 (A)/ 中间 (M)/ 布满 (F)/ 左上 (TL)/ 中上 (TC)/ 右上 (TR)/ 左中 (ML)/ 正中 (MC)/ 右中 (MR)/ 左下 (BL)/ 中下 (BC)/ 右下 (BR)]:

3. 知识扩展（创建单行文字）

命令行中各选项的含义如下。

- 对正（J）：控制文字的对正方式。
- 样式（S）：指定文字样式。
- 左(L)：在由用户给出的点指定的基线上左对正文字。
- 居中(C)：从基线的水平中心对齐文字，此基线是由用户给出的点指定的。
- 右(R)：在由用户给出的点指定的基线上右对正文字。
- 对齐(A)：通过指定基线端点指定文字的高度和方向。
- 中间(M)：文字在基线的水平中点和指定高度的垂直中点上对齐。
- 布满(F)：指定文字按照由两点定义的方向和一个高度值布满一个区域。只适用于水平方向的文字。
- 左上(TL)：在指定为文字顶点的点上左对正文字。只适用于水平方向的文字。
- 中上(TC)：以指定为文字顶点的点居中对正文字。只适用于水平方向的文字。
- 右上(TR)：以指定为文字顶点的点右对正文字。只适用于水平方向的文字。
- 左中(ML)：在指定为文字中间点的点上靠左对正文字。只适用于水平方向的文字。
- 正中(MC)：在文字的中央水平和垂直居中对正文字。只适用于水平方向的文字。
- 右中(MR)：以指定为文字中间点的点右对正文字。只适用于水平方向的文字。
- 左下(BL)：以指定为基线的点左对正文字。只适用于水平方向的文字。
- 中下(BC)：以指定为基线的点居中对正文字。只适用于水平方向的文字。
- 右下(BR)：以指定为基线的点靠右对正文字。只适用于水平方向的文字。

4. 命令调用方法（编辑单行文字）

在AutoCAD 2020中调用【编辑单行文字】命令的方法通常有以下4种。

- 选择【修改】▶【对象】▶【文字】▶【编辑】菜单命令。
- 命令行输入"TEXTEDIT/DDEDIT/ED"命令并按空格键。
- 选择文字对象，在绘图区域中单击鼠标右键，然后在快捷菜单中选择【编辑】命令。

- 在绘图区域双击文字对象。

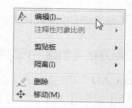

5. 命令提示（编辑单行文字）

调用【TEXTEDIT】命令之后，命令行会进行如下提示。

命令：TEXTEDIT
当前设置：编辑模式 = Multiple
选择注释对象或 [放弃 (U)/ 模式 (M)]:

6.1.4 实战演练——创建并编辑单行文字

下面利用【单行文字】命令创建单行文字对象并对其执行编辑操作，具体操作步骤如下。

1. 创建单行文字

步骤 01 新建一个DWG文件，调用【单行文字】命令，在命令行输入文字的对正参数"J"并按【Enter】键确认，然后在命令行中输入文字的对齐方式"L"并按【Enter】键，接下来在绘图区域单击指定文字的左对齐点。

步骤 02 在命令行中设置文字的高度为"70"，旋转角度为"20"，并在绘图区域中输入文字内容"AutoCAD 2020可以为用户带来什么？"后按【Enter】键换行，继续按【Enter】键结束命令，结果如下图所示。

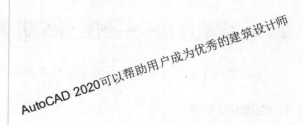

2. 编辑单行文字

步骤 01 调用单行文字编辑命令，在绘图区域中选择刚才创建的文字对象进行编辑，如下图所示。

步骤 02 在绘图区域中输入新的文字"AutoCAD 2020可以帮助用户成为优秀的建筑设计师"后，按【Enter】键确认，结果如下图所示。

AutoCAD 2020可以帮助用户成为优秀的建筑设计师

6.1.5 输入与编辑多行文字

多行文字又称为段落文字，是一种更易于管理的文字对象，可以由两行以上的文字组成，而且文字作为一个整体处理。

1. 命令调用方法（创建多行文字）

在AutoCAD 2020中调用【多行文字】命令的方法通常有以下4种。
- 选择【绘图】➤【文字】➤【多行文字】菜单命令。
- 命令行输入"MTEXT/T"命令并按空格键。
- 单击【默认】选项卡➤【注释】面板➤【多行文字】按钮**A**。
- 单击【注释】选项卡➤【文字】面板➤【多行文字】按钮**A**。

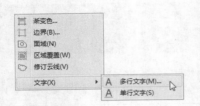

2. 命令提示（创建多行文字）

调用【多行文字】命令之后，命令行会进行如下提示。

```
命令：_mtext
当前文字样式："Standard" 文字高度：2.5 注释性：否
指定第一角点：
```

3. 命令调用方法（编辑多行文字）

在AutoCAD 2020中调用【编辑多行文字】命令的方法通常有4种。除了下面介绍的方法之外，其余3种方法均与【编辑单行文字】命令调用方法相同。

选择文字对象，在绘图区域中单击鼠标右键，然后在快捷菜单中选择【编辑多行文字】命令。

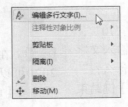

6.1.6 实战演练——创建并编辑多行文字

下面利用【多行文字】命令创建多行文字对象并对其执行编辑操作，具体操作步骤如下。

1. 创建多行文字

步骤 01 新建一个DWG文件，调用【多行文字】命令，在绘图区域中单击指定第一角点，如下页图所示。

步骤 02 在绘图区域中拖曳鼠标并单击指定对角点,如下图所示。

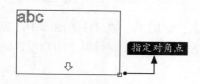

步骤 03 指定输入区域后,AutoCAD自动弹出【文字编辑器】窗口,如下图所示。

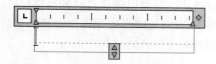

步骤 04 输入文字的内容并更改文字大小为"5",如下图所示。

步骤 05 单击【关闭文字编辑器】按钮,结果如下图所示。

建筑设计是一门科学,同时也是为人类创造美好生活环境的综合艺术,涵盖的专业内容非常广泛。

2. 编辑多行文字

步骤 01 双击文字,弹出【文字编辑器】窗口,如下图所示。

建筑设计是一门科学,同时也是为人类创造美好生活环境的综合艺术,涵盖的专业内容非常广泛。

步骤 02 选中全部文字后,更改文字大小为

"70",字体类型为"华文行楷",如下图所示。

步骤 03 对大小和字体修改后,再单独选中"建筑设计",如下图所示。

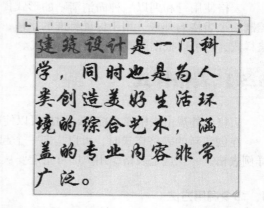

步骤 04 单击【颜色】下拉列表,选择"蓝",如下图所示。

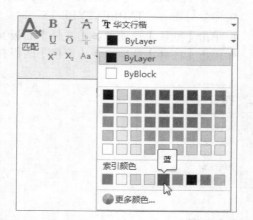

步骤 05 修改完成后,单击【关闭文字编辑器】按钮,结果如下图所示。

建筑设计是一门科学,同时也是为人类创造美好生活环境的综合艺术,涵盖的专业内容非常广泛。

6.2 表格

表格是在行和列中包含数据的对象，通常可以从空表格或表格样式创建表格对象。

表格使用行和列以一种简洁清晰的形式提供信息，常用于一些组件的图形中。表格样式用于控制一个表格的外观，用于保证标准的字体、颜色、文本、高度和行距。用户可以使用默认的表格样式，也可以根据需要自定义表格样式。

6.2.1 表格样式

表格的外观由表格样式控制，用户可以使用默认表格样式，也可以创建自己的表格样式。

在创建新的表格样式时，可以指定一个起始表格。起始表格是图形中用作设置新表格样式的样例表格。一旦选定表格，用户即可指定要从此表格复制到表格样式的结构和内容。

1. 命令调用方法

在AutoCAD 2020中调用【表格样式】命令的方法通常有以下4种。

- 选择【格式】➤【表格样式】菜单命令。
- 命令行输入"TABLESTYLE/TS"命令并按空格键。
- 单击【默认】选项卡➤【注释】面板➤【表格样式】按钮。
- 单击【注释】选项卡➤【表格】面板右下角的按钮 ↘。

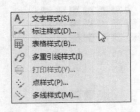

2. 命令提示

调用【表格样式】命令之后，系统会弹出【表格样式】对话框，如下图所示。

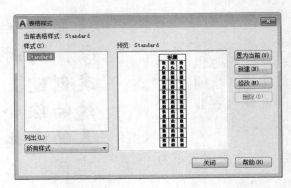

6.2.2 实战演练——创建表格样式

下面利用【表格样式】对话框创建一个新的表格样式，具体操作步骤如下。

步骤 01 新建一个DWG文件，调用【表格样式】命令，在弹出的【表格样式】对话框中单击【新建】按钮，弹出【创建新的表格样式】对话框，输入新表格样式的名称为"建筑表格样式"。

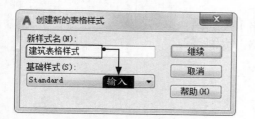

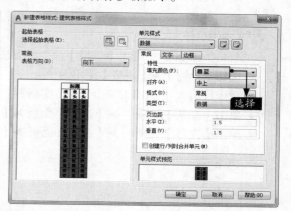

步骤 02 单击【继续】按钮，弹出【新建表格样式：建筑表格样式】对话框，如下图所示。

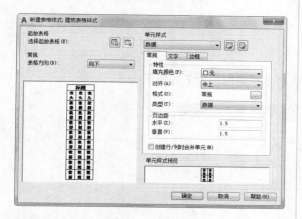

步骤 03 在右侧【常规】选项卡下更改表格的填充颜色为"蓝"，如右上图所示。

步骤 04 选择【边框】选项卡，将边框颜色指定为"红"，并单击【所有边框】按钮，将设置应用于所有边框，如下图所示。

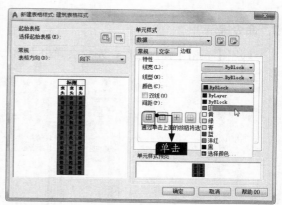

步骤 05 单击【确定】按钮后完成操作，并将新建的表格样式置为当前，如下图所示。

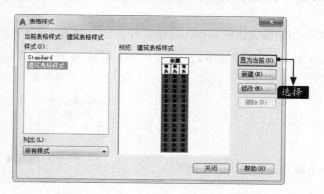

6.2.3　创建表格

表格样式创建完成后，可以以此为基础继续创建表格。

1. 命令调用方法

在AutoCAD 2020中调用【表格】命令的方法通常有以下4种。

- 选择【绘图】➤【表格】菜单命令。
- 命令行输入"TABLE"命令并按空格键。
- 单击【默认】选项卡➤【注释】面板➤【表格】按钮。
- 单击【注释】选项卡➤【表格】面板➤【表格】按钮。

2. 命令提示

调用【表格】命令之后，系统会弹出【插入表格】对话框，如下图所示。

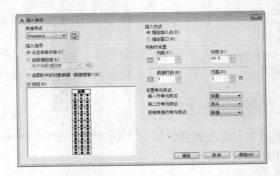

6.2.4　实战演练——创建表格对象

下面以6.2.2小节中创建的表格样式作为基础进行表格的创建，具体操作步骤如下。

步骤 01 打开"素材\CH06\创建表格.dwg"文件，如下图所示。

步骤 02 调用【表格】命令，在弹出的【插入表格】对话框中设置表格列数为"4"、行数为"7"，如下图所示。

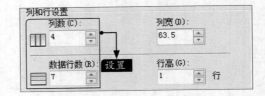

表格的列和行与表格样式中设置的边页距、文字高度之间的关系如下。

最小列宽=2×水平边页距+文字高度

最小行高=2×垂直边页距+4/3×文字高度

当设置的列宽大于最小列宽时，以指定的列宽创建表格；当小于最小列宽时，以最小列宽创建表格。行高必须为最小行高的整数倍。创建完成后可以通过【特性】面板对列宽和行高进行调整，但不能小于最小列宽和最小行高。

步骤03 单击【确定】按钮。在绘图区域中单击确定表格插入点后弹出【文字编辑器】窗口，并输入表格的标题"项目管理人员"，将字体大小更改为"6"，如下图所示。

步骤04 单击【文字编辑器】中的关闭按钮后，结果如下图所示。

步骤05 选中所有单元格，然后单击鼠标右键弹出快捷菜单，选择【对齐】▶【正中】，使输入的文字位于单元格的正中，如右上图所示。

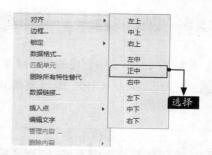

步骤06 在绘图区域中双击要添加内容的单元格，输入文字"项目部"，如下图所示。

步骤07 按【↑】【↓】【←】【→】键，继续输入其他单元格的内容，结果如下图所示。

创建表格时，默认第一行和第二行分别是"标题"和"表头"，所以创建的表格为"标题+表头+行数"。例如，本例设置为7行，加上标题和表头，共显示为9行。

6.2.5 编辑表格

表格创建完成后，用户可以单击该表格上的任意网格线以选中该表格，然后通过使用【属性】选项卡或夹点来修改该表格。

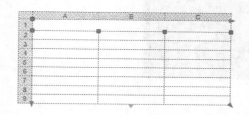

6.2.6 实战演练——编辑表格对象

下面以6.2.4小节中创建的表格对象作为基础进行表格的编辑，具体操作步骤如下。

步骤01 打开"素材\CH06\编辑表格.dwg"文件，如下图所示。

步骤02 在绘图区域中单击表格任意网格线，选中当前表格，在绘图区域中单击选择下图所示的夹点。

步骤03 在绘图区域中拖曳鼠标并在适当的位置处单击，以确定所选夹点的新位置，然后按【Esc】键取消对当前表格的选择，结果如下图所示。

步骤04 双击"项目管理人员"单元格，并选中该单元格的所有文字，如下图所示。

步骤05 将字体大小更改为"4.5"，如下图所示。

步骤06 单击【文字编辑器】中的关闭按钮后，结果如下图所示。

步骤07 选择最后一行单元格，单击鼠标右键，弹出快捷菜单，选择【行】➤【删除】命令，然后按【Esc】键取消对表格的选择，结果如下图所示。

小提示

在使用列夹点时，按住【Ctrl】键可以更改列宽并相应地拉伸表格。

6.3 尺寸标注

没有尺寸标注的图形称为哑图，在各大行业中已经极少采用。另外需要注意的是，零件的大小取决于图纸所标注的尺寸，并不以绘图的尺寸作为依据。因此，图纸中的尺寸标注可以看作是数字化信息的表达。

6.3.1 尺寸标注样式管理器

尺寸标注样式用于控制尺寸标注的外观，如箭头的样式、文字的位置及尺寸界线的长度等。通过设置，可以确保所绘图纸中的尺寸标注符合行业或项目标准。

1. 命令调用方法

在AutoCAD 2020中调用【标注样式管理器】的方法通常有以下5种。

- 选择【格式】➤【标注样式】菜单命令。
- 选择【标注】➤【标注样式】菜单命令。
- 命令行输入"DIMSTYLE/D"命令并按空格键。
- 单击【默认】选项卡➤【注释】面板➤【标注样式】按钮 。
- 单击【注释】选项卡➤【标注】面板右下角的 。

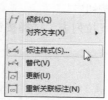

2. 命令提示

调用【标注样式】命令之后，系统会弹出【标注样式管理器】对话框，如下图所示。

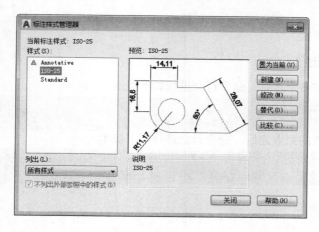

3. 知识扩展

【标注样式管理器】对话框中各选项的含义如下。

- 【样式】：列出当前所有创建的标注样式，其中Annotative、ISO-25、Standard是AutoCAD 2020固有的3种标注样式。
- 【置为当前】：样式列表中选择一项，然后单击该按钮，将以选择的样式为当前样式进行标注。
- 【新建】：单击该按钮，弹出【创建新标注样式】对话框。
- 【修改】：单击该按钮，将弹出【修改标注样式】对话框，用于修改标注样式。
- 【替代】：单击该按钮，可以设定标注样式的临时替代值。对话框选项与【新建标注样式】对话框中的选项相同。
- 【比较】：单击该按钮，将显示【比较标注样式】对话框，从中可以比较两个标注样式或列出一个样式的所有特性。

6.3.2 创建尺寸标注

尺寸标注的类型众多，包括线性标注、对齐标注、半径标注、直径标注、角度标注、基线标注、连续标注等。

1. 命令调用方法（线性标注）

在AutoCAD 2020中调用【线性】标注命令的方法通常有以下4种。

- 选择【标注】➤【线性】菜单命令。
- 命令行输入"DIMLINEAR/DLI"命令并按空格键。
- 单击【默认】选项卡➤【注释】面板➤【线性】按钮┠。
- 单击【注释】选项卡➤【标注】面板➤【标注】下拉列表，选择按钮┠。

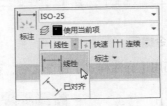

2. 命令提示（线性标注）

调用【线性】标注命令之后，命令行会进行如下提示。

```
命令：_dimlinear
指定第一个尺寸界线原点或 < 选择对象 >：
```

选择两个尺寸界线的原点之后，命令行会进行如下提示。

```
指定尺寸线位置或
[ 多行文字 (M)/ 文字 (T)/ 角度 (A)/ 水平 (H)/ 垂直 (V)/ 旋转 (R)]：
```

3. 知识扩展（线性标注）

命令行中各选项的含义如下。

- 尺寸线位置：AutoCAD使用指定点定位尺寸线并且确定绘制尺寸界线的方向。指定位置之后，将绘制标注。
- 多行文字：显示在位文字编辑器，可用它来编辑标注文字。用控制代码和Unicode字符串来输入特殊字符或符号。如果标注样式中未打开换算单位，可以输入方括号（【 】）来显示它们。当前标注样式决定生成的测量值的外观。
- 文字：在命令提示下，自定义标注文字。生成的标注测量值显示在尖括号中。如果标注样式中未打开换算单位，可以通过输入方括号（【 】）来显示换算单位。标注文字的特性在【新建文字样式】【修改标注样式】【替代标注样式】对话框的【文字】选项卡上设定。
  - 角度：修改标注文字的角度。
  - 水平：创建水平线性标注。
  - 垂直：创建垂直线性标注。
  - 旋转：创建旋转线性标注。

4. 命令调用方法（对齐标注）

在AutoCAD 2020中调用【对齐】标注命令的方法通常有以下4种。
- 选择【标注】➤【对齐】菜单命令。
- 命令行输入"DIMALIGNED/DAL"命令并按空格键。
- 单击【默认】选项卡➤【注释】面板➤【对齐】按钮 。
- 单击【注释】选项卡➤【标注】面板➤【标注】下拉列表，选择按钮 。

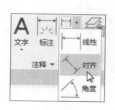

5. 命令提示（对齐标注）

调用【对齐】标注命令之后，命令行会进行如下提示。

```
命令：_dimaligned
指定第一个尺寸界线原点或 < 选择对象 >：
```

6. 知识扩展（对齐标注）

【对齐】标注命令主要用来标注斜线，也可用于标注水平线和竖直线。对齐标注的方法以及命令行提示与线性标注基本相同，只是所适合的标注对象和场合不同。

7. 命令调用方法（半径标注）

在AutoCAD 2020中调用【半径】标注命令的方法通常有以下4种。
- 选择【标注】➤【半径】菜单命令。
- 命令行输入"DIMRADIUS/DRA"命令并按空格键。

- 单击【默认】选项卡 ➤【注释】面板 ➤【半径】按钮。
- 单击【注释】选项卡 ➤【标注】面板 ➤【标注】下拉列表，选择按钮。

 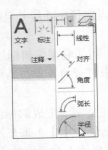 

8. 命令提示（半径标注）

调用【半径】标注命令之后，命令行会进行如下提示。

命令：_dimradius
选择圆弧或圆：

9. 命令调用方法（直径标注）

在AutoCAD 2020中调用【直径】标注命令的方法通常有以下4种。

- 选择【标注】➤【直径】菜单命令。
- 命令行输入"DIMDIAMETER/DDI"命令并按空格键。
- 单击【默认】选项卡 ➤【注释】面板 ➤【直径】按钮。
- 单击【注释】选项卡 ➤【标注】面板 ➤【标注】下拉列表，选择按钮。

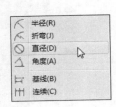 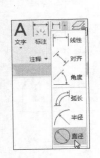 

10. 命令提示（直径标注）

调用【直径】标注命令之后，命令行会进行如下提示。

命令：_dimdiameter
选择圆弧或圆：

11. 命令调用方法（角度标注）

在AutoCAD 2020中调用【角度】标注命令的方法通常有以下4种。

- 选择【标注】➤【角度】菜单命令。
- 命令行输入"DIMANGULAR/DAN"命令并按空格键。
- 单击【默认】选项卡 ➤【注释】面板 ➤【角度】按钮。
- 单击【注释】选项卡 ➤【标注】面板 ➤【标注】下拉列表，选择按钮。

 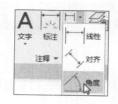 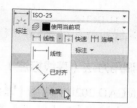

12. 命令提示（角度标注）

调用【角度】标注命令之后，命令行会进行如下提示。

命令：_dimangular
选择圆弧、圆、直线或＜指定顶点＞：

13. 知识扩展（角度标注）

命令行中各选项的含义如下。

- 选择圆弧：使用选定圆弧上的点作为三点角度标注的定义点。圆弧的圆心是角度的顶点，圆弧端点成为尺寸界线的原点。在尺寸界线之间绘制一条圆弧作为尺寸线，尺寸界线从角度端点绘制到尺寸线交点。
- 选择圆：选择位于圆周上的第一个定义点作为第一条尺寸界线的原点；第二个定义点作为第二条尺寸界线的原点，且该点无须位于圆上；圆的圆心是角度的顶点。
- 选择直线：用两条直线定义角度。程序通过将每条直线作为角度的矢量，将直线的交点作为角度顶点来确定角度。尺寸线跨越这两条直线之间的角度。如果尺寸线与被标注的直线不相交，将根据需要添加尺寸界线，以延长一条或两条直线，圆弧总是小于180°。
- 指定顶点：创建基于指定3点的标注。角度顶点可以同时为一个角度端点。如果需要尺寸界线，那么角度端点可用作尺寸界线的原点。在尺寸界线之间绘制一条圆弧作为尺寸线，尺寸界线从角度端点绘制到尺寸线交点。

14. 命令调用方法（弧长标注）

在AutoCAD 2020中调用【弧长】标注命令的方法通常有以下4种。

- 选择【标注】➤【弧长】菜单命令。
- 命令行输入"DIMARC/DAR"命令并按空格键。
- 单击【默认】选项卡➤【注释】面板➤【弧长】按钮 。
- 单击【注释】选项卡➤【标注】面板➤【标注】下拉列表，选择按钮 。

 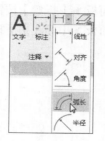 

15. 命令提示（弧长标注）

调用【弧长】标注命令之后，命令行会进行如下提示。

命令：_dimarc
选择弧线段或多段线圆弧段：

16. 命令调用方法（基线标注）

在AutoCAD 2020中调用【基线】标注命令的方法通常有以下3种。

- 选择【标注】➤【基线】菜单命令。
- 命令行输入"DIMBASELINE/DBA"命令并按空格键。
- 单击【注释】选项卡➤【标注】面板➤【基线】按钮。

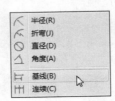
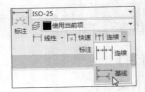

17. 命令提示（基线标注）

调用【基线】标注命令之后，命令行会进行如下提示。

命令：_dimbaseline
选择基准标注：

18. 知识扩展（基线标注）

如果当前任务中未创建任何标注，命令行将提示用户选择线性标注、坐标标注或角度标注，以用作基线标注的基准。如果有上述标注中的任意一种，AutoCAD会自动以最近创建的那个标注作为基准；如果不是用户希望的基准，则可以输入"S"，然后选择自己需要的基准。

当采用"单击【注释】选项卡➤【标注】面板➤【基线】标注按钮"方法调用基线标注时，应注意基线标注按钮和连续标注的按钮是在一起的，而且只显示一个。如果当前显示的是连续标注的按钮，则需要单击下拉按钮选择基线标注按钮。

19. 命令调用方法（折弯标注）

在AutoCAD 2020中调用【折弯】标注命令的方法通常有以下4种。

- 选择【标注】➤【折弯】菜单命令。
- 命令行输入"DIMJOGGED/DJO"命令并按空格键。
- 单击【默认】选项卡➤【注释】面板➤【折弯】按钮。
- 单击【注释】选项卡➤【标注】面板➤【标注】下拉列表，选择按钮。

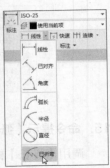

20. 命令提示（折弯标注）

调用【折弯】标注命令之后，命令行会进行如下提示。

命令：_dimjogged
选择圆弧或圆：

21. 命令调用方法（折弯线性标注）

在AutoCAD 2020中调用【折弯线性】标注命令的方法通常有以下3种。

- 选择【标注】➤【折弯线性】菜单命令。
- 命令行输入"DIMJOGLINE/DJL"命令并按空格键。
- 单击【注释】选项卡➤【标注】面板➤【标注，折弯标注】按钮。

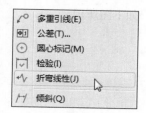 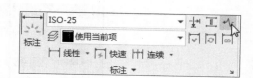

22. 命令提示（折弯线性标注）

调用【折弯线性】标注命令之后，命令行会进行如下提示。

命令：_DIMJOGLINE
选择要添加折弯的标注或 [删除 (R)]：

23. 命令调用方法（连续标注）

在AutoCAD 2020中调用【连续】标注命令的方法通常有以下3种。

- 选择【标注】➤【连续】菜单命令。
- 命令行输入"DIMCONTINUE/DCO"命令并按空格键。
- 单击【注释】选项卡➤【标注】面板➤【连续】标注按钮。

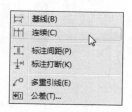 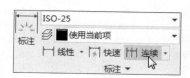

24. 命令提示（连续标注）

调用【连续】标注命令之后，命令行会进行如下提示。

命令：_dimcontinue
选择连续标注：

25. 命令调用方法（检验标注）

在AutoCAD 2020中调用【检验】标注命令的方法通常有以下3种。

- 选择【标注】➤【检验】菜单命令。

- 命令行输入 "DIMINSPECT" 命令并按空格键。
- 单击【注释】选项卡➤【标注】面板➤【检验】标注按钮。

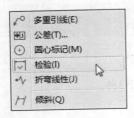 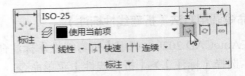

26. 命令提示（检验标注）

调用【检验】标注命令之后，系统会弹出【检验标注】对话框，如下图所示。

27. 命令调用方法（坐标标注）

在AutoCAD 2020中调用【坐标】标注命令的方法通常有以下4种。

- 选择【标注】➤【坐标】菜单命令。
- 命令行输入 "DIMORDINATE/DOR" 命令并按空格键。
- 单击【默认】选项卡➤【注释】面板➤【坐标】按钮。
- 单击【注释】选项卡➤【标注】面板➤【坐标】标注按钮。

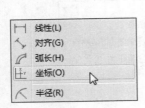  

28. 命令提示（坐标标注）

调用【坐标】标注命令之后，命令行会进行如下提示。

命令：_dimordinate
指定点坐标：

指定点坐标之后，命令行会进行如下提示。

指定引线端点或 [X 基准 (X)/Y 基准 (Y)/ 多行文字 (M)/ 文字 (T)/ 角度 (A)]:

29. 知识扩展（坐标标注）

命令行中各选项的含义如下。

- 指定引线端点：使用点坐标和引线端点的坐标差可以确定它是x坐标标注还是y坐标标注。如果y坐标的标注差较大，标注就测量x坐标，否则就测量y坐标。
- X基准：测量x坐标并确定引线和标注文字的方向。界面将显示"引线端点"提示，从中可以指定端点。
- Y基准：测量y坐标并确定引线和标注文字的方向。界面将显示"引线端点"提示，从中可以指定端点。

30. 命令调用方法（圆心标记）

在AutoCAD 2020中调用【圆心标记】命令的方法通常有以下3种。

- 选择【标注】➤【圆心标记】菜单命令。
- 命令行输入"DIMCENTER/DCE"命令并按空格键。
- 单击【注释】选项卡➤【中心线】面板➤【圆心标记】按钮⊕。

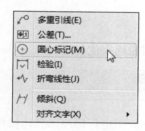

31. 命令提示（坐标标注）

调用【圆心标记】命令之后，命令行会进行如下提示。

```
命令：_dimcenter
选择圆弧或圆：
```

32. 命令调用方法（快速标注）

在AutoCAD 2020中调用【快速标注】命令的方法通常有以下3种。

- 选择【标注】➤【快速标注】菜单命令。
- 命令行输入"QDIM"命令并按空格键。
- 单击【注释】选项卡➤【标注】面板➤【快速】标注按钮。

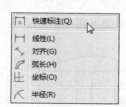

33. 命令提示（快速标注）

调用【快速标注】命令之后，命令行会进行如下提示。

```
命令：_qdim
```

关联标注优先级 = 端点
选择要标注的几何图形：
选择标注对象之后，命令行会进行如下提示。
指定尺寸线位置或 [连续 (C)/ 并列 (S)/ 基线 (B)/ 坐标 (O)/ 半径 (R)/ 直径 (D)/ 基准点 (P)/
编辑 (E)/ 设置 (T)] < 连续 >：

34. 知识扩展（快速标注）

命令行中各选项的含义如下。

- 连续：创建一系列连续标注，其中线性标注线端对端地沿同一条直线排列。
- 并列：创建一系列并列标注，其中线性尺寸线以恒定的增量相互偏移。
- 基线：创建一系列基线标注，其中线性标注共享一条公用尺寸界线。
- 坐标：创建一系列坐标标注，其中元素将以单个尺寸界线以及x或y值进行注释，相对于基准点进行测量。
- 半径：创建一系列半径标注，其中将显示选定圆弧和圆的半径。
- 直径：创建一系列直径标注，其中将显示选定圆弧和圆的直径。
- 基准点：为基线和坐标标注设置新的基准点。
- 编辑：在生成标注之前，删除或添加各种标注点。
- 设置：为指定尺寸界线原点（交点或端点）设置对象捕捉优先级。

6.3.3 实战演练——标注综合楼剖面图

下面综合利用线性标注及连续标注命令，对综合楼剖面图进行标注。具体操作步骤如下。

步骤 01 打开"素材\CH06\综合楼剖面图.dwg"文件，如下图所示。

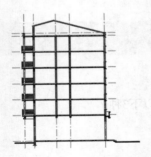

步骤 02 调用【线性】标注命令，在绘图区域中捕捉下图所示的端点作为线性标注的第一个尺寸界线原点。

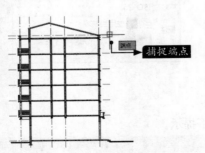

步骤 03 捕捉指定线性标注的第二个尺寸界线原点，如下图所示。

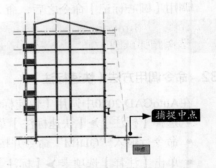

步骤 04 拖曳鼠标在适当的位置处单击指定尺寸线的位置，结果如下图所示。

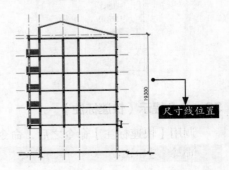

步骤 05 继续进行线性标注对象的创建，结果如下图所示。

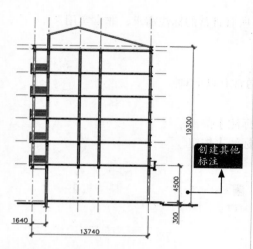

步骤 06 调用【连续】标注命令，在命令行输入"S"后按【Enter】键，然后在绘图区域中选择下图所示的标注对象。

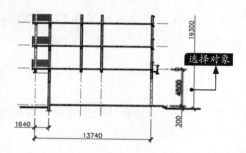

步骤 07 捕捉下图所示的端点以指定第二个尺寸界线原点。

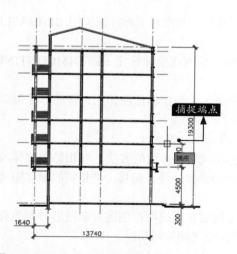

步骤 08 分别在相应位置处指定第二个尺寸界线

原点，按【Esc】键结束连续标注命令，结果如下图所示。

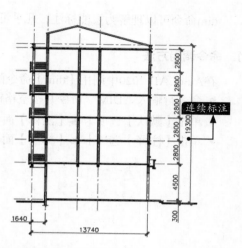

步骤 09 继续调用【连续】标注命令，在命令行输入"S"后按【Enter】键，然后在绘图区域中选择下图所示的标注对象。

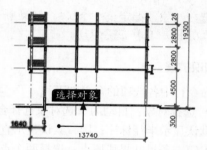

步骤 10 分别在相应位置处指定第二个尺寸界线原点，按【Esc】键结束连续标注命令，结果如下图所示。

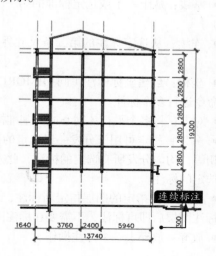

6.3.4 智能标注

dim命令可以理解为智能标注，几乎可以满足所有日常的标注需求，非常实用。

1. 命令调用方法

在AutoCAD 2020中调用【dim】命令的方法通常有以下3种。

- 命令行输入 "DIM" 命令并按空格键。
- 单击【默认】选项卡 ➤【注释】面板 ➤【标注】按钮 。
- 单击【注释】选项卡 ➤【标注】面板 ➤【标注】按钮 。

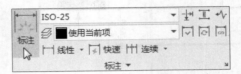

2. 命令提示

调用【dim】命令之后，命令行会进行如下提示。

```
命令：_dim
选择对象或指定第一个尺寸界线原点或 [ 角度 (A)/ 基线 (B)/ 连续 (C)/ 坐标 (O)/ 对齐 (G)/
分发 (D)/ 图层 (L)/ 放弃 (U)]：
```

3. 知识扩展

命令行中各选项的含义如下。

- 选择对象：自动为所选对象选择合适的标注类型，并显示与该标注类型相对应的提示。圆弧，默认显示半径标注；圆，默认显示直径标注；直线，默认为线性标注。
- 第一条尺寸界线原点：选择两个点时创建线性标注。
- 角度：创建一个角度标注来显示3个点或两条直线之间的角度（同 DIMANGULAR 命令）。
- 基线：从上一个或选定标准的第一条界线创建线性、角度或坐标标注（同 DIMBASELINE 命令）。
- 连续：从选定标注的第二条尺寸界线创建线性、角度或坐标标注（同 DIMCONTINUE命令）。
- 坐标：创建坐标标注（同 DIMORDINATE 命令）。与坐标标注相比，智能标注可以调用一次命令进行多个标注。
- 对齐：将多个平行、同心或同基准标注对齐到选定的基准标注。
- 分发：指定可用于分发一组选定的孤立线性标注或坐标标注的方法，有相等和偏移两个选项。相等，均匀分发所有选定的标注，此方法要求至少3条标注线；偏移，按指定的偏移距离分发所有选定的标注。
- 图层：为指定的图层指定新标注，以替代当前图层。该选项在创建复杂图形时尤为有用，选定标注图层后即可标注，不需要在标注图层和绘图图层之间来回切换。
- 放弃：放弃上一个标注操作。

6.3.5 实战演练——标注大厅立柱构造图

下面利用智能标注命令对大厅立柱构造图进行标注，具体操作步骤如下。

步骤 01 打开"素材\CH06\大厅立柱构造图.dwg"文件，如下图所示。

步骤 02 在命令行中输入"dim"后按【Enter】键确认，在绘图区域中将十字光标移至下图所示位置处单击。

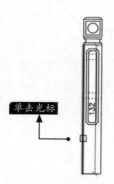

步骤 03 拖曳鼠标单击指定尺寸线的位置，结果如下图所示。

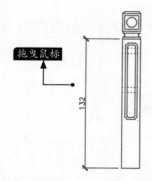

步骤 04 继续进行线性标注，结果如右上图所示。

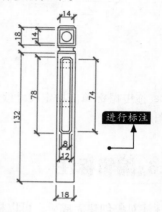

步骤 05 在绘图区域中将十字光标移至下图所示位置处单击。

步骤 06 拖曳鼠标单击指定尺寸线的位置，结果如下图所示。

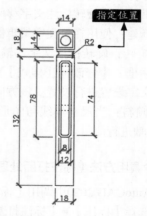

步骤 07 在绘图区域中将十字光标移至下页图所示位置处单击。

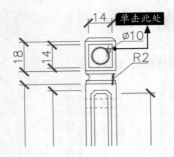

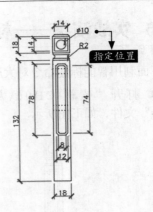

步骤 08 拖曳鼠标单击指定尺寸线的位置，结果如右图所示。

6.3.6 编辑标注

标注对象创建完成后，可以根据需要对其进行编辑操作，以满足工程图纸的实际标注需求。

1. 命令调用方法（DIMEDIT编辑标注）

在AutoCAD 2020命令行中输入"DED"后按【Enter】键即可调用该命令。

2. 命令提示（DIMEDIT编辑标注）

调用【DED】命令之后，命令行会进行如下提示。

命令：DIMEDIT
输入标注编辑类型 [默认 (H)/ 新建 (N)/ 旋转 (R)/ 倾斜 (O)] < 默认 >：

3. 知识扩展

命令行中各选项的含义如下。

● 默认：将旋转标注文字移回默认位置。

● 新建：使用在位文字编辑器更改标注文字。

● 旋转：旋转标注文字。输入"0"将标注文字按默认方向放置，默认方向由【新建标注样式】对话框、【修改标注样式】对话框和【替代当前样式】对话框中的【文字】选项卡上的垂直和水平文字设置进行设置。该方向由DIMTIH和DIMTOH系统变量控制。

● 倾斜：当尺寸界线与图形的其他要素发生冲突时，"倾斜"选项将很有用处，倾斜角从USC的x轴进行测量。

4. 命令调用方法（标注打断处理）

在AutoCAD 2020中调用【标注打断】命令的方法通常有以下3种。

● 选择【标注】▶【标注打断】菜单命令。

● 命令行输入"DIMBREAK"命令并按空格键。

● 单击【注释】选项卡▶【标注】面板▶【打断】按钮。

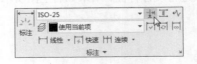

5. 命令提示（标注打断处理）

调用【标注打断】命令之后，命令行会进行如下提示。

命令：_DIMBREAK
选择要添加/删除折断的标注或 [多个(M)]:

6. 知识扩展（标注打断处理）

命令行中各选项的含义如下。

● 自动（A）：自动将折断标注放置在与选定标注相交的对象的所有交点处。修改标注或相交对象时，会自动更新使用此选项创建的所有折断标注。在具有任何折断标注的标注上方绘制新对象后，在交点处不会沿标注对象自动应用任何新的折断标注。要添加新的折断标注，必须再次运用此命令。

● 手动（M）：手动放置折断标注。为折断位置指定标注或尺寸界线上的两点。如果修改标注或相交对象，则不会更新使用此选项创建的任何折断标注。使用此选项，一次仅可以放置一个手动折断标注。

● 删除（R）：从选定的标注中删除所有折断标注。

7. 命令调用方法（标注间距调整）

在AutoCAD 2020中调用【标注间距】命令的方法通常有以下3种。

● 选择【标注】➤【标注间距】菜单命令。

● 命令行输入"DIMSPACE"命令并按空格键。

● 单击【注释】选项卡➤【标注】面板➤【调整间距】按钮 ⊥。

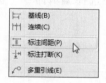
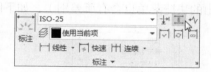

8. 命令提示（标注间距调整）

调用【标注间距】命令之后，命令行会进行如下提示。

命令：_DIMSPACE
选择基准标注：
选择基准标注及要产生间距的标注之后，命令行会进行如下提示。

输入值或 [自动(A)] < 自动 >:

9. 知识扩展（标注间距调整）

命令行中各选项的含义如下。

● 输入值：将间距值应用于从基准标注中选择的标注。例如，如果输入值0.5000，则所有选定标注将以0.5000的距离隔开。可以使用间距值0（零）将选定的线性标注和角度标注的标注线末端对齐。

● 自动：基于在选定基准标注的标注样式中指定的文字高度自动计算间距。所得间距值是标注文字高度的两倍。

10. 命令调用方法（文字对齐方式）

在AutoCAD 2020中调用【对齐文字】命令的方法通常有以下3种。

- 选择【标注】➤【对齐文字】菜单命令，然后选择一种文字对齐方式。
- 命令行输入"DIMTEDIT/DIMTED"命令并按空格键。
- 单击【注释】选项卡➤【标注】面板，然后选择一种文字对齐方式。

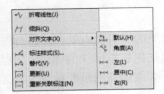 

11. 命令提示（文字对齐方式）

调用【对齐文字】命令之后，命令行会进行如下提示。

> 命令：DIMTEDIT
> 选择标注：

12. 命令调用方法（使用夹点编辑标注）

在AutoCAD 2020中选择相应的标注对象，然后选择相应夹点即可对标注进行编辑。

13. 命令提示（使用夹点编辑标注）

选择相应夹点并单击鼠标右键，系统会弹出相应快捷菜单供用户选择编辑命令（选择的夹点不同，弹出的快捷菜单也会有所差别），如下图所示。

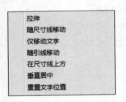 

6.3.7 实战演练——编辑标注对象

下面综合利用编辑标注、标注间距、对齐文字等命令对标注对象执行编辑操作，具体操作步骤如下。

步骤 01 打开"素材\CH06\编辑标注.dwg"文件，如下图所示。

步骤 02 在命令行输入"DED"后按【Enter】键确认，接着在命令行提示下输入"H"后按【Enter】键，并在绘图区域中选择下页图所示的标注对象作为编辑对象。

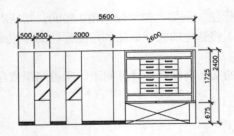

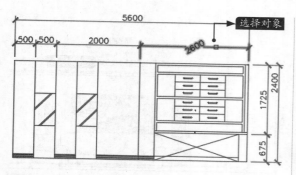

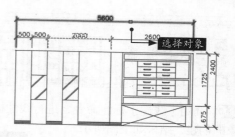

步骤 06 按【Enter】键确认，在命令行提示下再次按【Enter】键接受"自动"选项，结果如下图所示。

步骤 03 按【Enter】键确认，结果如下图所示。

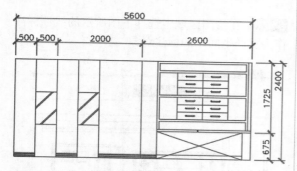

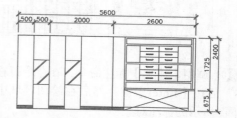

步骤 04 调用【标注间距】命令，在绘图区域中选择下图所示的线性标注对象作为基准标注。

步骤 07 选择【标注】▶【对齐文字】▶【居中】菜单命令，然后在绘图区域中选择下图所示的标注对象作为编辑对象。

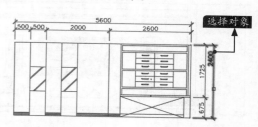

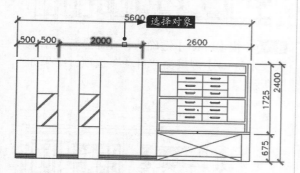

结果如下图所示。

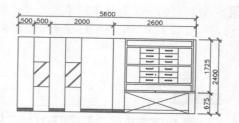

步骤 05 在绘图区域中选择右上图所示的线性标注作为要产生间距的标注对象。

6.4 综合应用——标注小区住宅客厅立面图

　　下面综合利用标注及编辑功能对小区住宅客厅立面图进行标注操作，具体操作步骤如下。

步骤 01 打开"素材\CH06\小区住宅客厅立面图.dwg"文件，如下页图所示。

步骤 02 调用【线性】标注命令，进行线性标注对象的创建，结果如下图所示。

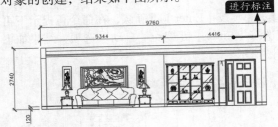

步骤 03 调用【连续】标注命令，在命令行输入"S"后按【Enter】键，然后在绘图区域中选择下图所示的标注对象。

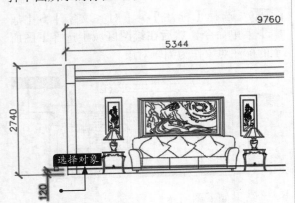

步骤 04 分别在相应位置处指定第二个尺寸界线原点，按【Esc】键结束连续标注命令，结果如下图所示。

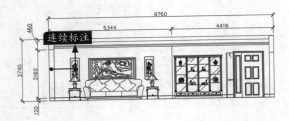

步骤 05 调用【标注间距】命令，在绘图区域中选择右上图所示的线性标注对象作为基准标注。

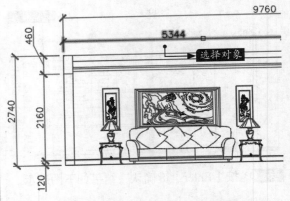

步骤 06 在绘图区域中选择下图所示的线性标注作为要产生间距的标注对象。

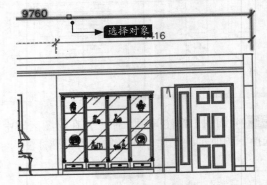

步骤 07 按【Enter】键确认，在命令行提示下再次按【Enter】键接受"自动"选项，结果如下图所示。

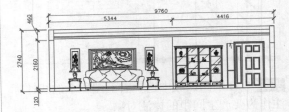

步骤 08 重复 步骤 05 ~ 步骤 07 的操作，继续进行标注间距的调整，结果如下图所示。

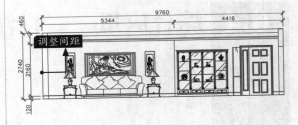

疑难解答

1. 输入的字体为什么是"？？？"

有时输入的文字会显示为问号"？"，这是字体名和字体样式不统一造成的。一种情况是指定了字体名为SHX的文件，但没有启用【使用大字体】复选框；另一种情况是启用了【使用大字体】复选框，但没有为其指定一个正确的字体样式。

所谓"大字体"，就是指定亚洲语言的大字体文件。只有在"字体名"中指定了 SHX 文件，才能"使用大字体"，并且只有 SHX 文件可以创建"大字体"。

2. 如何标注大于180°的角

前面介绍的角度都是小于180°的，那么如何标注大于180°的角呢？下面通过案例详细介绍如何标注大于180°的角。

步骤 01 打开"素材\CH06\标注大于180°的角.dwg"文件，如下图所示。

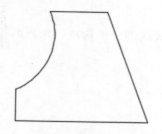

步骤 02 单击【默认】选项卡 ➤【注释】面板中的【角度】按钮，当命令行提示选择"圆弧、圆、直线或 <指定顶点>"时直接按空格键接受"指定顶点"选项。

> 命令：_dimangular
> 选择圆弧、圆、直线或 < 指定顶点 >：

步骤 03 用鼠标捕捉下图所示的端点为角的顶点。

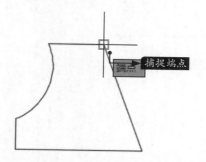

步骤 04 用鼠标捕捉右上图所示的中点为角的第一个端点。

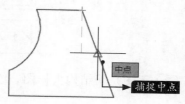

步骤 05 用鼠标捕捉下图所示的中点为角的第二个端点。

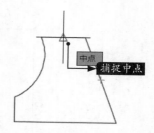

步骤 06 拖曳鼠标在合适的位置单击放置角度标注，如下图所示。

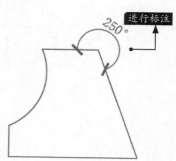

实战练习

（1）下图是窗立面图，绘制以下图形，并计算虚线部分所构成三角形的面积。

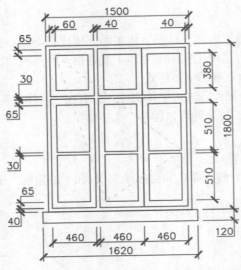

（2）下图是墙结构大样图，绘制以下图形，并计算虚线部分所构成三角形的 面积。

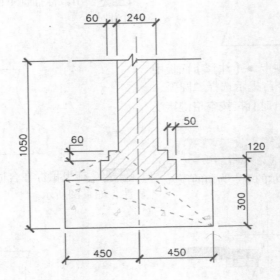

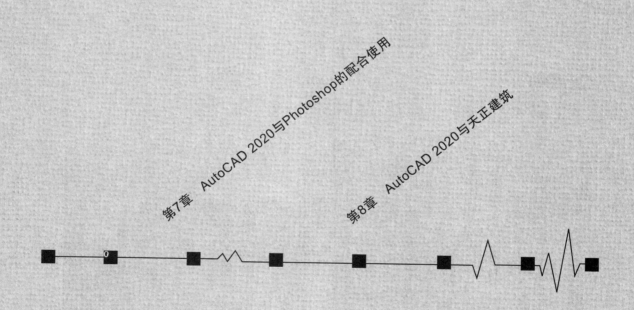

第2篇
拓展篇

第 **7** 章

AutoCAD 2020与 Photoshop的配合使用

学习目标

　　本章主要介绍AutoCAD 2020与Photoshop的配合使用方法。用户可以根据实际需求在AutoCAD 2020中绘制出相应的二维或三维图形，然后将其转换为图片并用Photoshop进行编辑。Photoshop出色的图片处理功能，可以使AutoCAD 2020绘制出的图形更加具有真实感、色彩感。

学习效果

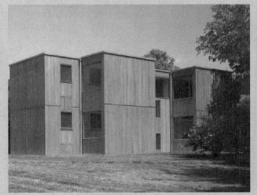

7.1 AutoCAD与Photoshop配合使用的优点

AutoCAD和Photoshop是两款非常具有代表性的软件。从宏观意义上来讲，两款软件不论是在功能方面还是在应用领域方面都有着本质的不同，但在实际应用过程中它们却有着千丝万缕的联系。

　　AutoCAD在工程中应用较多，主要用于创建结构图，其二维功能的强大与方便是不言而喻的，但色彩处理方面却很单调，只能作一些基本的色彩变化。Photoshop在广告行业应用比较多，是一款强大的图片处理软件，在色彩处理、图片合成等方面具有突出功能，但不具备结构图的准确创建及编辑功能，优点仅体现在色彩斑斓的视觉效果上。将AutoCAD与Photoshop进行配合使用，可以有效地弥补两款软件各自的不足，将精确的结构与绚丽的色彩在一幅图片上体现出来。

7.2 Photoshop常用功能介绍

　　在结合使用AutoCAD和Photoshop软件之前，首先要了解Photoshop的几种常用功能，例如创建图层、选区的创建与编辑、自由变换、移动等。

7.2.1 实战演练——创建新图层

　　Photoshop中的图层与AutoCAD中的图层作用相似，创建新图层的具体操作步骤如下。

步骤 01 启动Photoshop CS6，选择【文件】▶【新建】菜单命令，弹出下图所示【新建】对话框。

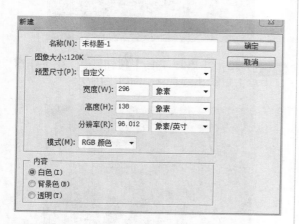

步骤 02 单击【确定】按钮完成新文件的创建，选择【图层】▶【新建】▶【图层】菜单命令，如右上图所示。

弹出下图所示的【新图层】对话框。

步骤 03 单击【确定】按钮，完成新图层的创建，如下图所示。

7.2.2 实战演练——选区的创建与编辑

利用Photoshop编辑局部图片之前，首先需要建立相应的选区，然后再对选区中的内容进行相应的编辑操作。

1. 利用矩形选框工具创建选区并编辑

步骤 01 打开"素材\CH07\选区的创建与编辑.psd"文件，如下图所示。

步骤 02 单击【矩形选框工具】按钮 ，在工作窗口中单击并拖曳鼠标指针，拖出一个矩形选择框，如下图所示。

步骤 03 按【Del】键，系统弹出【填充】对话框，进行下图所示的设置。

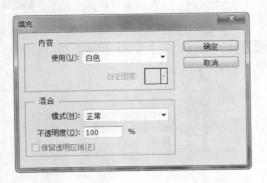

步骤 04 单击【确定】按钮，结果如下图所示。

2. 利用魔棒工具创建选区并编辑

步骤 01 打开"素材\CH07\选区的创建与编辑.psd"文件，如下图所示。

步骤 02 单击【魔棒工具】按钮 ，在工作窗口中单击鼠标出现选区，如下图所示。

步骤 03 按【Del】键，系统弹出【填充】对话框，进行下图所示的设置。

步骤 04 单击【确定】按钮，结果如下图所示。

编辑结果

7.2.3 实战演练——自由变换

利用自由变换工具可以对Photoshop中的图片对象进行缩放、旋转等操作，具体操作步骤如下。

步骤 01 打开"素材\CH07\自由变换.psd"文件，如下图所示。

步骤 02 利用【矩形选框工具】创建下图所示的选区。

创建选区

步骤 03 选择【编辑】▶【自由变换】菜单命令，图像周围出现夹点，如下图所示。

周围夹点

步骤 04 拖曳鼠标指针至窗口右侧中间夹点上，当鼠标指针变为 ↔ 形状后，按住鼠标左键水平向左拖曳，结果如下图所示。

编辑结果

步骤 05 拖曳鼠标指针至窗口右下角夹点上，当鼠标指针变为↻形状后，按住鼠标左键顺时针旋转拖曳，结果如右图所示。

7.2.4 实战演练——移动工具

利用移动工具可以对Photoshop中的图片对象进行位置的移动操作，具体操作步骤如下。

步骤 01 打开"素材\CH07\移动.psd"文件，如下图所示。

步骤 02 利用【矩形选框工具】创建下图所示的选区。

步骤 03 单击【移动工具】按钮 ➤♦，在工作窗口中拖曳鼠标指针对所选区域进行位置移动，如下图所示。

7.2.5 实战演练——裁剪工具

利用裁剪工具可以对Photoshop中图片的多余部分进行裁剪，从而仅保留需要的部分图片，具体操作步骤如下。

步骤 01 打开"素材\CH07\裁剪.psd"文件，如下页图所示。

步骤 02 利用【矩形选框工具】创建下图所示的选区。

步骤 03 单击【裁剪工具】按钮 ㅌ，如下图所示。

步骤 04 按【Enter】键确认，如下图所示。

步骤 05 单击 ✓ 按钮，结果如下图所示。

7.2.6 实战演练——修补工具

修补工具是基于区域进行操作的，可以把一个区域中的内容拖动复制到另外一个位置，具体操作步骤如下。

步骤 01 打开"素材\CH07\修补.psd"文件，如右图所示。

步骤 02 单击【修补工具】按钮 ，公共栏选项设置如下图所示。

步骤 03 按住鼠标左键绘制一个任意形状的选区，如下图所示。

步骤 04 将光标移至刚才创建的选区内，光标变为 形状，如下图所示。

步骤 05 按住鼠标左键拖动，如下图所示。

步骤 06 松开鼠标左键后，结果如下图所示。

7.2.7 实战演练——仿制图章工具

仿制图章工具是一种复制图像的工具，利用它可以进行一些图像的修复工作，具体操作步骤如下。

步骤 01 打开"素材\CH07\仿制图章.psd"文件，如右图所示。

步骤 02 单击【仿制图章工具】 ，把鼠标指针移动到希望复制的图像上，按住【Alt】键，这时指针会变为 ⊕ 形状，单击鼠标即可把鼠标指针落点处的像素定义为取样点。

复制结果

步骤 04 多次取样可以多次复制，如下图所示。

复制结果

步骤 03 在要复制的位置单击或拖曳鼠标，如右上图所示。

7.2.8 实战演练——橡皮擦工具

橡皮擦工具主要用于擦除多余的图像，具体操作步骤如下。

步骤 01 打开"素材\CH07\橡皮擦.psd"文件，如下图所示。

步骤 02 单击【橡皮擦工具】 ，公共栏选项设置如右上图所示。

步骤 03 在适当的位置处按住鼠标左键不断地移动光标，即可擦除多余的图像，如下图所示。

编辑结果

7.2.9 实战演练——动感模糊滤镜工具

动感模糊滤镜沿指定方向（－360°～＋360°）以指定强度（1～999）进行模糊。此滤镜的效果类似于以固定的曝光时间给一个移动的对象拍照。具体操作步骤如下。

步骤 01 打开"素材\CH07\动感模糊.psd"文件，如下图所示。

步骤 02 选择【滤镜】▶【模糊】▶【动感模糊】菜单命令，在弹出的右上图所示的【动感模糊】对话框中进行参数设置。

步骤 03 单击【确定】按钮即可对图像添加动感模糊效果，结果如下图所示。

7.2.10 实战演练——污点修复画笔工具

使用污点修复画笔工具可以快速除去图片中的污点、划痕和其他不理想部分，具体操作步骤如下。

步骤 01 打开"素材\CH07\污点修复画笔.psd"文件，如下图所示。

步骤 02 单击【污点修复画笔工具】 ，公共栏选项设置如右上图所示。

步骤 03 将鼠标指针移动到污点上，单击鼠标即可修复斑点，结果如下图所示。

步骤 04 修复其他斑点区域，直至图片修饰完毕，结果如下图所示。

7.2.11 实战演练——切片工具

使用切片工具可以将一幅大图片切成多个小块，在制作网页时经常使用。具体操作步骤如下。

步骤 01 打开"素材\CH07\切片.psd"文件，如下图所示。

步骤 02 单击【切片工具】，按住鼠标左键在图像上拖动，即可出现切片的区域块，如下图所示。

步骤 03 在切片的区域块中单击鼠标右键，选择【编辑切片选项】，弹出【切片选项】对话框中进行适当的参数设置，然后单击【确定】按钮，如下图所示。

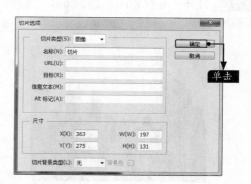

步骤 04 选择【文件】►【存储为Web所用格式】菜单命令，在弹出的【存储为Web所用格式】对话框中进行适当的参数设置，如下图所示。

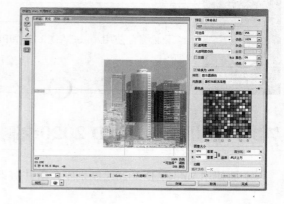

步骤 05 单击【存储】按钮，在弹出的【将优化结果存储为】对话框中进行适当的参数设置，然后单击【保存】按钮，如下图所示。

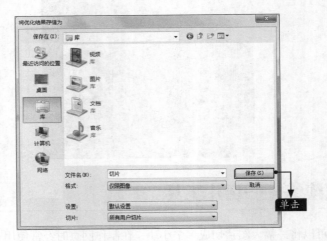

7.2.12 实战演练——加深工具

使用加深工具可以将图像的颜色加深显示，具体操作步骤如下。

步骤 01 打开"素材\CH07\加深.psd"文件，如下图所示。

步骤 02 单击【加深工具】，公共栏选项设置如右上图所示。

步骤 03 按住鼠标左键在图像的适当位置处涂抹，即可将该区域加深显示，如下图所示。

7.3 综合应用——别墅效果图设计

下面综合使用AutoCAD 2020和Photoshop制作别墅效果图，具体操作步骤如下。

7.3.1 使用AutoCAD 2020绘制别墅模型

下面使用AutoCAD 2020绘制别墅台阶并渲染别墅模型，具体操作步骤如下。

1. 绘制别墅台阶

步骤 01 打开"素材\CH07\别墅效果图.dwg"文件，如下图所示。

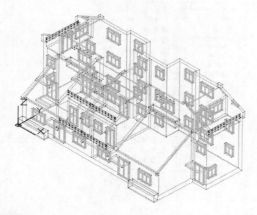

步骤 02 调用【长方体】命令，命令行提示如下。

```
命令：_box
指定第一个角点或 [ 中心 (C)]: fro
基点：0,0,0
< 偏移 >: 3750,-450
指定其他角点或 [ 立方体 (C)/ 长度 (L)]:
@2100,1050,150
命令：_box
指定第一个角点或 [ 中心 (C)]: fro
基点：0,0,0
< 偏移 >: 4000,-200,150
指定其他角点或 [ 立方体 (C)/ 长度 (L)]:
@1600,800,150
```
结果如下图所示。

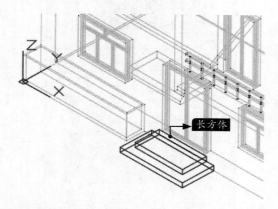

步骤 03 调用【复制】命令，选择刚才绘制的两个长方体作为需要复制的对象，按【Enter】键确认，捕捉右上图所示的端点作为复制的基点。

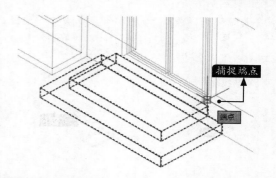

步骤 04 捕捉下图所示的端点作为复制的第二个点。

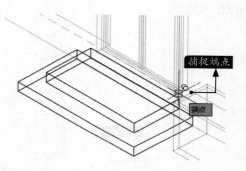

步骤 05 按【Enter】键确认，结果如下图所示。

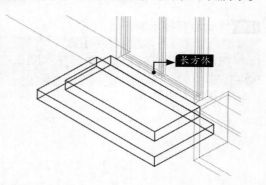

步骤 06 调用【长方体】命令，捕捉下图所示的端点作为长方体的第一个角点。

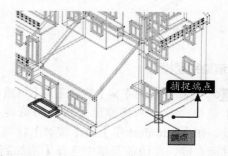

步骤 07 在命令行输入"@-1800,-1000,150"后按【Enter】键确认，结果如下页图所示。

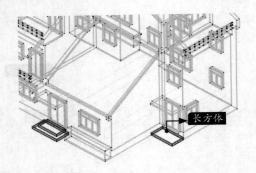

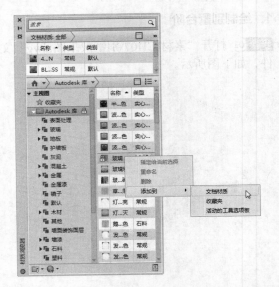

步骤 08 调用【长方体】命令，在命令行输入
"fro"后按【Enter】键确认，捕捉下图所示的
端点作为基点。

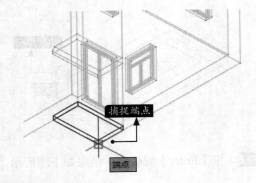

步骤 09 命令行提示如下。

> ＜偏移＞：@-250,250,150
> 指定其他角点或 [立方体 (C)/ 长度 (L)]：
> @-1550,750,150
> 结果如下图所示。

步骤 02 在【文档材质：全部】区域中单击【玻璃】材质的编辑按钮，如下图所示。

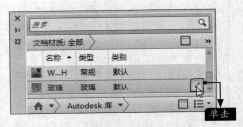

步骤 03 系统弹出【材质编辑器】选项板，如下图所示。

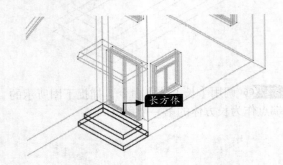

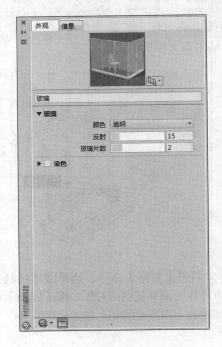

2. 渲染别墅模型

步骤 01 选择【视图】➤【渲染】➤【材质浏览器】菜单命令，系统弹出【材质浏览器】选项板，在【Autodesk库】中【玻璃】材质上单击鼠标右键，在快捷菜单中选择【添加到】➤【文档材质】选项，如右上图所示。

步骤 04 在【材质编辑器】选项板中将【玻璃】区域的【反射】值设置为"100"，如下图所示。

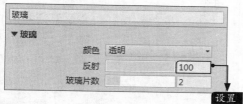

步骤 05 关闭【材质编辑器】选项板，将"图层0"置为当前，将"门窗""其他""台阶"3个图层关闭，绘图区域显示如下图所示。

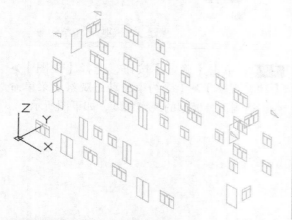

步骤 06 在绘图区域中将当前所显示的对象全部选择，然后在【材质浏览器】选项板【文档材质：全部】区域中右键单击【玻璃】选项，在弹出的快捷菜单中选择【指定给当前选择】选项，如下图所示。

步骤 07 重复 步骤 01 ~ 步骤 06 的操作，将右上图所示的材质添加到"门窗"图层的对象上面，使用默认参数。

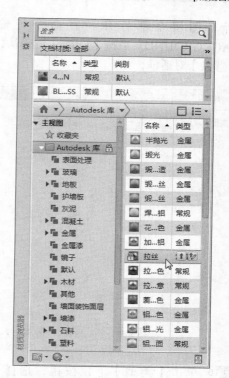

步骤 08 重复 步骤 01 ~ 步骤 06 的操作，将下图所示的材质添加到"其他"和"台阶"图层的对象上面，使用默认参数。

步骤 09 关闭【材质浏览器】选项板，

将所有图层全部打开，在命令行输入
"BACKGROUND"后按【Enter】键确认，弹
出【背景】对话框，如下图所示。

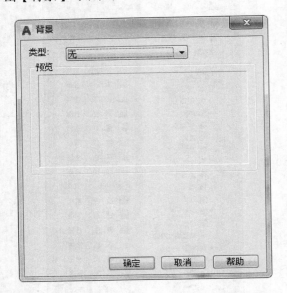

步骤⑩ 单击【类型】下拉按钮，选择"纯
色"，在颜色位置单击，弹出【选择颜色】对
话框，将"RGB颜色"设置为"255，255，
255"，如下图所示。

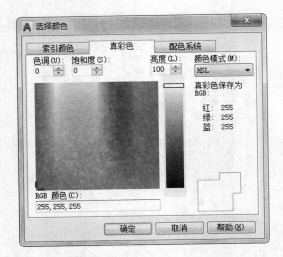

步骤⑪ 连续单击【确定】按钮，关闭
【背景】对话框，再次在命令行输入
"BACKGROUND"后按【Enter】键确认，弹
出【调整阳光与天光背景】对话框，单击【类
型】下拉按钮，选择"阳光与天光"，如右上
图所示。

步骤⑫ 单击【确定】按钮，选择【视图】➤
【动态观察】➤【受约束的动态观察】菜单命
令，适当调整模型的观察角度，如下图所示。

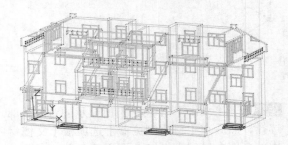

步骤⑬ 在命令行输入"RENDER"后按【Enter】
键确认，对模型进行渲染，结果如下图所示。

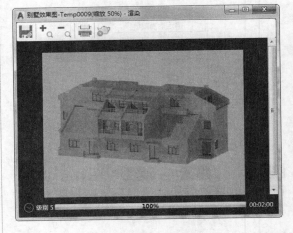

步骤⑭ 在渲染窗口中单击■按钮，弹出【渲染输
出文件】对话框，指定文件名称、保存路径、文
件类型后，单击【保存】按钮，如下页图所示。

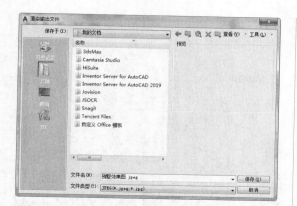

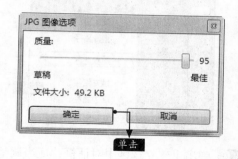

【确定】按钮，如下图所示。

步骤 ⑮ 弹出【JPG图像选项】对话框，单击

7.3.2 使用Photoshop制作别墅效果图

下面以7.3.1小节渲染的别墅图像为基础，使用Photoshop制作别墅效果图，具体操作步骤如下。

步骤 ⓵ 打开"素材\CH07\别墅效果图.psd"文件，如下图所示。

步骤 ⓶ 选择【文件】▶【打开】菜单命令，弹出【打开】对话框，选择前面绘制的【别墅效果图.jpg】文件，并单击【打开】按钮，结果如下图所示。

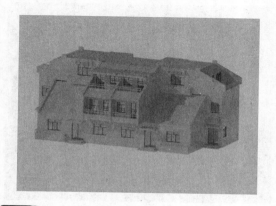

步骤 ⓷ 选择【图像】▶【调整】▶【亮度/对比度】菜单命令，弹出【亮度/对比度】对话框，

进行下图所示的参数设置后单击【确定】按钮。

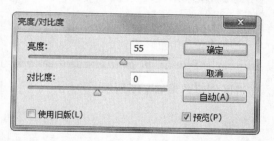

步骤 ⓸ 单击【钢笔工具】，创建下图所示的路径。

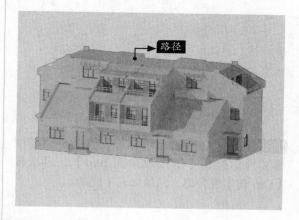

步骤 ⓹ 在工作路径上面单击鼠标右键，选择建立选区，如下页图所示。

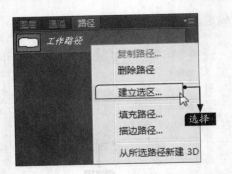

步骤 06 弹出【建立选区】对话框，适当调整参数设置，然后单击【确定】按钮，如下图所示。

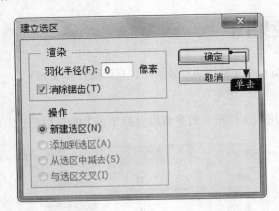

选区创建结果如下图所示。

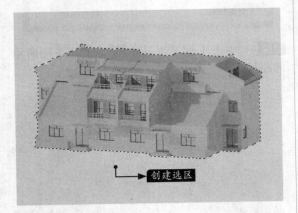

步骤 07 按【Ctrl+C】组合键，然后将当前图形文件切换到【别墅效果图.psd】，再次按【Ctrl+V】组合键，结果如右上图所示。

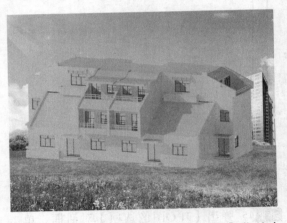

步骤 08 选择【编辑】➤【自由变换】菜单命令，对别墅模型图片的大小及位置进行适当调整，结果如下图所示。

步骤 09 单击"横排文字工具"按钮，字体设置为"华文楷体"，字号设置为"70"点，颜色设置为"红"，在工作窗口中的适当位置处输入文字内容，结果如下图所示。

疑难解答

1. 更改画布颜色的快捷方法

选择油漆桶工具并按住【Shift】键单击画布边缘，即可将画布底色设置为当前选择的前景色。如果要还原为默认的颜色，例如25%灰度，可以将前景色设置为（R:192，G:192，B:192），并再次按住【Shift】键单击画布边缘。

2. 如何获得精准光标

按一次键盘上的【Caps Lock】键可以使画笔和磁性工具的光标显示为精确十字线，如下左图所示（画笔工具光标），再按一次【Caps Lock】键可以恢复原状，如下右图所示（画笔工具光标）。

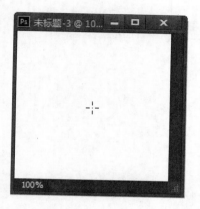 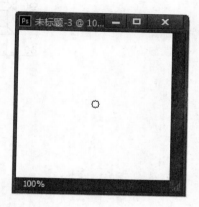

实战练习

（1）绘制以下图形，并计算阴影部分的面积。

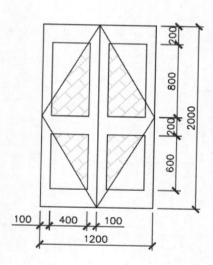

（2）绘制以下图形，并计算阴影部分的面积。

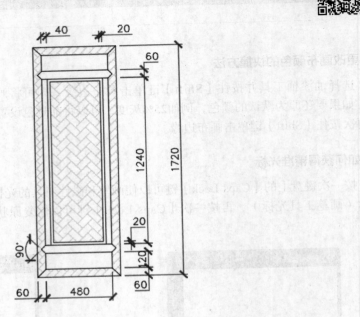

AutoCAD 2020与天正建筑

天正CAD软件是国内最早在AutoCAD平台上开发的商品化CAD软件之一，主要涵盖建筑设计、装修设计、暖通空调、给排水、建筑电气与建筑结构等行业。天正建筑的主要作用是，使AutoCAD由通用绘图软件变成专业建筑CAD软件。

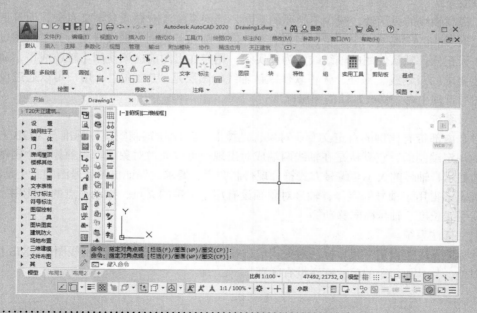

8.1 天正建筑概述

天正公司是由具有建筑设计行业背景的资深专家发起成立的高新技术企业。自1994年开始，该公司以AutoCAD 为图形平台成功开发出建筑、暖通、电气、给排水等专业软件。目前天正建筑软件已成为国内建筑CAD的行业规范，它的建筑对象和图档格式已经成为设计单位之间图形信息交流的基础。

天正建筑采用二维图形描述与三维空间表现一体化的先进技术，从方案到施工图全程体现建筑设计的特点。它以建筑构件作为基本设计单元，把内部带有专业数据的构件模型作为智能化的图形对象，包括体量规划模型和单体建筑方案比较，适用于从初步设计直至最后阶段的施工图设计。

8.2 轴网

轴网是由两组或多组轴线、轴号以及尺寸标注组成的平面网格。下面对轴网的创建、标注及编辑等相关内容进行详细介绍。

8.2.1 轴网的概念

轴网由轴线、轴号和尺寸标注3个相对独立的系统构成，是建筑物单体平面布置和墙柱构件定位的依据。

● 轴线系统。

为了提高轴线的灵活性，减少不必要的限制，轴网系统没有做成自定义对象，而且把位于轴线图层上的AutoCAD基本图形对象，包括直线、圆、圆弧等识别为轴线对象。为了绘图过程中捕捉方便，天正软件默认使用的轴线线型为细实线，用户在出图前应该使用【轴改线型】命令将其改为规范要求的点划线。另外，天正软件默认轴线的图层是"DOTE"，用户可以通过设置菜单中的【图层管理】命令修改默认的图层标准。

● 轴号系统。

轴号是内部带有比例的自定义专业对象，是按照《房屋建筑制图统一标准》（GB/T50001-2001）的规定编制的，它默认是在轴线两端成对出现，可以通过对象编辑单独控制个别轴号与其某一端的显示，轴号的大小与编号方式符合现行制图规范要求，保证出图后号圈的大小是8，不出现规范规定不得用于轴号的字母，轴号对象预设有用于编辑的夹点，拖动夹点的功能用于轴号偏移、改变引线长度、轴号横向移动等。

● 尺寸标注系统。

尺寸标注系统由自定义尺寸标注对象构成，在标注轴网时自动生成于轴线图层AXIS上，除图层不同以外，与其他命令的尺寸标注没有区别。

8.2.2 实战演练——创建直线轴网

直线轴网功能用于生成正交轴网、斜交轴网或单向轴网，具体操作步骤如下。

步骤01 选择【天正建筑】▶【轴网柱子】▶【绘制轴网】命令，如下图所示。

步骤02 弹出【绘制轴网】对话板，选择【直线轴网】选项卡，然后选择形式为【上开】，对【轴间距】及【个数】进行相关设置，如下图所示。

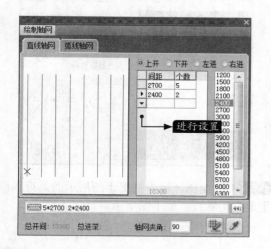

步骤03 选择形式为【下开】，对【轴间距】及【个数】进行相关设置，如右上图所示。

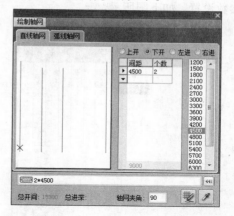

步骤04 选择形式为【左进】，对【轴间距】及【个数】进行相关设置，如下图所示。

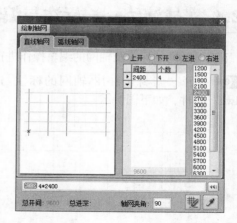

步骤05 在绘图窗口中单击指定轴网的插入位置，结果如下图所示。

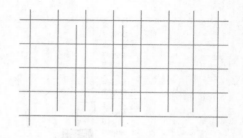

8.2.3 实战演练——创建圆弧轴网

圆弧轴网由一组同心圆弧和不过圆心的径向直线组成，端径向轴线由两轴网共用。下面对圆弧轴网的创建过程进行详细介绍，具体操作步骤如下。

步骤 01 选择【天正建筑】➤【轴网柱子】➤【绘制轴网】命令，在弹出的【绘制轴网】对话框上选择【弧线轴网】选项板，然后进行相关参数设置，如下图所示。

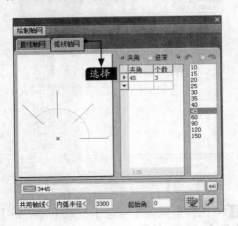

步骤 02 在命令行提示下指定单向轴线长度，并按【Enter】键确认，命令行提示如下。

单向轴线长度 <1000>:2300

步骤 03 在绘图窗口中单击指定轴网的插入位置，结果如下图所示。

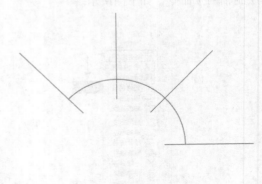

8.2.4 实战演练——标注与编辑轴网

下面对轴网的标注及轴网的编辑操作进行相关介绍。

步骤 01 打开"素材\CH08\轴网的标注与编辑.dwg"文件，如下图所示。

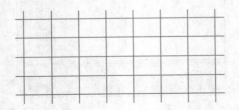

步骤 02 选择【天正建筑】➤【轴网柱子】➤【轴网标注】命令，如下图所示。

步骤 03 弹出【轴网标注】选项板，如右上图所示。

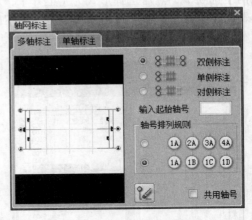

步骤 04 在绘图区域中捕捉下图所示的最近点以指定起始轴线，如下图所示。

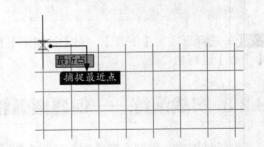

步骤 05 在绘图区域中拖动鼠标并捕捉如下图所示的最近点以指定终止轴线，如下页图所示。

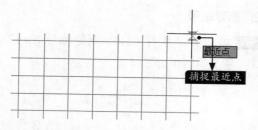

步骤 06 在绘图区域中拖动鼠标并选择下图所示的轴线作为不需要标注的轴线。

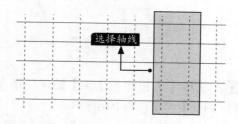

步骤 07 按两次【Enter】键确认,轴网的标注结果如下图所示。

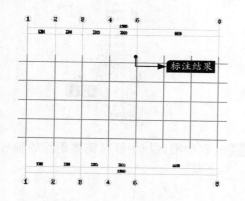

步骤 08 选择【天正建筑】▶【轴网柱子】▶【轴改线型】命令,如下图所示。

结果如下图所示。

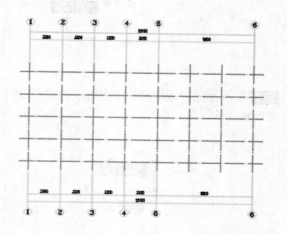

8.2.5 实战演练——编辑轴号

轴号对象是一组专门为建筑轴网定义的标注符号,通常就是轴网的开间或进深方向上的一排轴号。通常一个方向的轴号系统与其他方向的轴号系统是独立的对象。另外,天正轴号对象中的任何一个单独的轴号可设置为双侧显示或单侧显示,也可以一次打开或关闭一侧全体轴号。

1. 添补轴号

步骤 01 打开"素材\CH08\添补轴号.dwg"文件,如右图所示。

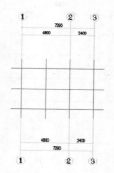

步骤 02 选择【天正建筑】▶【轴网柱子】▶【添补轴号】命令，如下图所示。

步骤 03 在绘图区域中选择轴号对象，如下图所示。

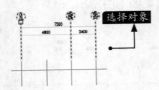

步骤 04 在绘图区域中捕捉下图所示的端点以指定新轴号的位置。

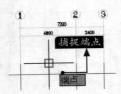

步骤 05 命令行提示如下。

新增轴号是否双侧标注？[是 (Y)/ 否 (N)] <Y>：
新增轴号是否为附加轴号？[是 (Y)/ 否 (N)]<N>：
是否重排轴号？[是 (Y)/ 否 (N)]<Y>：
结果如下图所示。

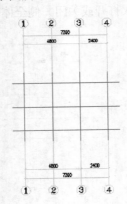

2. 删除轴号

步骤 01 打开"素材\CH08\删除轴号.dwg"文件，如下图所示。

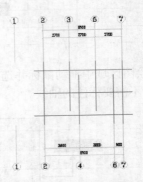

步骤 02 选择【天正建筑】▶【轴网柱子】▶【删除轴号】命令，如下图所示。

步骤 03 在绘图区域中框选需要删除的轴号对象，如下图所示。

步骤 04 按【Enter】键确认，命令行提示如下。

是否重排轴号？[是 (Y)/ 否 (N)]<Y>：
结果如下图所示。

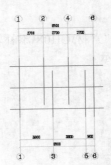

8.3 柱子

柱子在建筑设计中主要起结构支撑和装饰的作用。下面对柱子的创建及编辑等相关内容进行详细介绍。

8.3.1 柱子的概念

天正建筑软件中对于各种柱子对象的定义并不相同。构造柱用于砖混结构，只有截面形状没有三维数据描述，仅服务于施工图；标准柱可以用底标高、柱高和柱截面参数描述其在三维空间的位置和形状。柱子与墙的结构及相互关系如下。

- 柱子的填充方式与柱子和墙的当前比例相关，在当前比例不大于预设的详图模式比例时，柱子和墙的填充图案会按标准填充图案填充，否则按详图填充图案填充。
- 柱子的常规截面形式有圆形、矩形以及多边形等。异形截面柱由任意形状柱子和其他闭合线通过布尔运算获得，或者由异形柱命令进行定义。
- 柱与墙相交时，按墙柱之间的材料等级关系决定柱自动打断墙还是墙穿过柱。如果柱与墙体同材料，则墙体被打断的同时会与柱连成一体。

8.3.2 实战演练——创建柱子

天正建筑软件中的柱子对象包括标准柱、角柱、构造柱以及异形柱等，下面以标准柱为例，对柱子的创建过程进行详细介绍。

步骤 01 新建一个DWG文件，然后单击【视图控件】，将视图切换为【西南等轴测】，如下图所示。

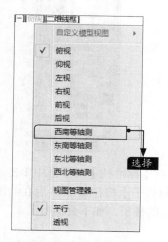

步骤 02 选择【天正建筑】▶【轴网柱子】▶【标准柱】命令，如右图所示。

步骤 03 系统弹出【标准柱】选项板，如下页图所示。

步骤 04 在【柱子尺寸】区域中将【柱高】设置为"3300"，如下图所示。

步骤 05 在绘图区域中单击指定标准柱的位置，按【Enter】键确认，结果如下图所示。

8.3.3 实战演练——编辑柱子

对于已经插入到图中的柱子，如果用户需要成批地对其进行修改，则可以使用柱子替换功能或特性编辑功能。下面以柱子替换功能为例，对柱子的编辑过程进行详细介绍。

步骤 01 打开"素材\CH08\柱子的编辑.dwg"文件，如下图所示。

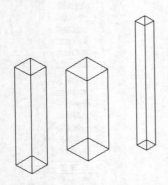

步骤 02 选择【天正建筑】▶【轴网柱子】▶【标准柱】命令，系统弹出【标准柱】选项板，在【柱子尺寸】区域中对相关参数进行设置，如右图所示。

步骤 03 在【标准柱】对话框中单击【替换图中已插入的柱子】按钮，然后在绘图区域中选择被替换的柱子，如下页图所示。

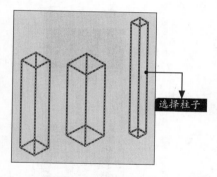

选择柱子

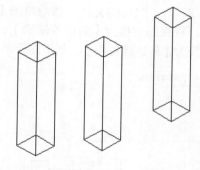

步骤 04 按【Enter】键确认，结果如右图所示。

步骤 05 按【Enter】键确认，结束编辑命令。

8.4 墙体

本节视频教程时间：10分钟

墙体是建筑房间的划分依据。下面对墙体的创建及编辑等相关内容进行详细介绍。

8.4.1 墙体的概念

天正建筑软件中的墙体对象模拟实际墙体的专业特性，可以实现墙角的自动修剪、墙体之间按材料特性连接、与柱子和门窗互相关联等智能特性。墙体对象除了包含位置、高度、厚度等几何信息外，还包含墙类型、材料、内外墙等内在属性。

● 墙基线。

墙基线通常位于墙体内部并与轴线重合，必要时也可以在墙体外部（此时左宽和右宽有一个为负值）。墙体的相关判断都是依据基线，例如墙体的两条边线就是依据基线按左右宽度确定的。另外，墙基线也是墙内门窗测量的基准。需要注意的是，墙基线只是一个逻辑概念，出图时并不必绘制出来。

● 墙体分类及特性。

天正建筑软件定义的墙体按用途可以分为一般墙、虚墙、卫生隔断以及矮墙。对于一般墙还进一步以内外特性分为内墙、外墙两类，用于节能计算时，室内外温差计算不必考虑内墙。另外，用于组合生成建筑透视三维模型时，通常不必考虑内墙，以节省渲染的内存开销。

● 墙体材料。

墙体的材料类型用于控制墙体的二维平面图效果，通常系统会按照优先级的高低预设规律处理墙角清理。优先级由高到低的材料依次为钢筋混凝土墙、石墙、砖墙、填充墙、示意幕墙和轻质隔墙。

8.4.2 实战演练——创建墙体

用户使用【绘制墙体】命令创建墙体时会启动名为【绘制墙体】的非模式对话框，从中可以设定墙体的相关参数。下面对使用【绘制墙体】命令创建墙体的过程进行详细介绍，具体操作步骤如下。

步骤01 新建一个DWG文件，然后单击【视图控件】，将视图切换为【西南等轴测】，视觉样式切换为【带边缘着色】，如下图所示。

步骤02 选择【天正建筑】➤【墙体】➤【绘制墙体】命令，如下图所示。

步骤03 系统弹出【绘制墙体】选项板，如右上图所示。

步骤04 在【绘制墙体】选项卡下方的工具栏中单击【绘制弧墙】按钮 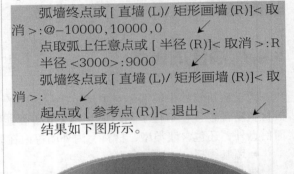，然后在绘图区域中单击以指定弧墙起点，再在命令行提示下输入弧墙终点的坐标值及半径值，并分别按【Enter】键确认。命令行提示如下。

> 弧墙终点或 [直墙 (L)/ 矩形画墙 (R)]< 取消 >:@−10000,10000,0 ↙
> 点取弧上任意点或 [半径 (R)]< 取消 >:R
> 半径 <3000>:9000
> 弧墙终点或 [直墙 (L)/ 矩形画墙 (R)]< 取消 >: ↙
> 起点或 [参考点 (R)]< 退出 >: ↙
> 结果如下图所示。

8.4.3 墙体编辑工具

墙体在创建后可以通过双击本墙段对其进行编辑，但对于多个墙段的编辑，则应该使用墙体编辑工具，如下图所示。

- 改墙厚。

按照墙基线居中的规则批量修改多段墙体的厚度，此命令不适合于修改偏心墙。

- 改外墙厚

用于整体修改外墙厚度。为便于对外墙进行处理，执行此命令前应先识别外墙。

- 改高度。

此命令可以对选中的柱、墙体及其造型的高度和底标高批量进行修改。修改底标高时，门窗底的标高可以与柱、墙联动修改。

- 改外墙高。

此命令仅对外墙有效，与【改高度】命令类似。执行此命令前应先对内外墙进行识别操作。

- 平行生线。

此命令类似于AutoCAD中的通用编辑命令【OFFSET】，可以生成一条与墙线（分侧）平行的曲线。将此命令应用于柱子后，可以生成与柱子周边平行的一圈粉刷线。

- 墙端封口。

此命令用于改变墙体对象自由端的二维显示形式，执行此命令后可以使其在封闭和开口两种形式之间互相转换。此命令不影响墙体的三维效果，对于已经与其他墙相接的墙端不起作用。

 ## 疑难解答

1. 需要打开的文件选择不了怎么办

在有些情况下，当我们需要打开某个文件时，却发现该文件无法选择，只能通过文件名称进行打开操作，这时候将Filedia值改为1即可。

2. 直线在不相交的情况下如何剪切和延伸

在实际工作中，经常会遇到直线虽然不相交，但却需要对其进行必要的剪切和延伸操作，这种情况下，将Edgemode的值改为1即可。

实战练习

（1）绘制以下图形，并计算阴影部分的面积。

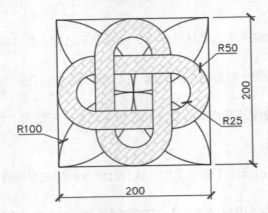

（2）绘制以下图形，并计算阴影部分的面积。

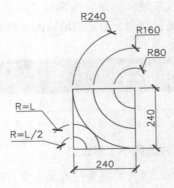

第3篇
设计篇

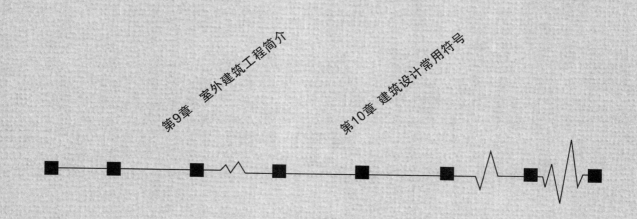

第**9**章

室外建筑工程简介

学习目标

　　室外建筑工程涵盖广泛，包括新建、改建、扩建的民用与工业建筑室外工程，设计、施工、验收等均需按相关标准执行。

学习效果

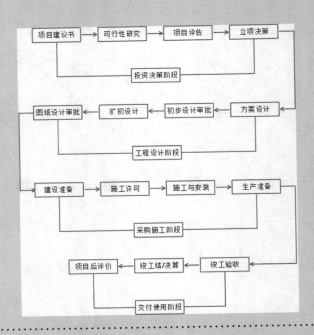

9.1 建筑工程项目

建筑工程项目包括工程建设项目、单项工程、单位工程、分部工程、分项工程。

（1）工程建设项目：指按照一个建设单位的总体设计要求，在一个或几个场地进行建设的所有工程项目之和，经济上实行独立核算，管理上具有独立组织形式的建设项目。一个建设项目往往由一个或几个单项工程组成。例如一个工厂、一所学校、一个住宅小区等。下图为工程建设项目基本流程。

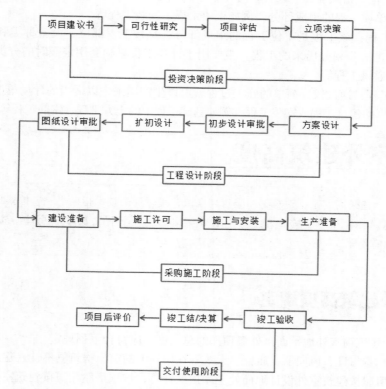

建设项目按建设性质不同，可分为新建项目、扩建项目、改建项目、迁建项目和恢复项目。

① 新建项目：指根据国民经济和社会发展的近远期规划，按照规定的程序立项，从无到有新开始建设的项目。对原有的建设项目扩建，其新增的固定资产价值超过原有全部固定资本价值3倍以上的，也属于新建项目。

② 扩建项目：指原有企业为扩大原有产品的生产能力和效益，或增加新产品的生产能力和效益而增建的生产车间、独立生产线；行政事业单位在原有业务系统的基础上扩大规模而增建的固定资产投资项目。

③ 改建项目：指原有建设单位为了提高生产效率，改进产品质量或改进产品方向，对原有设备、工艺流程进行技术改造的项目；或为了提高综合生产能力，增加一些附属和辅助车间或非生产工程的项目。包括挖潜、节能、安全、环境保护等工程项目。

④ 迁建项目：指原有企事业单位根据自身生产经营和事业发展的需要，按照国家调整生产力布局的经济发展战略需要或出于环境保护等各种原因，迁移到另外的地方建设的项目。

⑤ 恢复项目：指原有企事业单位或行政单位，因自然灾害、战争或人为灾害等原因使原有固定资产遭受全部或部分报废，需要进行投资重建以恢复生产能力、业务工作条件和生活福利设施等的工程项目。

这类工程项目，无论是按原有规模恢复建设，还是在恢复过程中同时进行扩建，都属于恢复项目。但尚未建成投产或交付使用的工程项目受到破坏后，若仍按照原设计重建的，原建设性质不变；如果按照新设计重建，则根据新设计内容来确定其性质。

（2）单项工程：指在一个建设项目中具有独立的设计文件，建成后能够独立发挥生产能力或工程效益的工程。它是工程建设项目的组成部分，应单独编制工程概预算。例如学校中的教学楼、食堂、宿舍等。

（3）单位工程：指具有独立设计，可以独立组织施工，但建成后一般不能进行生产或发挥效益的工程。它是单项工程的组成部分。例如土建工程、安装工程等。

（4）分部工程：该工程是单位工程的组成部分，是按工程部位、设备种类和型号、使用材料和工种的不同进一步划分出来的工程，主要用于计算工程量和套用定额时的分类。例如基础工程、电气工程、通风工程等。

（5）分项工程：通过较为简单的施工过程就可以生产出来，以适当的计量单位就可以进行工程量及其单价计算的建筑工程或安装工程。例如基础工程中的土方工程、钢筋工程等。

9.2 室外建筑高度

建筑高度是指建筑物的竖直高度值，是设计的技术指标之一。根据日照、消防、旧城保护、航空净空限制等不同要求，不同建筑的高度计算方法略有差异。

9.2.1 室外建筑高度规定

建筑高度指建筑物室外地平面至外墙顶部的总高度，应符合下列规定。

（1）烟囱、避雷针、风向器、旗杆、天线等在屋顶上的突出构筑物不计入建筑高度。

（2）平顶房屋按建筑室外设计地面处至屋顶层计算，坡顶房屋建筑按建筑室外设计地面至其檐口与屋脊的平均高度计算。

（3）楼梯间、屋顶窗、电梯塔、眺望塔、装饰塔、水箱间等建筑物屋顶上突出部分的水平投影面积合计不大于标准层面积25%的，不计入建筑高度、层数。

（4）坡顶不同坡度计算按照当地规定执行。

9.2.2 室外建筑高度相关规范

室外建筑高度应符合相关规范，现将部分规范介绍如下。

（1）消防要求的建筑高度，为建筑室外地坪至其屋顶面或檐口的高度。

（2）在重点文物保护单位和重要风景区附近的建筑物、在航线控制高度以内的建筑物，其高度是指建筑物的最高点，包括电梯间、楼梯间、水箱、烟囱等。

（3）在有净空高度限制的飞机场、气象台、电台和其他无线通信（含微波通信）设施周围的新建、改建建筑物，其控制高度应符合有关部门对净空高度限制的规定。

（4）特殊体形的建筑顶层设有景观构筑物或设有其他辅助设施的建筑高度的计算，应由当地主管部门确定。

（5）建筑高度不应危害公共空间安全、卫生和景观，下列地区应实行建筑高度控制。

① 对建筑高度有特别要求的地区，应按城市规划要求控制建筑高度。

② 机场、电信、微波通信、电台、气象台、卫星地面站、军事要塞工程等周围的建筑，当其处在各种技术作业控制区范围内时，应按净空要求控制建筑高度。

③ 沿城市道路的建筑物，应根据道路的宽度控制建筑裙楼和主体塔楼的高度。

（6）房屋的总高度指室外地面到主要屋面板顶或檐口的高度（不考虑局部突出屋顶部分），半地下室从地下室内地面算起，全地下室和嵌固条件好的半地下室应允许从室外地面算起；对带阁楼的坡屋面应算到山尖墙的1/2高度处。

9.3 建筑外立面

建筑外立面是建筑和建筑的外部空间直接接触的界面以及其展现出来的形象和构成的方式，是建筑内外空间界面处的构件及其组合方式的统称。

9.3.1 历史演变

建筑外立面设计始终处在一种动态的、持续变化的历史演变状态中。不同的时代、不同的空间环境因素对人产生了不同的影响力，这种影响力不断地激发人类创造的欲望，促进人们产生对美的追求。当然，在不同的历史时期、不同环境中的人对"美"的理解和需求是不同的，建筑的外立面设计在不同时期也就有了不同的功能。

1. 原始社会时期

原始棚屋虽然简陋，但它却是人类第一次用人工的手段划分空间的尝试。这种划分使得原始人类在混乱的生活环境中构建了自己的避难所，并在某种层次上逃离了原始的空间恐惧，减少了自然灾害对人的侵袭。因此，在原始社会时期，建筑外立面的设计主要用于摆脱自然恐惧、寻求安全感。

2. 农业社会时期

古代人们世俗生活的焦点主要集中在财富、权势、生活情趣3个层面。从这3个方面可以看出来，古代人们对建筑的需求除了满足基本的功能之外，更多的是用来展示财富、体现权势以及增添生活情趣，这样的需求也在建筑的外立面中体现出来。

3. 工业化时期

工业革命对建筑影响最大的是新技术、新材料、新结构和新设备，如金属被广泛运用于建筑中的柱子和框架，玻璃因采光的需求被更多地应用在建筑外表面上。这使建筑在材料、结构、技术上比过去自由得多、丰富得多，这必然要影响到建筑外立面设计的变化发展。另外，空间在这个时期的建筑中受到了前所未有的关注，这个时期的建筑设计更注重体量和功能，同时建筑师和设计师试图用机器、技术等方式把更实用、功能更多的设计带给人们，建筑外立面设计因此通过现代的材料和技术以一种全新的角度进入人们的视野。

4. 后工业化时期

工业化时期的建筑外立面设计太过偏于科学性和理性，带给人的感觉过于严肃，使人的情感得不到释放，这促使人们更加渴望得到一种能满足心理的、情感的设计，于是后工业时期的设计出现了。后工业时期建筑的主要特征是：采用装饰、具有象征性或隐喻性、与现有环境融合。后工业文化特征在建筑设计领域直接表现为设计意念的多样化，不论是对传统的缅怀、广告的需求、人们的娱乐心理，还是人们审美心理的需求变化，都把后工业时期的建筑外立面设计推向一个新的发展方向。

5. 当代多元化时期

"多元化"一词可以说是对当今社会的一个概括性描述。对于建筑外立面来说，多元化更多地表现为一种设计理念的混杂。经过后工业化时期建筑的洗礼，各种设计思想在不同程度上相互影响和借鉴，呈现共生的趋势：人们对建筑外观的期望越来越高，除了功能性和美观外，还要体现个性化并满足生态节能等需要。数字化信息技术的发展也促进了建筑外立面的多元化。一方面，建筑的形态更为自由，模拟技术突破了人脑的想象，建筑师在空间曲面和自由形态上有了更好的掌控力；另一方面，数字化立面打破了建筑形象不可改变的状况，使建筑外立面可以传递更多的信息。

9.3.2 设计原则

建筑外立面设计需要遵循相关的设计原则，以便于更好地为人类服务。

1. 时代性原则

设计的时代性原则包含两个方面：一方面，要立足于时代，既要从时尚中寻求灵感，又要超越时尚把握住内在的本质。另一方面，经典和传统是时代性的根源，建筑外立面设计离不开经典和传统的作用，既要对经典的永恒价值进行借鉴，又要对传统的内在精神进行传承。

2. 地域性原则

地域性原则是一种开放的态度。建筑外立面设计应该在尊重地方自然资源与人文资源的基础上进行，才能体现出地域特色和文化，使人们在情感上得到认同和归属。

3. 大众性原则

建筑外立面设计的大众性原则，包含两个方面：一方面，建筑外立面设计不应是设计师自身个性化的体现，而应该是综合社会、技术、经济、文化等诸多因素的设计。另一方面，建筑外立面设计应该注意到人们的生活经验和审美习惯，这样才能创造出能够为广大群众所理解和认同的建筑设计。

4. 经济性原则

经济性原则要求建筑外立面的设计应有准确的定位，既不是盲目地追求豪华气派，也不是一味地降低标准，而是本着节约和控制的原则，根据建筑的性质、周围的环境、社会的经济和技术条件等因素合理地从经济性原则出发来确定建筑外立面的设计。避免简单地将各种豪华材料堆砌起来的城市"形象工程"。

9.3.3 设计元素

根据建筑外观的构成元素来划分，建筑外立面设计的元素包括建筑入口、墙体、门窗、屋顶、细部以及环境等。

1. 建筑入口

建筑入口是从室外进入室内的通道，主要起到组织交通的作用，同时还具有空间的过渡与转换、建筑功能的标志与识别、建筑文化内涵的体现等其他功能。因此，建筑入口的设计在建筑外立面中具有非常重要的作用。一般情况下，建筑外立面的入口与建筑台阶、雨篷、坡道、标志、装饰构筑物等共同组成建筑的入口与门头，成为建筑外观中重要的组成元素之一。

2. 墙体

墙体在建筑外立面中占有绝大部分的面积，对建筑外立面的形式、风格等起着决定性的作用。墙体在设计时要满足承重、围护、分隔空间等使用功能的需求，同时，对不同的建筑结构形式，墙体所起的作用也有区别。例如，框架结构的墙体多使用砌块砌筑，主要起到围护和分隔空间的作用，而砖混结构的墙体则起到承重、围护和分隔空间的作用，因此，作为设计师首先要了解建筑的结构及特点，然后再对墙体进行合理的设计。

3. 门窗

门作为建筑的构成元素，意味着建筑的入口，同时也具有坚固的防护性。门的设计需要注意门的尺度、造型、开启方式、门与周边界面的处理、门的细部设计等。

窗户是建筑外立面组成的一部分，窗户的形式、大小、排列方式都影响着建筑的形象。

窗户在设计时，需要考虑窗户的尺寸是否符合相关规范的要求。另外，窗口的尺寸还应符合热工技术指标的要求。例如，在寒冷地区，居住建筑的窗墙面积比为南向不大于0.50，东西向不大于0.35，北向不大于0.30；公共建筑的窗墙面积比为各个朝向均不超过0.7。此外，窗口的尺寸还应满足采光通风的要求，满足窗地比等指标要求。

窗户在设计时还需考虑隔声、保温隔热等物理指标性能，如设置带空气层的双层玻璃窗可以提高隔声、隔热性能，防止窗户结露。外墙窗户的设置还要考虑室内空间的划分和空间的高度，形式要与建筑的形象、风格统一协调。

4. 屋顶

屋顶既是建筑物遮风挡雨的重要构件，也是建筑形象中最具表现力和个性的部分，被称为建筑外观的"第五立面"。在设计多元化的今天，屋顶的造型设计也越来越受到设计师的重视。屋顶的常见类型包括平屋顶、坡屋顶、曲面屋顶、大跨度建筑屋顶等。屋顶在设计时也需要考虑建筑的保温、隔热等物理指标的要求，在寒冷地区屋顶需要设置保温层，增加建筑的保温性；而在夏热冬暖等地区需要考虑屋顶的隔热设计，需要设置通风层、蓄水屋面、种植屋面等，以达到降低室内温度的作用。同时屋顶应做好防水设计，设置防水混凝土、高分子防水材料、改性沥青等防水层。屋顶的形式应与建筑整体造型保持一致，平屋顶可以增加高低层次的变化，也可以增加装饰性的构件丰富建筑的轮廓线；坡屋顶一般是坡度在10%以上的屋顶，可设置成单坡、双坡、四坡等形式，多使用沥青瓦、陶瓦、树脂瓦等材料。曲面屋顶可结合平面的曲线设计，轮廓线优美，由于金属容易弯曲成形，所以一般使用金属材料作为曲面屋顶的面材。

5. 细部

建筑外立面的细部设计可分为功能性细部设计和装饰性细部设计两种。功能性细部设计是功能性构件本身的细部设计以及与其他构件之间连接处的细部处理，例如，雨篷的设计、钢结构与围护面层的连接等都是功能性细部设计。装饰性细部设计是指图案、线脚、纹样、雕塑等，是从美观的角度对建筑的外立面进行装饰。建筑外立面的细部设计能够反映当代的建筑技术和工艺水平，可以反映一定的历史文脉，具有一定的象征性。

6. 环境

环境是指建筑周边的小环境设计，包括与建筑入口连接处的硬质铺装、停车位（场）、无障碍设计、绿化、环境设施、水体、雕塑等设计内容。其中，与建筑入口连接处的硬质铺装设计要求流线应便捷，使行人能够方便地到达建筑入口。对于小型、人流量少的建筑可以采用道路连接；对于大型、人流量多的建筑需采用广场的形式连接以满足疏散的要求，广场的面积应符合相应的规范和要求。此外，对于大型的建筑还应至少有两个口部与城市道路连接。在建筑场地允许的情况下需设置汽车停车位（场）和自行车停车位（场），停车位（场）的设置需满足相关规范的要求。人流的流线与车流的流线应分开设置，停车位（场）最好采用绿篱与其他场地分隔。无障碍设计主要是在场地设置供残疾人使用的坡道、导盲道等。绿化设计、水体设计、环境设施设计、雕塑等属于景观设计方面的要求，主要用于满足停留、等候人群的观景需求，也满足建筑绿化率的要求，同时体现建筑人性化的设计。

9.4 室外地坪

室外地坪可以使建筑周边环境整洁完美，同时通常作为安全疏散场所。另外，室外地坪也是通往园路、门外道路以及街路的连接地坪，一般采用与建筑物协调的彩色地坪和花岗石地坪等。

9.4.1 室外地坪简介

古代工匠们在室外地坪制作中大多因地制宜，就地取材，铺设出具有特色的千姿百态的图案。古代的民居、古街小巷很多采用细加工的条石板、石块，以及不规则的毛石碎片铺设街面道路，在人行走时可以起到防滑的作用，同时材料采集也较为方便，强度坚固铺设变化多样，铺出的各种花式图案与周边环境也非常协调。

私家庭院室外地坪式样丰富多彩，使用材料五花八门，常用的有碎砖、碎石、望砖，瓦片、各色卵石等。一般先用望砖、瓦片勾勒出各式图案，再在中间填嵌各式卵石，通过卵石的大小、颜色的搭配，铺成各种图案的地面，使室外地坪、园路达到美化的效果，增添庭院的观赏价值和艺术价值。

地坪道路的多样化，体现出古代工匠的聪明才智。利用废砖、瓦石材料，可减少造价且经济，不影响观感，同时可增加色彩，达到两全齐美的效果。铺设时要注意图案纹样，还要注意色彩与用材合理搭配。

9.4.2 室外地坪施工要求

室外地坪多由基层与铺装面层两部分构成，施工要求如下。

1. 质量要求

铺砌必须平整、稳定，地面砖灌缝应饱满，不得有翘动现象。各种地坪面层与其他构筑物衔接顺畅，不宜有高差，更不得有雨天积水现象。

2. 施工要点

（1）地坪面层设施稳定不下沉。对于道路部分需要足够重视，避免地坪面层出现局部不等的下沉现象。在工艺操作上，路床处理要密实、均匀、平整，基础厚度要达到要求，石灰体搅拌需够匀、够深、够密实，以保证地坪设施长期使用不下沉变形。

（2）铺砌人行、步道横缝应直顺，砖缝适当。凡水泥砖地坪，应根据路的线型和设计宽度定出铺砌方案，并按纵横缝都直顺的要求测量放线，弯道部分也采用直铺，然后再就弯道裁边补缺。

（3）地坪应确保平整度和密实度。不论是水泥道板砖面层铺装还是沥青碎石面层铺装，平整度主要依靠底层高度平整，所以应该充分考虑地坪，特别是人行、步道、道牙、树池、阴井、边角等因素，以保证面层的密实度、平整度。

9.5 建筑外墙

建筑外墙用来围护建筑物，使之形成室内、室外的分界构件。它的功能包括承担一定荷载、遮挡风雨、防止噪声、保温隔热、防火安全等。

9.5.1 外墙保温

墙体材料通常有很多微小的孔洞，因为安装不密实或材料收缩等，会产生一些贯通性缝隙。由于这些孔洞和缝隙的存在，冬季室外风的压力使冷空气从迎风墙面渗透到室内，而室内外又存在温差，室内热空气从内墙渗透到外墙，所以风压和热压使外墙出现了空气渗透。这样出现的热损失对墙体保温不利。为了防止外墙出现空气渗透，一般选择密实度高的墙体材料，墙体内外加抹灰层，加强构件间的密缝处理。而炎热地区和长江中下游及其过渡地区，夏季太阳辐射强烈，室外热量通过外墙传入室内，使室内温度升高，产生过热现象。另外，过渡地区不但夏季炎热，而且冬季非常寒冷，加之没有配置集中的供暖设备，影响了人们的工作和生活。为了改善住宅的居住环境，提高居住生活质量及室内舒适度，外墙还应具有一定的隔热性能和保温措施。

作为围护结构的外墙应具有保温隔热的性能。如寒冷地区冬季室内温度高于室外，热量易于从高温一侧向低温测传递，因此围护结构需采取保温措施，以减少室内热损失。当前提高外墙保温能力主要有以下3种构造做法。

（1）增加外墙厚度，使热量传递的时间减缓，达到保温的目的。

（2）选用孔隙率高、密度小的材料做外墙，如陶粒混凝土、加气混凝土等。

（3）采用多种材料的组合墙体，解决保温和承重双重问题。

在保温的同时，还应防止在围护结构内表面和保温材料内部出现冷凝水及空气渗透现象。为了避免采暖建筑热损失，冬季通常是门户关闭，形成室内的高温高湿环境，温度越高空气中含的水蒸气越多。由于室内外存在水蒸气的压力差，水蒸气就会沿着墙体向室外渗透，当温度达到露点时，水蒸气就会在墙面和墙体内部形成冷凝水，从而降低墙体的保温性能。解决的办法就是在靠室内高温的一侧设置隔汽层，防止水蒸气进入墙体。隔汽层常采用卷材、防水涂料或薄膜等材料。构造上要在冷桥部位采取局部保温措施。

9.5.2 外墙防水

建筑外墙防水应具有阻止雨水、雪水侵入墙体的基本功能，并应具有抗冻融、耐高低温、承受风荷载等性能。为了保证墙体的坚固耐久，对建筑物的外墙，尤其是勒脚部分应采取防潮、防水措施。选择良好的防水材料和构造做法，是保证室内具有一个良好的卫生环境的前提。外墙防水施工工艺如下。

1. 墙体检查与处理

外墙防水砌筑时避免外墙墙体重缝、透光，砂浆灰缝应均匀，墙体与梁柱交接面，应清理干净垃圾余浆，砖砌体应湿润，砌筑墙体不可一次到顶，应分2~3次砌完，以防砂浆收缩，使外墙墙体充分沉实，另外需注意墙体平整度检测，以防下道工序批灰过厚或过薄。批灰前应检查墙体孔洞，封堵在墙身的各种孔洞，不平整处用1∶3水泥砂浆找平，如遇太厚处，应分层找平，或挂钢筋网、粘结布等批灰，另对脚手架、塔吊、施工电梯的拉结杆等在外墙留下的洞口应清理干净，用素水泥浆扫浆充分，再用干硬性砼分两次各半封堵，先内后外，充分捣固密实，水落管卡子钻孔向下倾斜3°~5°，卡钉套膨胀胶管刷环氧树脂嵌入，严禁使用木楔。混凝土剪力墙上的螺杆孔应四周凿成喇叭口，用膨胀水泥砂浆塞满，再用聚合物防水浆封口，封堵严密。

2. 防水找平层的施工

应注意砌体批灰前表面的湿润，喷洒水充分。砂浆应严格按配比进行，严格计量控制水灰比，严禁施工过程中随意掺水。批灰砂浆可用聚合物防水砂浆。外墙抹灰脚手架拉接筋等，应切割后喇叭口抹实压平，定浆后可用铁抹子切成反搓，然后再刷一道素水泥浆。

3. 外墙面砖的施工

镶贴面砖前应先检查找平层有无空鼓、起壳、裂缝和不平整，如有应即时修补合格，然后用纯水泥浆在找平层上满刷一遍并进行拉毛处理。面砖应符合产品质量要求，镶贴前应对面砖颜色是否均匀，是否平整翘角边进行精选，面砖应提前1~2h浸入水池，用时晾干表面浮水。为防止面砖及黏结层开裂造成墙面渗漏，可在每层楼板边梁上、下留设两道水平分格缝，使面砖黏结层分离。分格缝应清理干净并在拆除外脚手架前填入耐候胶，胶面与瓷砖面平。阴角部位也采用耐候胶封闭。

9.6 建筑室外散水

建筑物的散水一般设在建筑物外立面自然地坪处，它的主要功能是组织雨水有效地远离建筑物的基础，起到保护基础的作用。当前大多数散水使用混凝土浇筑而成。

1. 建筑散水的必要性

（1）对于干旱地区来讲，每年的降雨量很少，且不会出现非常强的暴雨，这种情况下可以考虑不设置散水沟；但是对于降雨量较多的地区，则应当设置散水沟对雨水进行有组织排放。

（2）对于高层建筑来讲，雨水在打到建筑侧面时会向下产生径流，所以建筑侧面也会产生很大的雨水量，在进行雨水量计算时需要考虑侧墙面积的1/2的雨水量。现在的住宅小区通常为了美观会将雨水口及雨水检查井置于道路两边的绿化当中，由于园林景观的设计情况，雨水口及雨水检查井布置往往并不均匀，且不可能围着建筑设置一圈雨水口或雨水井，如果没有及时将这些雨水进行有组织排放，则很容易形成积水。所以通过设置散水沟将侧墙雨水及地面雨水进行导流并迅速排放到雨水口及雨水检查井就十分必要。

2. 建筑室外散水施工要求

（1）建筑物散水下的回填土一般是基础肥槽的位置，因此，回填土必须从基础的底部按要求分步逐层夯实。避免产生不均匀沉降，造成散水断裂或塌陷的情况。

（2）为了不影响建筑物自由沉降，散水与建筑物连接处应断开，并留设沉降缝，缝宽15~20mm，缝内填充柔性密封材料。同理，室外台阶与建筑物连接处也应设置沉降缝。为了防止散水过长引起收缩裂缝，以及不均匀沉降引起散水断裂，应将散水的长度分割成若干小区域，彼此之间需要留置伸缩缝。伸缩缝的间距不应大于10m。具体分割时，要注意伸缩缝间距布置均匀，在建筑物转角处散水应做成45°缝。伸缩缝宽度同样为15~20mm，缝内应充填柔性密封材料。

（3）对于屋面无组织排水且设有挑檐的建筑物，散水应宽于挑檐板150~200mm。散水表面有一个重要的要求是，应有向外的坡度，离墙最远处应高出室外地坪至少20mm。

（4）大部分混凝土散水伸缩缝、沉降缝选用15~20mm宽的木条作为分格条，一般要求木格条采用红白松的干料刮平刨光。混凝土硬化后，将条起出，修理混凝土的边缘后，再灌筑沥青胶结料。

（5）散水伸缩缝使用沥青胶结料浇灌时，一定要采取遮挡措施，不要污染建筑物勒角处的墙面和散水的表面。

3. 工程量计算

工程造价上，需要计算散水的面积或者散水下的垫层体积。

（1）散水面积：

$S_{散水}=（L_外-台阶长+4×散水宽）×散水宽$

其中：$L_外$=外墙外边线长。

（2）散水下垫层体积（当施工图未注明散水下灰土垫层宽度时，可按宽出散水0.3m计算）：

$V=S_{垫层截面积}\times（L_{外}-台阶长+4\times垫层宽）$

其中：$S_{垫层截面积}=$垫层宽×垫层厚度；

$L_{外}=$外墙外边线长。

 疑难解答

1. 室外楼梯与室内楼梯的差别

楼梯是建筑物中的小型建筑，是高层建筑物中相当重要的一个承接物。楼梯分为室内楼梯和室外楼梯，不同的使用地点对楼梯的要求也不尽相同。一般来说，室外楼梯要比室内楼梯简单许多，尤其是在外形设计方面，室外楼梯的外观都是非常简单、朴素的，这在很多公共场合的楼梯中有体现。室外楼梯一般没有过多的外在修饰，它更多的是强调楼梯的安全性以及稳定性，能够承受住较多人来来回回高频率地使用。

2. 建筑物顶层用什么降温比较合适

一般来讲建筑物顶层住户的热量来源主要是屋顶，可以在屋顶架设棚架，棚架上放格栅，这样能滤去一部分阳光，减少一部分热量。如果希望降温效果更加明显，可以种植爬山虎之类的植物，让它们爬上棚架，这样可以实现更加有效的降温效果。

实战练习

（1）绘制以下图形，并计算阴影部分的面积。

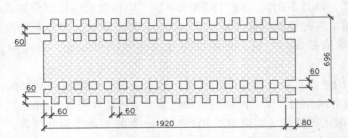

（2）下图是山墙檐口大样图，绘制图形并计算阴影部分的面积。

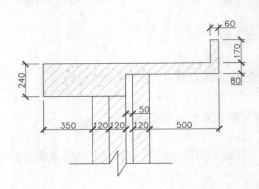

第 10 章

建筑设计常用符号

　　本章将对建筑设计中常见图形符号的绘制进行介绍，例如常用符号、常见门窗图形、常见楼梯图形等。对于比较常见的图形，可以绘制完成后将其制作成块，以便随时调用。

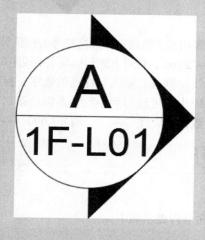

10.1 常用符号

本节主要讲解常用符号的绘制，比如标高符号、索引符号等。这类符号都有一定的绘制规范，绘制完成后，便于用户需要时直接调用。

10.1.1 标高符号

标高表示建筑物某一部位相对于基准面（标高的零点）的竖向高度，是竖向定位的依据。标高按基准面选取的不同分为绝对标高和相对标高。其中，绝对标高是以一个国家或地区统一规定的基准面作为零点的标高，我国规定以黄海的平均海平面作为标高的零点；相对标高是以建筑物室内主要地面为零点测出的高度尺寸。

室内房屋各部位的标高还有建筑标高和结构标高的区别：建筑标高是指包括粉刷层在内的、装修完成后的标高；结构标高则是不包括构件表面粉刷层厚度的构件表面的标高。

标高符号应以直角等腰三角形表示，按下面左图所示的形式用细实线绘制，如标注位置不够，也可按下面右图所示的形式绘制。

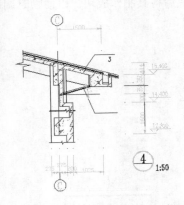

根据建筑施工图纸绘制的相关规范，标高的符号要用细实线画出，标高符号为直角等腰三角形，标高中符号高度为2～3mm，向右侧拉伸线段长度为15～25mm，符号上侧到标高水平线距离≤20mm。

三角形的直角尖角指向要标注的部位，长的横线左侧或右侧注写标高的数字，标高数字要采用米为单位，注写到小数点以后第三位。在总平面图中，可注写到小数字点以后第二位。其中零点标高应注写成±0.000，正数标高不注"＋"，负数标高应注"－"，例如3.000、－0.600。

10.1.2 实战演练——绘制标高符号

下面对标高符号进行绘制，具体操作步骤如下。

步骤 01 新建一个DWG文件，调用【矩形】命令，命令行提示如下。

```
命令：_rectang
指定第一个角点或 [ 倒角 (C)/ 标高 (E)/ 圆角 (F)/ 厚度 (T)/ 宽度 (W)]: // 在绘图区域中任意单击一点即可
```

指定另一个角点或 [面积(A)/ 尺寸 (D)/ 旋转 (R)]: r

指定旋转角度或 [拾取点 (P)] <0>: 45↙

指定另一个角点或 [面积(A)/ 尺寸 (D)/ 旋转 (R)]: @0,15↙

结果如下图所示。

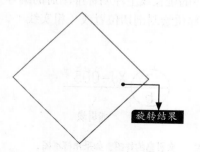

步骤 02 调用【直线】命令，从矩形底边的角点向上画一条长度为3mm的竖直方向的直线，如下图所示。

步骤 03 继续绘制直线，过直线的端点绘制一条长度为20mm的水平线段，如下图所示。

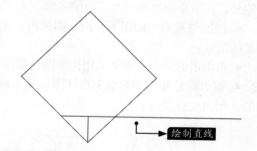

步骤 04 调用【修剪】命令，将多余线条修剪掉，并删除**步骤 03**中绘制的直线段，如下图所示。

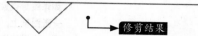

步骤 05 调用【单行文字】命令，文字高度设置为"4"，旋转角度设置为"0"，进行单行文字对象的创建，结果如下图所示。

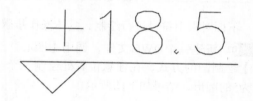

10.1.3 索引符号

在施工图中，有时会因为比例问题而无法表达清楚某一局部，为方便施工需另画详图。一般用索引符号注明画出详图的位置、详图的编号以及详图所在的图纸编号。索引符号和详图符号内的详图编号与图纸编号两者对应一致。

按"国标"规定，索引符号的圆和引出线均应以细实线绘制，圆直径为8~10mm。

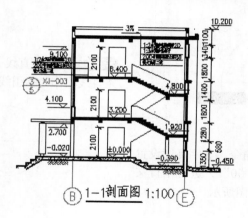

1-1剖面图 1:100

索引符号的标注分4种情况。

- 详图与被索引的图样在同一张图纸上，索引符号上半圆中用阿拉伯数字或字母注明详图的的编号，在下半圆中画一水平的细实线。
- 详图与被索引的图不在同一图纸内，上半圆内仍为详图的编号，下半圆中注明该详图所在图纸的图号。
- 索引出的详图，如果采用标准图，则在水平直径的延长线上注明标准图册的编号。
- 索引符号如用于索引剖视详图，则在被剖切的部位绘制剖切位置线（粗实线），引出线所在的一侧为投射方向。

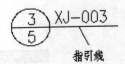

10.1.4 实战演练——绘制索引符号

下面对索引符号进行绘制，具体操作步骤如下。

步骤01 新建一个DWG文件，调用【圆心、半径】绘制圆的方式，在任意位置处绘制一个半径为5的圆形，结果如下图所示。

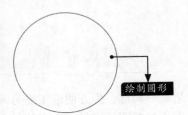

步骤02 调用【直线】命令，使用捕捉方式捕捉圆的左侧象限点，然后向右侧捕捉右侧的象限点绘制一条线段，如下图所示。

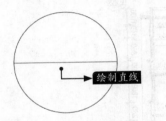

步骤03 调用【单行文字】命令，文字高度设置为"4"，旋转角度设置为"0"，进行单行文字对象的创建，结果如右上图所示。

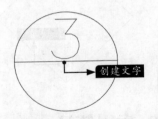

步骤04 继续进行单行文字对象的创建，结果如下图所示。

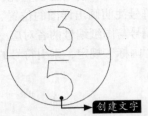

步骤05 调用【直线】命令，在圆的外侧绘制一条直线段作为指引线，结果如下图所示。

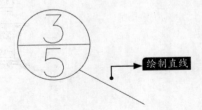

10.1.5 剖切索引符号

　　用于在平面图内指示立面索引或剖切立面索引的符号；室内装修时，画的墙面表现图，用的指示符号，如下图所示。

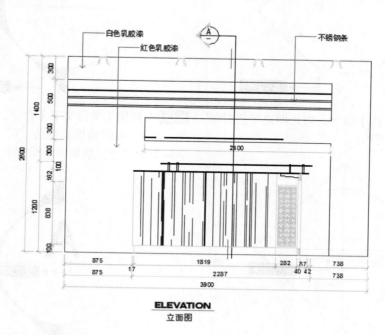

ELEVATION
立面图

10.1.6 实战演练——绘制剖切索引符号

　　下面对剖切索引符号进行绘制，具体操作步骤如下。

步骤 01 新建一个DWG文件，调用【圆心、半径】绘制圆的方式，在任意位置处绘制一个半径为5的圆形，结果如下图所示。

步骤 02 调用【多边形】命令，命令行提示如下。

```
命令：_polygon
输入边的数目 <5>：4
指定正多边形的中心点或 [ 边（E）]: //
捕捉圆心为正多边形的中心点
输入选项 [ 内接于圆（I）/ 外切于圆（C）] <I>：c
指定圆的半径：5
```

结果如下图所示。

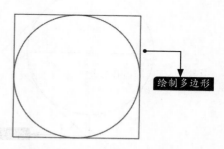

绘制多边形

步骤 03 调用【旋转】命令，命令行提示如下。

```
命令：_rotate
UCS 当前的正角方向：ANGDIR= 逆时针 ANGBASE=0
选择对象：// 选择正四边形
指定基点：// 捕捉圆心点
指定旋转角度，或 [ 复制（C）/ 参照（R）] <0>：45
```

结果如下页图所示。

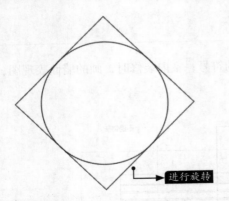

进行旋转

步骤 04 调用【直线】命令，将正四边形的对角点连接，如下图所示。

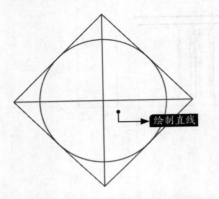

绘制直线

步骤 05 调用【修剪】命令，将多余线条修剪掉，如下图所示。

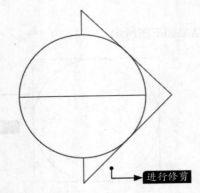

进行修剪

步骤 06 调用【图案填充】命令，填充图案选择"SOLID"，填充结果如右上图所示。

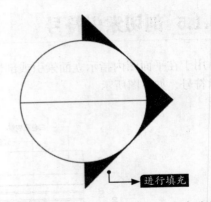

进行填充

步骤 07 调用【单行文字】命令，文字高度设置为"3"，旋转角度设置为"0"，进行单行文字对象的创建，结果如下图所示。

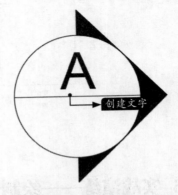

创建文字

步骤 08 继续单行文字对象的创建，文字高度设置为"2"，结果如下图所示。

创建文字

10.1.7 定位轴线符号

定位轴线是用来确定建筑物主要承重构件位置的基准线，用细点画线表示，并在线的端头画直径为8mm的细实线圆，如下页图所示。

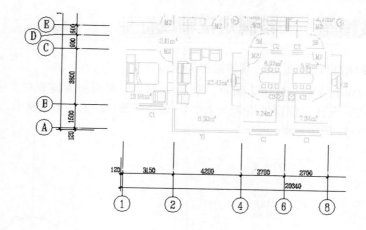

1. 编写规定

定位轴线的横向编号用阿拉伯数字从左至右顺序编写，竖向编号由下向上用大写拉丁字母顺序编号，字母数量不够用时，可用双字母或单字母加下脚标，如AA、AB、AC、A1、A2……

注意：因为拉丁字母I、O、Z和阿拉伯数字中的1、0、2相似，所以不能使用。

组合较复杂的平面图中定位轴线也可采用分区编号，编号的注写形式应为"分区号——该分区编号"。分区号采用阿拉伯数字或大写拉丁字母表示，如1-1、1-A、2-1、3-A。

折线形平面轴线编号，有折线的尽量按顺序编号，如下图所示。即使是竖直方向，也仍旧以1/2这种数字表示。

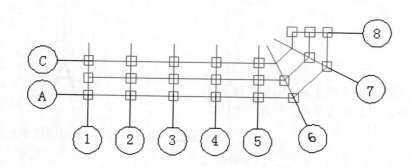

附加轴线对于一些次要构件，常用附加轴线定位。用轴线符号中间添加斜杠来进行标识。编号以分数表示，分母表示前一基本轴线的编号，分子表示附加轴线的编号，编号采用阿拉伯数字，如1/1、1/0A。

一个详图适用于几根轴线时，应同时注明各有关轴线的编号。通用详图中的定位轴线，应只画圆，不注写轴线编号。圆形平面图中定位轴线的编号，其径向轴线宜用阿拉伯数字表示，从左下角开始，按逆时针顺序编写；其圆周轴线宜用大写拉丁字母表示，从外向内顺序编写。

2. 画法

定位轴线一般应编号，编号应注写在轴线端部的圆内。圆应用细实线绘制，直径为8～10mm。定位轴线圆的圆心，应在定位轴线的延长线上或延长线的折线上。

10.1.8 实战演练——绘制定位轴线符号

下面对定位轴线符号进行绘制，具体操作步骤如下。

步骤01 新建一个DWG文件，调用【圆心、半径】绘制圆的方式，在任意位置处绘制一个半径为4的圆形，结果如下图所示。

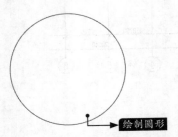

绘制圆形

步骤02 调用【直线】命令，以圆形上方的象限点为直线起点，绘制一条长度为10的竖直直线段，结果如下图所示。

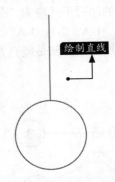

绘制直线

步骤03 选择【绘图】➤【块】➤【定义属性】菜单命令，在弹出的【属性定义】对话框中进行下图所示的参数设置。

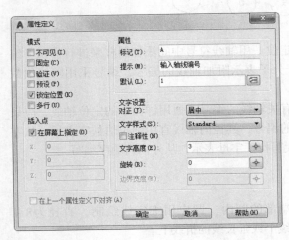

步骤04 单击【确定】按钮，捕捉圆心点作为插

入基点，可以根据需要对文字对象的位置进行适当调整，结果如下图所示。

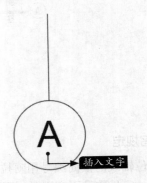

插入文字

步骤05 选择【绘图】➤【块】➤【创建】菜单命令，选择所有对象作为创建块的对象，捕捉下图所示的端点作为块的插入基点。

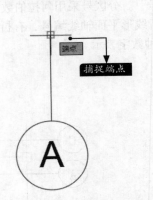

端点

捕捉端点

步骤06 在【块定义】对话框中进行下图所示的参数设置。

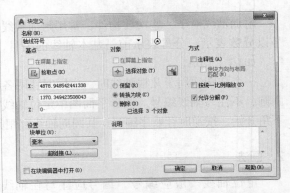

步骤07 单击【确定】按钮，弹出【编辑属性】对话框，进行下页图所示的参数设置。

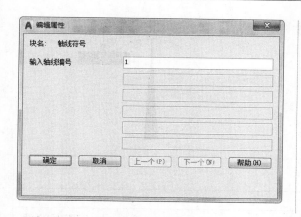

步骤08 单击【确定】按钮，结果如下图所示。

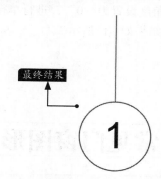

10.1.9　指北针符号

在建筑设计中，指北针的形状如下图所示，其圆的直径宜为24mm，用细实线绘制；指针尾部的宽度宜为3mm，指针头部应注"北"字或"N"字母。需用较大直径绘制指北针时，指针尾部宽度宜为直径的1/8。

10.1.10　实战演练——绘制指北针符号

下面对指北针符号进行绘制，具体操作步骤如下。

步骤01 新建一个DWG文件，调用【圆心、半径】绘制圆的方式，在任意位置处绘制一个半径为12的圆形，结果如下图所示。

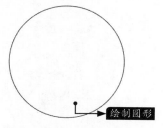

步骤02 调用【多段线】命令，命令行提示如下。

```
命令：_pline
指定起点： // 捕捉圆形上方象限点
当前线宽为 0.0000
```

　　　指定下一个点或 [圆弧(A)/ 半宽(H)/ 长度(L)/ 放弃(U)/ 宽度(W)]: w
　　　指定起点宽度 <0.0000>: 0
　　　指定端点宽度 <0.0000>: 3
　　　指定下一个点或 [圆弧(A)/ 半宽(H)/ 长度(L)/ 放弃(U)/ 宽度(W)]: // 捕捉圆形下方象限点
　　结果如下图所示。

步骤 03 调用【单行文字】命令，文字高度设置为"3"，旋转角度设置为"0"，进行单行文字对象的创建，结果如右图所示。

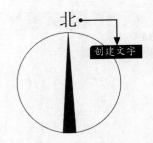

10.2 常见门窗图形

建筑设计中，门窗是比较重要的一环。门是客人最先看到的部分，窗户的布置与大小则反映了主人的情趣与爱好。

10.2.1 门窗的种类和相关标准

一般住宅建筑中，窗的高度为1.5m，加上窗台高0.9m，则窗顶距楼面2.4m，还留有0.4m的结构高度。在公共建筑中，窗台高度为1.0～1.8m不等，开向公共走道的窗扇，其底面高度不应低于2.0m。至于窗的高度则根据采光、通风、空间形象等要求来决定，但要注意过高窗户的刚度问题，必要时要加设横梁或"拼樘"。此外，窗台高度低于0.8m时，应采取防护措施。

1. 门窗的种类

随着加工业的发展，门的常见制作一般可以在工厂的流水线上完成。门的主要部件包括门扇、门框、门套、五金件。

窗户是安装在护栏上的建造配件，用于采光、通风等。窗户由窗扇和窗框两部分组成，用五金零件连接。按照开启方式的不同，窗户可以分为平开窗、转窗、推拉窗，如下图所示。

门的做法和结构在建筑设计中具有一定的代表性，包括木质、金属、玻璃等的混合构造。通过不同的分类方法，门可以分为多种种类，下面简要进行说明。

- 根据门的形式分为平板门、凸凹门、玻璃门、钉线门、百叶门等。
- 根据开启方式分为推拉门、折叠门、旋转门、暗门等。
- 根据功能分为普通木门、防火门、隔音门、防盗门等。

2. 常见门的宽度和高度

除了不同门的分类方式外，门根据适用对象的不同，还有不同的高度和宽度。

- 供人通行：高度一般不低于2m，但也不宜超过2.4m，否则有空洞感，门扇制作也需特别加强。如造型、通风、采光需要时，可在门上加腰窗，其高度从0.4m起，但不宜过高。
- 供车辆或设备通行：一般高度应该比通行的车辆或设备高出0.3~0.5m，以免车辆因颠簸或设备需要垫滚筒搬运时碰撞门框。

一般住宅分户门宽为0.9~1m，分室门宽为0.8~0.9m，厨房门宽为0.8m左右，卫生间门宽为0.7~0.8m。考虑现代家具的搬入，建议用户取上限尺寸。

公共建筑的门宽一般单扇门宽为1m，双扇门宽为1.2~1.8m，再宽就要考虑门扇的制作，双扇门或多扇门的门扇宽以0.6~1.0m为宜，如下图所示。

10.2.2 实战演练——绘制门平面图

常见的门图形主要是单扇单开门图块，一般是绘制一个矩形和弧线表示，矩形的长度就是门的宽度，矩形的宽度一般为40mm，也可以直接画一条直线表示。

门图块由矩形和圆弧构成，绘制时既可以根据门的实际尺寸来绘制，也可以采用一定比例进行绘制。

步骤 01 新建一个DWG文件，调用【矩形】命令，在任意位置处绘制一个40×620的矩形，结果如下页图所示。

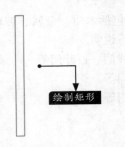

绘制矩形

步骤 02 调用【圆心、起点、角度】绘制圆弧的方式，命令行提示如下。

> 命令：_arc
> 指定圆弧的起点或 [圆心 (C)]: _c
> 指定圆弧的圆心： // 捕捉矩形左下角点
> 指定圆弧的起点： // 捕捉矩形左上角点
> 指定圆弧的端点（按住 [Ctrl] 键以切换方向）或 [角度 (A)/ 弦长 (L)]: _a
> 指定夹角（按住 [Ctrl] 键以切换方向）: -90

结果如下图所示。

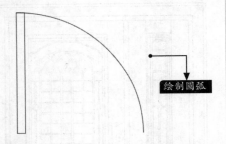

绘制圆弧

步骤 03 调用【矩形】命令，在40×620矩形的左下角点处绘制一个40×20的矩形，结果如右

上图所示。

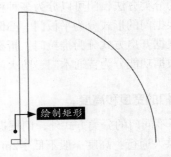

绘制矩形

步骤 04 调用【直线】命令，命令行提示如下。

> 命令：_line
> 指定第一个点： // 捕捉 40×620 的矩形的左下角点
> 指定下一点或 [放弃 (U)]: @0,-40
> 指定下一点或 [退出 (E)/ 放弃 (U)]: @620,0
> 指定下一点或 [关闭 (C)/ 退出 (X)/ 放弃 (U)]: @0,40
> 指定下一点或 [关闭 (C)/ 退出 (X)/ 放弃 (U)]: ↙

结果如下图所示。

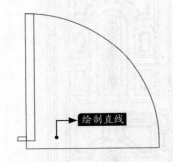

绘制直线

10.2.3 实战演练——绘制门立面图

下面绘制防盗门立面图块，在绘制时需要考虑门的高度、宽度等相关参数。具体操作步骤如下。

步骤 01 新建一个DWG文件，调用【矩形】命令，在任意位置处绘制一个1 060×2 180的矩形，作为门的外围尺寸，结果如下图所示。

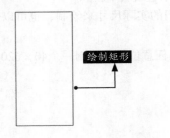

绘制矩形

步骤 02 调用【分解】命令，将刚才绘制的矩形分解。调用【偏移】命令，将矩形上面的三侧边向内侧偏移20、70、80，如下图所示。

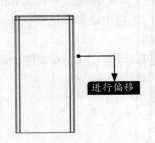

进行偏移

步骤 03 调用【直线】命令，将左上角及和右上角适当的端点位置进行连接，如下图所示。

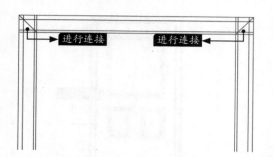

步骤 04 调用【修剪】命令，将多余线条修剪掉，如下图所示。

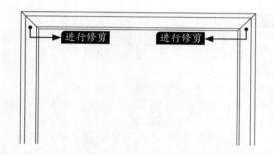

步骤 05 调用【矩形】命令，命令行提示如下。

```
命令：_rectang
指定第一个角点或 [ 倒角 (C)/ 标高 (E)/
圆角 (F)/ 厚度 (T)/ 宽度 (W)]: fro
基点：  // 捕捉步骤（1）绘制的矩形的
左下角点
< 偏移 >:@200,1215
指定另一个角点或 [ 面积 (A)/ 尺寸 (D)/
旋转 (R)]: @660,735
结果如下图所示。
```

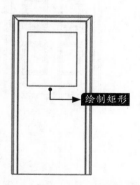

步骤 06 调用【偏移】命令，将**步骤** 05 绘制的矩形分别向内侧偏移20、30、45，如右上图所示。

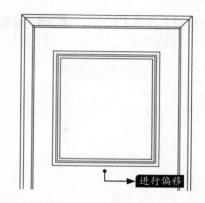

步骤 07 调用【直线】命令，将相应角点用直线进行连接，如下图所示。

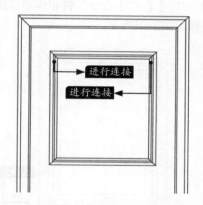

步骤 08 调用【矩形】命令，命令行提示如下。

```
命令：_rectang
指定第一个角点或 [ 倒角 (C)/ 标高 (E)/
圆角 (F)/ 厚度 (T)/ 宽度 (W)]: fro
基点：  // 捕捉步骤（5）~（6）绘制的
矩形的左下角点
< 偏移 >: @0,-120
指定另一个角点或 [ 面积 (A)/ 尺寸 (D)/
旋转 (R)]: @270,-365
结果如下图所示。
```

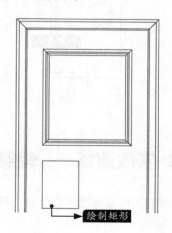

步骤 09 调用【偏移】命令，将步骤 08 绘制的矩形分别向内侧偏移20、30、45，如下图所示。

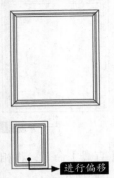

进行偏移

步骤 10 调用【直线】命令，将相应角点用直线进行连接，如下图所示。

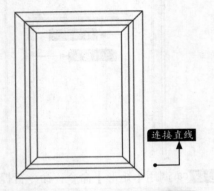

连接直线

步骤 11 调用【镜像】命令，将步骤 08 ~ 步骤 10 绘制的图形作为需要镜像的对象，捕捉下图所示的中点作为镜像线的第一个点。

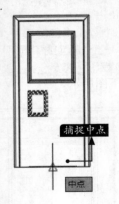

捕捉中点

中点

步骤 12 在竖直方向单击指定镜像线的第二个点，并且保留源对象，结果如下图所示。

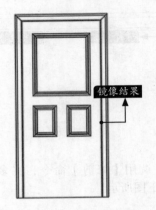

镜像结果

步骤 13 调用【复制】命令，命令行提示如下。

命令：_copy
选择对象： // 选择步骤（9）~（14）
得到的图形
当前设置：复制模式 = 多个
指定基点或 [位移 (D)/ 模式 (O)] < 位移 >: // 任意单击一点即可
指定第二个点或 [阵列 (A)] < 使用第一个点作为位移 >: @0,−510
指定第二个点或 [阵列 (A)/ 退出 (E)/ 放弃 (U)] < 退出 >: ↙
结果如下图所示。

10.2.4 实战演练——绘制卷帘门立面图

下面对卷帘门立面图进行绘制，具体操作步骤如下。

步骤 ⑴ 新建一个DWG文件，调用【矩形】命令，在任意位置处绘制一个220×270的矩形，结果如下图所示。

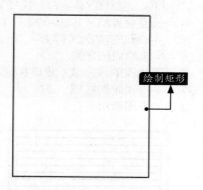

绘制矩形

步骤 ⑵ 调用【偏移】命令，将刚才绘制的矩形向内侧偏移10，结果如下图所示。

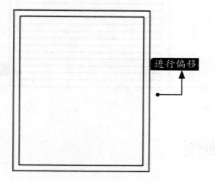

进行偏移

步骤 ⑶ 调用【分解】命令，将偏移得到的矩形进行分解，结果如下图所示。

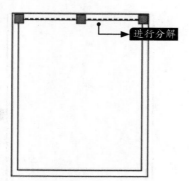

进行分解

步骤 ⑷ 调用【矩形阵列】命令，选择右上图所示的直线段作为需要阵列的对象，并按【Enter】键确认。

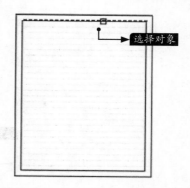

选择对象

步骤 ⑸ 在【阵列创建】选项卡中进行适当的参数设置，如下图所示。

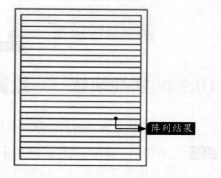

	列数:	1		行数:	25
	介于:	300		介于:	-10
	总计:	300		总计:	-240
	列			行 ▼	

步骤 ⑹ 单击【关闭阵列】按钮，结果如下图所示。

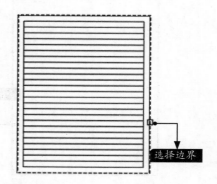

阵列结果

步骤 ⑺ 调用【延伸】命令，选择最外侧的矩形作为延伸的边界，如下图所示。

选择边界

步骤 ⑻ 进行下页图所示的延伸操作。

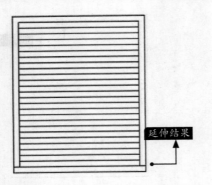

延伸结果

步骤 09 调用【分解】命令，将最外侧的矩形分解，结果如下图所示。

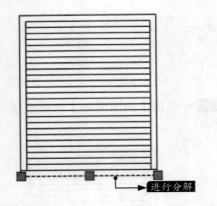

进行分解

步骤 10 调用【拉长】命令，命令行提示如下。

命令：_lengthen
选择要测量的对象或 [增量 (DE)/ 百分比 (P)/ 总计 (T)/ 动态 (DY)] < 百分比 (P)>：p
输入长度百分数 <100.0000>：130
选择要修改的对象或 [放弃 (U)]：// 选择最底部水平直线段的左侧
选择要修改的对象或 [放弃 (U)]：// 选择最底部水平直线段的右侧
结果如下图所示。

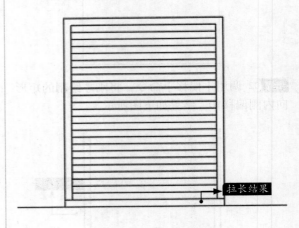

拉长结果

10.2.5 实战演练——绘制窗户立面图

下面对窗户立面图进行绘制，具体操作步骤如下。

步骤 01 新建一个DWG文件，调用【矩形】命令，在任意位置处绘制一个120×150的矩形，结果如下图所示。

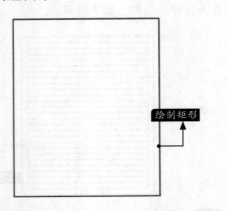

绘制矩形

步骤 02 调用【偏移】命令，将刚才绘制的矩形

向内侧偏移5，结果如下图所示。

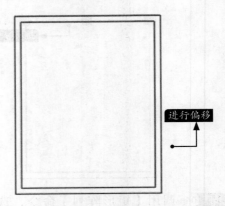

进行偏移

步骤 03 调用【分解】命令，将偏移得到的矩形进行分解，结果如下页图所示。

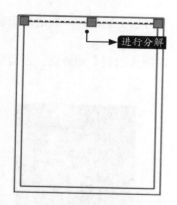

步骤 04 调用【偏移】命令，将分解后的矩形的底边向上偏移40，结果如下图所示。

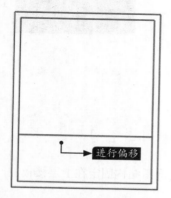

步骤 05 调用【直线】命令，分别捕捉线段的中

点作为直线的起点和终点，结果如下图所示。

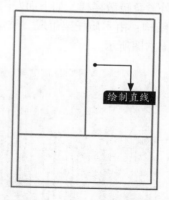

步骤 06 选择所有图形，将线条宽度修改为0.3mm，结果如下图所示。

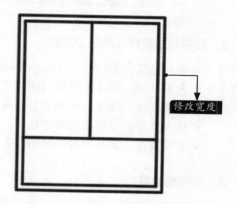

10.3 常见楼梯图形

楼梯是建筑设计中重要的组成部分，是建筑物之间楼层的垂直交通构件，由梯段、休息平台和围栏构成。

10.3.1 楼梯的设计规格

一般可以分为木楼梯、钢筋混凝土楼梯和自动扶梯等。楼梯的形式千变万化，了解它的基本结构形式和组成构件能使建筑设计的理念更为科学和合理，从而在制造中得以体现。

1. 楼梯的种类

目前，楼梯的结构体系根据主体材料的使用不同可以分为钢筋混凝土结构、钢结构和木结构等几类。

● 钢筋混凝土结构：结构承载能力强，耐火能力好，楼板可以通过加固构件形成悬挑等形式。由于钢筋加固件和覆盖保护层面，需要楼板踏步的厚度不能小于10mm。

● 钢结构：由压型钢板制成。由于构件少，重量轻，易于外加工装配，一般适用于装修加建楼梯和室外紧急疏散楼梯，如下面左图所示。

● 木结构：由木质托架组成。重量轻，但防火性差，需涂防火涂料。如外置，还需要防潮处理，如下面右图所示。

2. 楼梯与主题建筑的衔接形式

楼梯与建筑的衔接形式可以分为4种。

● 两端支撑：踏步的两侧与结构立面支撑或固定。

● 单侧支撑：踏步的一侧悬空，另一侧与结构立面支撑或固定。

● 底部支撑：楼梯踏步两侧悬空，底部有支撑梁。

● 悬挑支撑：踏步不被任何结构支撑，而是通过楼梯由绳索结构固定在上层楼板上。

3. 楼梯的坡度

各级踏步前缘的假定连接线称为楼梯的坡度线。坡度线和水平面的夹角为楼梯的坡度，楼梯的坡度也就是楼梯立板（踢板）的高度与踏板的宽度之比。室内楼梯的常用坡度为20°～45°之间，最佳坡度为30°。一般民用楼梯宽度为，单人通行的不小于80cm，双人通行的不小于100cm（公共建筑中的宽度必须大于140cm，超过220cm时，要设置中间扶手，踏步高度小于16cm）。如表10-1所列。

表10-1

楼梯坡度	0	≤30°	30≤X≤45°	儿童扶手
扶手的高度/mm	900～1100	900	850	500～600
适用场合	住宅	学校、办公楼等	食堂、影剧院	幼儿园
踢步高（R）/mm	156～175	140～160	120～150	120～150
踏步宽（T）/mm	250～300	280～340	300～350	250～280

4. 楼梯和平台扶手的设计

一般楼梯的扶手高度为900mm，平台的扶手高度为1 100mm。为减轻登高时的劳累和方便改变行走方向，楼梯中往往设置平台。如果踏步数超过18级时必须设置平台，平台宽度住宅建筑不小于1 100mm，公共建筑不小于2 000mm。一般来说，平台净高不小于2 000mm，梯段净高不小于2 200mm。

10.3.2 实战演练——绘制自动扶梯平面图

自动扶梯多用于大型商场、地铁等人流较多的地方，一方面可以不间断地输送人群，另一方面可以有效地将人分散到商户需要的地方。下面对自动扶梯平面图进行绘制，具体操作步骤如下。

步骤 01 新建一个DWG文件，调用【多线样式】命令，弹出【多线样式】对话框，单击【新建】按钮，新样式名定义为【扶手】，如下图所示。

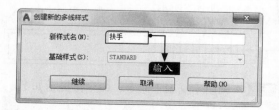

步骤 02 单击【继续】按钮，进行下图所示的参数设置。

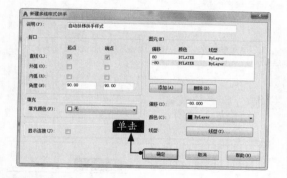

步骤 03 单击【确定】按钮，将新建的多线样式置为当前，如下图所示。

步骤 04 调用【多线】命令，命令行提示如下。

```
命令：_mline
当前设置：对正 = 上，比例 = 20.00，样式 = 扶手
指定起点或 [ 对正 (J)/ 比例 (S)/ 样式 (ST)]：s
输入多线比例 <20.00>：1
当前设置：对正 = 上，比例 = 1.00，样式 = 扶手
指定起点或 [ 对正 (J)/ 比例 (S)/ 样式 (ST)]：
// 在绘图区域的空白位置处任意单击一点即可
指定下一点：@10000,0
指定下一点或 [ 放弃 (U)]：↙
```
结果如下图所示。

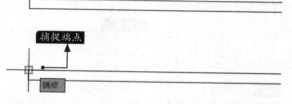

步骤 05 调用【复制】命令，命令行提示如下。

```
命令：_copy
选择对象： // 选择刚才绘制的多线对象
当前设置：复制模式 = 多个
指定基点或 [ 位移 (D)/ 模式 (O)] < 位移 >： // 任意单击一点即可
指定第二个点或 [ 阵列 (A)] < 使用第一个点作为位移 >：@0,-1160
指定第二个点或 [ 阵列 (A)/ 退出 (E)/ 放弃 (U)] < 退出 >：↙
```
结果如下图所示。

步骤 06 调用【直线】命令，在命令行输入"fro"后按【Enter】键确认，捕捉下图所示的端点作为基点。

步骤 07 在命令行提示下输入"@160，0"后按【Enter】键确认，然后垂直向上拖动鼠标，捕

捉下图所示的垂足。

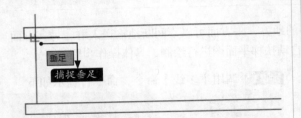

步骤 08 按【Enter】键结束直线命令,结果如下图所示。

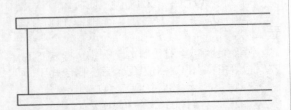

步骤 09 调用【镜像】命令,选择刚才绘制的竖直直线段作为需要镜像的对象,捕捉下图所示的中点作为镜像线的第一个点。

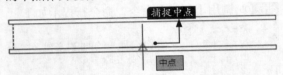

步骤 10 在竖直方向上单击指定镜像线的第二个点,并且保留源对象,结果如下图所示。

步骤 11 调用【偏移】命令,偏移距离设置为"242",将 **步骤 06** ~ **步骤 08** 绘制的直线向右侧偏移,不退出偏移命令,结果如下图所示。

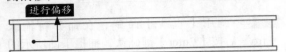

步骤 12 持续将偏移得到的直线段向右侧偏移,按【Enter】键结束偏移命令,结果如下图所示。

步骤 13 调用【多段线】命令,命令行提示如下。

```
命令:_pline
指定起点: 在适当位置单击一点即可
当前线宽为 0.0000
```

指定下一个点或 [圆弧 (A)/ 半宽 (H)/ 长度 (L)/ 放弃 (U)/ 宽度 (W)]: @900,0
指定下一点或 [圆弧 (A)/ 闭合 (C)/ 半宽 (H)/ 长度 (L)/ 放弃 (U)/ 宽度 (W)]: w
指定起点宽度 <0.0000>: 120
指定端点宽度 <120.0000>: 0
指定下一点或 [圆弧 (A)/ 闭合 (C)/ 半宽 (H)/ 长度 (L)/ 放弃 (U)/ 宽度 (W)]: @400,0
指定下一点或 [圆弧 (A)/ 闭合 (C)/ 半宽 (H)/ 长度 (L)/ 放弃 (U)/ 宽度 (W)]: ↙

结果如下图所示。

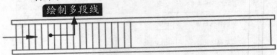

步骤 14 调用【复制】命令,命令行提示如下。

```
命令:_copy
选择对象: // 选择所有对象
选择对象:↙
当前设置: 复制模式 = 多个
指定基点或 [ 位移 (D)/ 模式 (O)] < 位移
>: // 在空白位置处任意单击一点即可
指定第二个点或 [ 阵列 (A)] < 使用第一个
点作为位移 >: @0,-1820
指定第二个点或 [ 阵列 (A)/ 退出 (E)/ 放
弃 (U)] < 退出 >:↙
```

结果如下图所示。

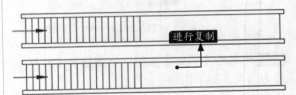

步骤 15 调用【镜像】命令,选择 **步骤 14** 复制得到的图形作为需要镜像的对象,捕捉下图所示的中点作为镜像线的第一个点。

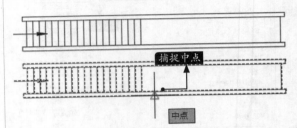

步骤 16 在竖直方向单击指定镜像线的第二个点,并且删除源对象,结果如下页图所示。

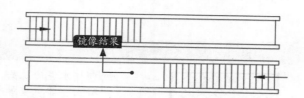

 疑难解答

1. 常见建筑材料图例

建筑物或建筑配件被剖切时，通常在图样中的断面轮廓线内画出建筑材料图例，在无法用图例表示的地方，也可采用文字说明。表10-2列出了部分常用建筑材料图例。

表10-2

材料名称	图例	备注
自然土壤		包括各种自然土壤
夯实土壤		
砂、灰土		靠近轮廓线绘较密的点
毛石砌体		
石材		
普通砖		包括实心砖、多孔砖、砌块等砌体。断面较窄，不易绘出图例线时可涂红
空心砖		指非承重砖砌体
混凝土		（1）本图例指能承重的混凝土及钢筋混凝土 （2）包括各种强度等级、骨料、添加剂的混凝土
钢筋混凝土		（3）在剖面图上画出钢筋时，不画图例线 （4）断面图形小，不易画出图例线时，可涂黑

材料名称	图例	备注
多孔材料	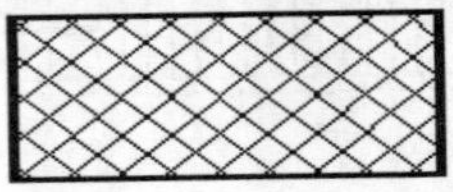	包括水泥珍珠岩、沥青珍珠岩、泡沫混凝土、非承重加气混凝土、软木、蛭石制品等
松散材料	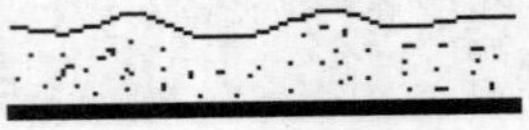	
纤维材料	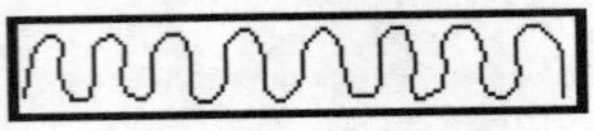	包括矿棉、岩棉、玻璃棉、麻丝、木丝板、纤维板等
防水材料	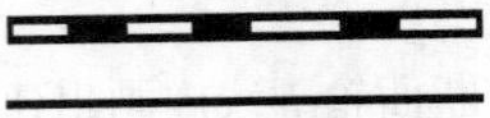	上下两种根据绘图比例大小选用
木材		（1）上图为纵断面 （2）下图为横断面，左下图为垫木、木砖或木龙骨
金属	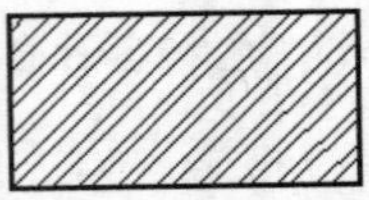	包括各种金属，图形小时可涂黑
玻璃	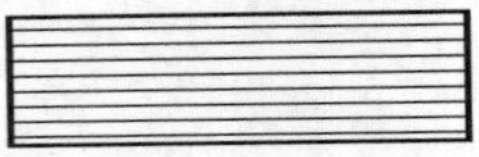	包括平板玻璃、磨砂玻璃、夹丝玻璃、钢化玻璃、中空玻璃、加层玻璃、镀膜玻璃等
矿渣、炉渣	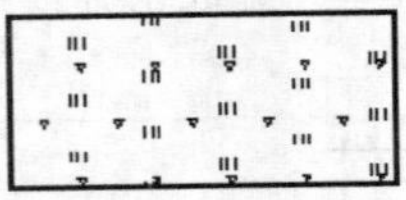	包括与水泥、石灰等混合而成的材料
液体	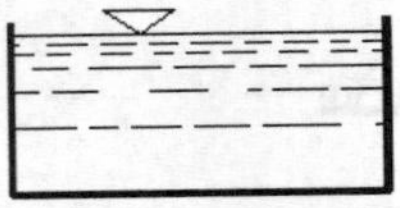	须注明液体名称

2. 人体基础数据有哪些限制

人体基础数据主要有人体构造、人体尺度和人体动作域的有关数据3个方面。

● 人体构造。

与人体工程学关系最紧密的是运动系统中的骨骼、关节和肌肉，这3部分在神经系统支配下，使人体各部分完成一系列的运动。骨骼由颅骨、躯干骨、四肢骨3部分组成，脊柱可完成多种运动，是人体的支柱，关节起骨间连接且活动的作用，肌肉中的骨骼肌受神经系统指挥收缩或舒张，使人体各部分协调动作。

● 人体尺度。

人体尺度是人体工程学研究的最基本数据之一。不同年龄、性别、地区和国家的人体，具有不同的尺度差别，例如我国成年男子平均身高为1 697mm，美国为1 750mm，俄罗斯为1 750mm，而日本则为1 600mm。

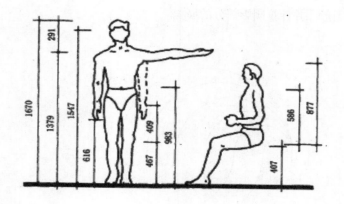

● 人体动作域。

　　人们在室内各种工作和生活活动范围的大小，即称为动作域，它是确定室内空间尺度的重要依据因素之一。以各种计测方法测定的人体动作域，也是人体工程学研究的基础数据。如果说人体尺度是静态的、相对固定的数据，那么人体动作域的尺度则为动态的，其动态尺度与活动情景状态有关，如下图所示。

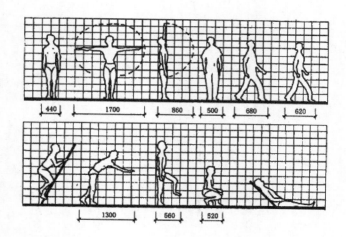

实战练习

（1）绘制以下图形，并计算阴影部分的面积。

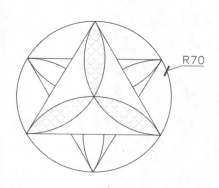

（2）绘制以下图形，并计算阴影部分的面积。

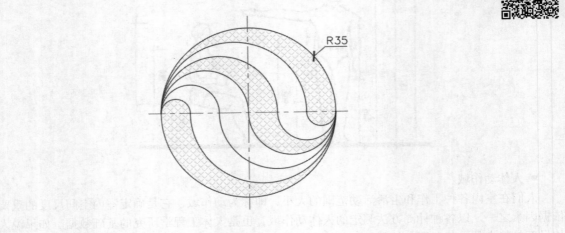

第4篇
案例篇

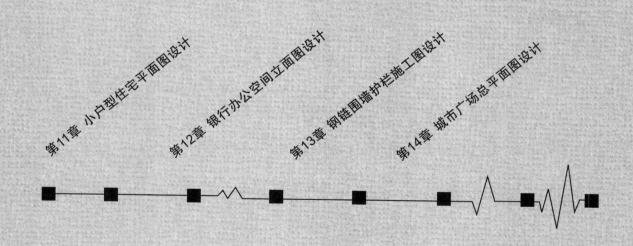

第 **11** 章

小户型住宅平面图设计

 学习目标

　　建筑设计时，平面图是第一步，也是其他图形的基础。平面图中包括各个部分的环境布置、大小、房间中各个部分的设计走向等，都需要在平面图中一一体现。

　　本章通过小户型住宅平面图的设计和绘制，综合考虑玄关大小、起居室的配置摆设以及卫生间的大小配置等。

学习效果

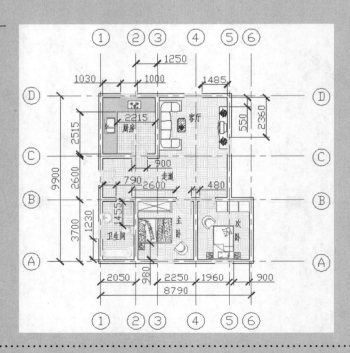

11.1 小户型住宅楼设计简介

随着科技的进步和人民生活水平的提高，"以人为本"和"可持续发展"得到了人们的推崇，小户型住宅设计也紧跟时代的步伐，充分发挥了其"小户型、大空间、高性能"的特点。下面对小户型住宅楼的设计标准、设计思路及注意事项进行介绍。

11.1.1 小户型住宅楼的设计标准

小户型住宅楼不仅需要解决居住问题，更加需要在有限的空间中充分考虑采光、日照、通风等一系列问题。下面对小户型住宅楼的设计标准进行介绍。

1. 节约有效空间

（1）门窗应该设置在适当的位置处，墙面整洁。

（2）如果房屋高度空间比较大，可以在多余的高度位置处隔出天花板层，加上折叠梯，作为储藏室使用。

（3）复式、高架地板的阶梯处可以设计为抽屉、鞋柜等。可以适当地将床的高度抬高，床下的位置可以设置矮柜。

（4）使用透光材质做隔间，透光的隔板可以让室内更加明亮，使人感觉室内的空间更加宽敞。

（5）注重复合空间的使用，例如卧室和书房可以设置在同一空间中。

（6）减少交通空间，增大实用面积。

2. 小户型的空间设计

（1）在满足居住功能的基础上细致化、内容空间紧凑化，合理、巧妙地布局。

（2）风格对于小户型设计来讲是一个非常重要的部分，不同的风格将营造出不同的视觉及心理感受。主题风格统一的设计可以让原本狭小的居室显得简洁、精致。多种风格相结合的混搭设计则会显得更加时尚，更具活力感。

（3）小户型住宅空间的布局基本以"开放式"为主，遵循交错与扩张、融合与延伸的设计方法，形成空间扩张、浑然一体的空间形态。

（4）利用色彩规律扩展空间。色彩是空间最重要的视觉元素，是有利的调节工具和手段，需要充分利用色彩的色相、明度、纯度3种属性，根据房屋的具体布局合理搭配，便可以给人视觉上微妙的空间延伸错觉，使空间得到扩张，形成心理上的开阔感。

（5）利用材质的反光特性扩大视觉空间，金属、玻璃、镜面、水晶不仅具有实用价值，更重要的是具有独特的反光特性，若在空间设计上加以巧妙运用，便可以加深空间的层次感和纵深感，使有限的现实空间得到释放，使人在心灵感受上放飞自我。

11.1.2 小户型住宅楼平面图的绘制思路

绘制小户型住宅楼的思路是先设置绘图环境，然后绘制墙体、客厅家具、卧室家具、厨房设施、卫生间设施等，最后完善图形。具体绘制思路如表11-1所列。

表11-1

序号	绘图方法	结果	备注
1	设置绘图环境，如绘图单位、图层、文字样式、标注样式、多线样式等		
2	绘制墙体，包括定位轴线、墙体、门窗图块等		注意图块的正确插入
3	绘制客厅家具，包括沙发椅、电视柜、电视机、茶几、插入盆景等		注意fro的应用
4	绘制卧室家具，包括卧室衣柜、插入床图块、绘制床头柜、绘制卧室单人沙发等		注意fro的应用
5	绘制厨房设施，包括绘制洗涤盆、燃气灶等		注意矩形命令的灵活运用

续表

序号	绘图方法	结果	备注
6	绘制卫生间设施，包括浴盆、洗手池、抽水马桶等	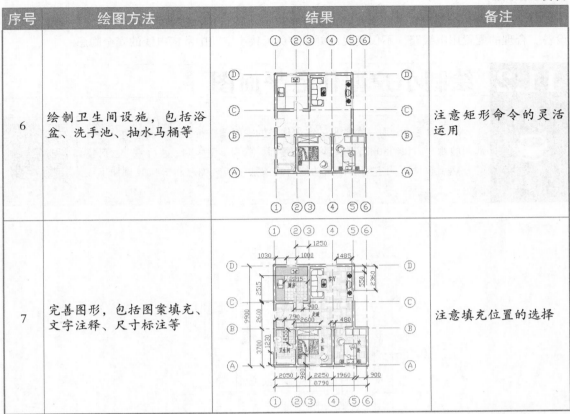	注意矩形命令的灵活运用
7	完善图形，包括图案填充、文字注释、尺寸标注等		注意填充位置的选择

11.1.3 小户型住宅楼设计的注意事项

小户型住宅楼因为居住面积较小，所以更应该注重合理设计，在设计过程中应注意以下事项。

1. 避免设计单一，功能混乱

小户型住宅楼由于受自身面积小的限制，无法使房屋内的各个功能绝对分离，所以在设计过程中，应注意各个空间的组合使用，实现相互联系、相互影响的创新性。

2. 住宅使用面积与住宅总面积的比率问题

小户型住宅面积较小，所以墙体、管道所占用的面积相对整个住宅面积来讲会显得过大，另外整栋建筑的公摊面积也会占据住宅面积的一部分。在设计过程中，应该充分考虑这些问题，尽量节约住宅面积，增大居住空间。

3. 避免住宅居住空间使用混乱

房屋最根本的功能是居住，首要追求的便是居住的舒适，所以在设计的过程中应注重空间的合理设计、功能的合理使用，避免因为求新、求变而破坏本来可以舒适的组合设计。

4. 电路布置

对于强弱电的线路配置，在满足当前需求的基础上应该尽量多布置一点，防止后期增加用电设备。合理的配置用电线路，不仅美观，更加避免了狭小空间中乱搭电线的安全隐患。

11.2 绘制小户型住宅平面图

本实例主要针对一套常见的室内住宅的平面图进行创建。该室内住宅平面图的总共面积约80m²，包括客厅、餐厅、厨房、卫生间、主卧室、次卧室等，然后根据不同空间的不同功能对其添加地板装饰材料等，效果如下图所示。

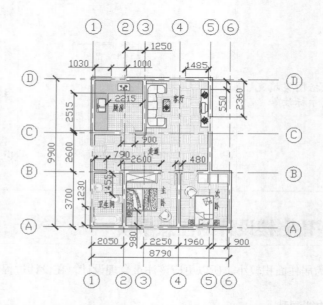

11.2.1 设置绘图环境

使用AutoCAD进行绘制建筑图形之前，设置一个相对符合建筑图形特性的绘图环境，做好准备工作，然后再运用AutoCAD进行绘图时往往能达到事半功倍的效果。

1. 设置绘图单位和图层

步骤 01 新建一个DWG文件，然后选择【格式】➤【单位】菜单命令，在弹出的"图形单位"对话框中进行右图所示的参数设置单位。

步骤 02 选择【格式】➤【图层】菜单命令，在"图层特性管理器"对话框中新建下图所示层。

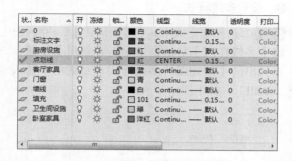

2. 设置文字样式和标注样式

步骤 01 选择【格式】➤【文字样式】菜单命令，在弹出的对话框中单击【新建】按钮，新建一种样式，命名为"建筑文字样式"，如下图所示。

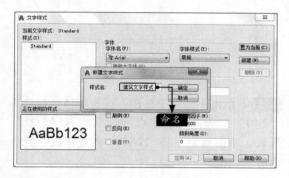

步骤 02 单击【确定】按钮，在"字体名"下拉列表中选择txt.shx这种字体，如下图所示。

步骤 03 勾选"使用大字体"复选框，并设置大字体为gbcbig.shx，单击"置为当前"按钮完成文字样式的设置，再单击"关闭"按钮关闭对话框，如下图所示。

步骤 04 选择【格式】➤【标注样式】菜单命令，在弹出的对话框中单击"新建"按钮，在弹出的对话框中输入新样式名"建筑标注样式"，如下图所示。

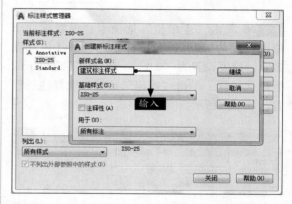

步骤 05 单击【继续】按钮，弹出【建筑标注样式】对话框。单击"符号和箭头"选项卡，选择下图所示的箭头样式，其他选项卡内容不变。

箭头	
第一个(T)：	
⚊ 建筑标记	▼
第二个(D)：	
⚊ 建筑标记	▼
引线(L)：	
▷ 空心闭合	▼
箭头大小(I)：	
2.5	

步骤 06 单击【文字】选项卡，选择"建筑文字样式"为文字样，其余选项内容不变，如下页图所示。

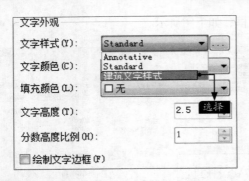

步骤07 单击【调整】选项卡，设置全局比例为150，其他选项内容不变，如下图所示。

步骤08 单击"主单位"选项卡，设置标注单位的精度为"0"，角度标注选择"十进制度数"，精度设置为"0.0"，选择消零选项卡的后续选择框，单击"确定"按钮完成标注的设置，如下图所示。

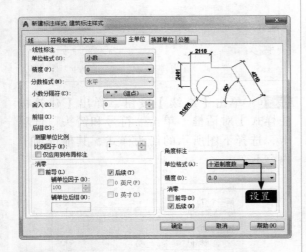

步骤09 系统自动返回到【标注样式管理器】对话框中，在【样式】栏中选择刚才新建的样

式，单击【置为当前】按钮，将该样式置为当前样式。

3. 设置多线样式

步骤01 选择【格式】▶【多线样式】，在弹出的【多线样式】对话框中单击【新建】按钮，在弹出的【创建新的多线样式】对话框中输入"Wall"，如下图所示。

步骤02 单击【继续】按钮，设置墙体线偏移为"240"，选择封口起点和端点均为"直线"形式。单击确定后将"Wall"多线样式"置为当前"。

11.2.2 绘制墙体

墙体按所在位置一般分为外墙和内墙两大部分，每部分又各有纵横两个方向，共形成4种墙体，即纵外墙、横外墙（山墙）、纵内墙、横内墙。另外，还有窗间墙、窗下墙、女儿墙等。

1. 绘制定位轴线

步骤01 单击【默认】选项卡➤【图层】面板➤【图层】的小三角形按钮，在下拉列表中选择"点划线"图层为当前图层，如下图所示。

步骤02 选择【绘图】➤【直线】命令，在绘图区域中长度为15 000的竖直轴线，如下图所示。

绘制轴线

> **小提示**
>
> 在绘制直线前，选择【格式】➤【线型】菜单命令，系统会弹出下图所示的"线型管理器"对话框，在对话框中选择要修改的线型，将"全局比例因子"改为50。

步骤03 选择【修改】➤【偏移】命令，将**步骤02**绘制的竖直轴线向右侧偏移2 050，结果如下图所示。

进行偏移

步骤04 按空格键即可重复执行上一个命令，继续偏移轴线，从左至右偏移距离分别为1 250、2 250、1 960、1 280，最后效果如下图所示。

继续偏移

步骤05 调用直线命令，在绘图区域中绘制长度为15 000的水平轴线，如下图所示。

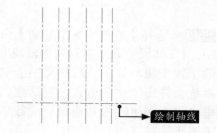

绘制轴线

步骤06 重复偏移命令，将绘制的水平轴线依次向上方偏移3 700、2 600、3 600，结果如下图所示。

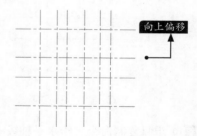

向上偏移

步骤 07 将"文字标注"层设置为当前层，然后选择【绘图】➤【圆】➤【圆心、半径】命令，绘制一个半径为500的圆，结果如下图所示。

绘制圆

步骤 08 选择【绘图】➤【文字】➤【单行文字】命令，设置字体大小为"500"，旋转角度为"0"，然后输入文字"1"，按回车键后再按【Esc】键结束命令，结果如下图所示。

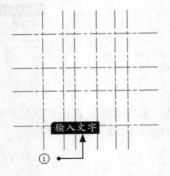

输入文字

步骤 09 选择【修改】➤【复制】命令，把数字"1"和圆一起复制到其他轴线上，并且把数字置于圆心处，然后在文字上双击鼠标，系统会弹出"文字格式"对话框，在该对话框中将文字更改为其他对应的数字，结果如下图所示。

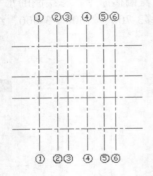

步骤 10 重复复制命令，给水平轴线添加编号，

结果如下图所示。

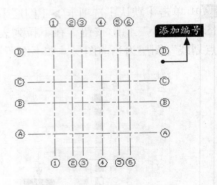

添加编号

小提示

国家规定，定位轴线编号水平方向从左至右采用阿拉伯数字注写，竖直方向从下至上采用大写的拉丁字母注写。为了避免与水平方向的阿拉伯数字相混淆，竖直方向的编号不能用I、O、Z这3个拉丁字母。

---

2. 绘制墙体

步骤 01 选择【绘图】➤【多线】命令绘制外墙，根据提示行提示对多线进行如下设置。

命令：mline
当前设置：对正＝上，比例＝20.00，样式＝Wall 指定起点或 [对正（J）/ 比例（S）/ 样式（ST）]: j↙输入对正类型[上（T）/ 无（Z）/ 下（B）] < 上 >: z 当前设置：对正＝无，比例＝20.00，样式＝Wall 指定起点或 [对正（J）/ 比例（S）/ 样式（ST）]: s
输入多线比例 <20.00>: 1 ↙

当前设置：对正＝无，比例＝1，样式＝Wall
指定起点或 [对正(J)/ 比例(S)/ 样式(ST)]: fro 基点：   // 捕捉图中轴线1与轴线C的交点
< 偏移 >: @0,-850
指定下一点：   // 依次捕捉图中轴线的交叉点
指定下一点或 [放弃(U)]:
指定下一点或 [闭合(C)/ 放弃(U)]:
指定下一点或 [闭合(C)/ 放弃(U)]:
指定下一点或 [闭合(C)/ 放弃(U)]:
指定下一点或 [闭合(C)/ 放弃(U)]:
// 捕捉图中的轴线1和轴线A的交点
指定下一点或 [闭合(C)/ 放弃(U)]:

@0,4550

结果如下图所示。

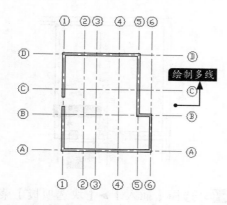

步骤 02 重复 **步骤 01** 绘制内墙，结果如下图所示。

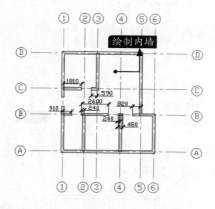

步骤 03 选择【绘图】►【对象】►【多线】命令，弹出"多线编辑工具"对话框，选择 ⟨T形打开⟩按钮，如下图所示。

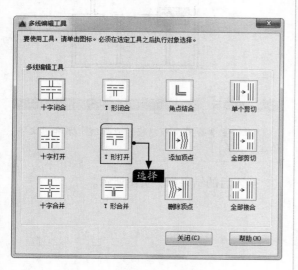

步骤 04 根据AutoCAD提示依次选择相交的多线进行T形打开，结果如下图所示。

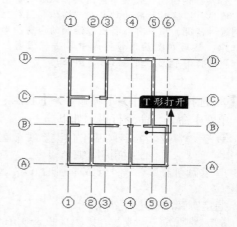

> **小提示**
>
> T形打开编辑墙线时，先选择的对象将被打开，本例均为先选择内墙多线，再选择外墙的多线，如果先选择了外墙多线，再选择内墙多线，则出现完全不同的结果。

---

3. 门的绘制及图块制作

步骤 01 将【门窗】层设置为当前层，然后选择【绘图】►【矩形】，命令行提示如下。

```
命令：RECTANG
    指定第一个角点或 [倒角 (C)/ 标高 (E)/
圆角 (F)/ 厚度 (T)/ 宽度 (W)]:        // 捕捉图
中 A 点
    指定另一个角点或 [面积 (A)/ 尺寸 (D)/
旋转 (R)]: @50,1000
```

结果如下图所示。

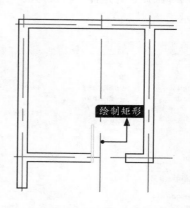

　　如果绘图时忘记设置当前图层,比如当前图层是"墙体",这时所画的对象在"墙体"图层上。遇到这种情况,用户可以将已经绘制的门窗图形全部选中,然后在图层下拉列表中单击"门窗"图层,即可将图形调整到"门窗"图层。

步骤 02 选择【绘图】➤【圆弧】➤【起点、圆心、角度】命令,命令行提示如下。

　　命令:_arc 指定圆弧的起点或 [圆心(C)]:　　　　　// 捕捉图中 A 点
　　指定圆弧的第二个点或 [圆心(C)/端点(E)]: _c
　　指定圆弧的圆心: @0,-900
　　指定圆弧的端点或 [角度(A)/弦长(L)]: _a
　　指定包含角: -90
　　结果如下图所示。

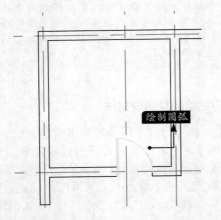
绘制圆弧

步骤 03 选择【绘图】➤【块】➤【创建块】命令,弹出【块定义】对话框,在名称输入框中输入"门",单击"选择对象"按钮,选择上面绘制的矩形和圆弧,并选择"转换为块"选项,如下图所示。

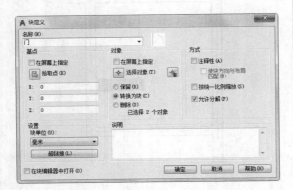

步骤 04 单击【拾取点】按钮,捕捉下图所示的端点为拾取点。

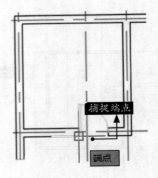
捕捉端点
端点

步骤 05 选择【插入】➤【块选项板】菜单命令,在弹出的【块选项板】➤【当前图形】选项卡中选择"门",并将旋转角度设置为"-90°",如下图所示。

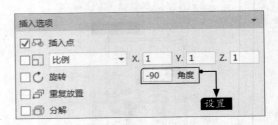

步骤 06 单击【确定】按钮,在绘图区域选择下图所示的端点为插入点。

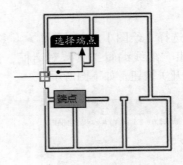
选择端点
端点

　　为了便于绘图,可以将"点划线"层和"文字标注"层关闭。

插入后的结果如下页图所示。

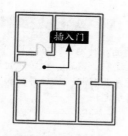

步骤 07 重复 **步骤 05**~**步骤 06** 在其他几个门洞处插入门图块，结果如下图所示。

4. 窗的绘制及图块制作

步骤 01 调用矩形命令，绘制一个1 000×240的矩形，如下图所示。

步骤 02 选择【修改】▶【分解】命令，将矩形分解。然后选择【格式】▶【点样式】命令，弹出【点样式】对话框，选择"×"为点样式，如下图所示。

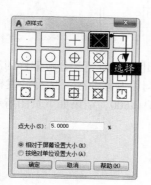

步骤 03 选择【绘图】▶【点】▶【定数等分点】菜单命令，将矩形行的竖直边三等分，结果如下图所示。

步骤 04 调用命令，根据命令提示绘制下图所示的两条直线。

步骤 05 删除点后结果如下图所示。

步骤 06 调用创建块命令，弹出块定义对话框，在名称输入框中输入"窗"，单击"选择对象"按钮，选择上面绘制的矩形和直线，并选择"删除"选项，如下图所示。

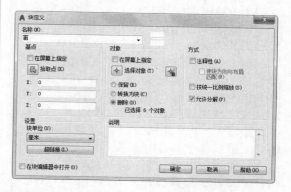

步骤 07 单击【拾取点】按钮，捕捉下图所示的端点为拾取点。

步骤 08 调用插入命令，选择"窗"图块，将上面创建的窗图块插入到图形的相应位置，结果如下页图所示。

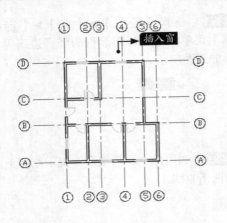

11.2.3 绘制客厅家具

客厅设计是室内装饰设计的主要组成部分，简约的客厅设计的一般思路是：规整的长方形或正方形空间，三件套沙发面对平整的电视墙，明净的茶几加上盆景的点缀更能显示出客厅简约但不失整洁的风格。

1. 绘制沙发椅

步骤 01 将"客厅家具"层设置为当前图层。选择【绘图】➤【多段线】命令绘制沙发椅轮廓，命令行提示如下。

```
命令：_PLINE
指定起点：fro 基点：      // 捕捉 A 点
< 偏移 >：@1300,1095
当前线宽为 0.0000
指定下一个点或 [ 圆弧 (A)/ 半宽 (H)/ 长度 (L)/ 放弃 (U)/ 宽度 (W)]：@0,-600
指定下一点或 [ 圆弧 (A)/ 闭合 (C)/ 半宽 (H)/ 长度 (L)/ 放弃 (U)/ 宽度 (W)]：@-1300,0
指定下一点或 [ 圆弧 (A)/ 闭合 (C)/ 半宽 (H)/ 长度 (L)/ 放弃 (U)/ 宽度 (W)]：@0,2910
指定下一点或 [ 圆弧 (A)/ 闭合 (C)/ 半宽 (H)/ 长度 (L)/ 放弃 (U)/ 宽度 (W)]：@1300,0
指定下一点或 [ 圆弧 (A)/ 闭合 (C)/ 半宽 (H)/ 长度 (L)/ 放弃 (U)/ 宽度 (W)]：@0,-600
指定下一点或 [ 圆弧 (A)/ 闭合 (C)/ 半宽 (H)/ 长度 (L)/ 放弃 (U)/ 宽度 (W)]：  // 按
【Enter】键结束命令
```
结果如右上图所示。

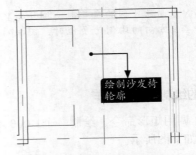

步骤 02 调用偏移命令，对沙发椅外轮廓向内侧偏移100，结果如下图所示。

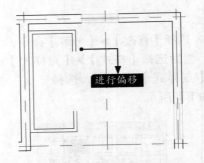

步骤 03 调用分解命令，分解偏移的沙发椅内轮廓。然后调用偏移命令，选择沙发椅内轮廓两边向内侧偏移500，结果如下页图所示。

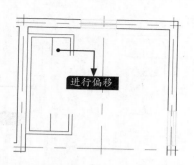

步骤 04 调用点样式命令，选择下图所示的点样式。

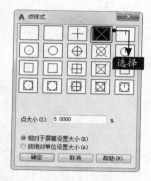

步骤 05 调用定数等分命令，将偏移的沙发椅内轮廓靠背五等分，结果如下图所示。

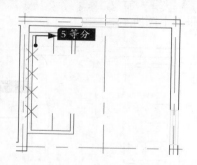

步骤 06 调用直线命令，绘制两条长500的沙发分割线，结果如下图所示。

步骤 07 选择【绘图】▶【多段线】▶【起点、端点、半径】命令，分别绘制R870、R3 300、

R870共3段圆弧，结果如下图所示。

步骤 08 重复 **步骤 05** 将R3 300的圆弧进行三等分，然后调用直线命令将沙发椅的缺口连接起来，结果如下图所示。

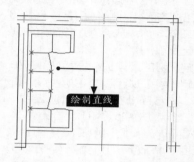

步骤 09 选择【修改】▶【圆角】命令，对沙发进行倒圆角，圆角半径设置为250，圆角后如下图所示。

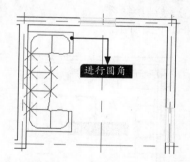

步骤 10 将等分点删除后最终结果如下图所示。

2. 绘制电视柜及电视机

步骤01 调用多段线命令绘制电视柜的平面图，命令行提示如下。

```
命令：_PLINE
指定起点：fro 基点：   // 捕捉 A 点
< 偏移 >：@0,-550
当前线宽为 0.0000
指定下一个点或 [ 圆弧 (A)/ 半宽 (H)/ 长度 (L)/ 放弃 (U)/ 宽度 (W)]：@-450,0
指定下一点或 [ 圆弧 (A)/ 闭合 (C)/ 半宽 (H)/ 长度 (L)/ 放弃 (U)/ 宽度 (W)]：@0,-750
指定下一点或 [ 圆弧 (A)/ 闭合 (C)/ 半宽 (H)/ 长度 (L)/ 放弃 (U)/ 宽度 (W)]：a
指定圆弧的端点或 [ 角度 (A)/ 圆心 (CE)/ 闭合 (CL)/ 方向 (D)/ 半宽 (H)/ 直线 (L)/ 半径 (R)/ 第二个点 (S)/ 放弃 (U)/ 宽度 (W)]：r
指定圆弧的半径：1280
指定圆弧的端点或 [ 角度 (A)]：@0,-1000
指定圆弧的端点或 [ 角度 (A)/ 圆心 (CE)/ 闭合 (CL)/ 方向 (D)/ 半宽 (H)/ 直线 (L)/ 半径 (R)/ 第二个点 (S)/ 放弃 (U)/ 宽度 (W)]：l
指定下一点或 [ 圆弧 (A)/ 闭合 (C)/ 半宽 (H)/ 长度 (L)/ 放弃 (U)/ 宽度 (W)]：@0,-750
指定下一点或 [ 圆弧 (A)/ 闭合 (C)/ 半宽 (H)/ 长度 (L)/ 放弃 (U)/ 宽度 (W)]：@450,0
指定下一点或 [ 圆弧 (A)/ 闭合 (C)/ 半宽 (H)/ 长度 (L)/ 放弃 (U)/ 宽度 (W)]：   // 按【Enter】键结束命令
```

结果如下图所示。

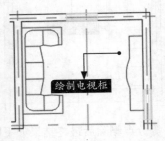

绘制电视柜

步骤02 调用矩形命令，绘制一个710×210的矩形，命令行提示如下。

```
命令：RECTANG
指定第一个角点或 [ 倒角 (C)/ 标高 (E)/ 圆角 (F)/ 厚度 (T)/ 宽度 (W)]：fro 基点：// 捕捉 A 点
< 偏移 >：@33,-874
指定另一个角点或 [ 面积 (A)/ 尺寸 (D)/ 旋转 (R)]：@210,-710
```

结果如右上图所示。

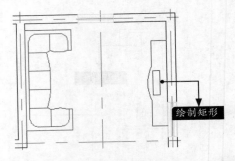

绘制矩形

步骤03 调用多段线命令绘制电视机的后端，命令行提示如下。

```
命令：PLINE
指定起点：fro 基点：
// 捕捉矩形的右上角点
< 偏移 >：@0,-75·
当前线宽为 0
指定下一个点或 [ 圆弧 (A)/ 半宽 (H)/ 长度 (L)/ 放弃 (U)/ 宽度 (W)]：@175<-25
指定下一点或 [ 圆弧 (A)/ 闭合 (C)/ 半宽 (H)/ 长度 (L)/ 放弃 (U)/ 宽度 (W)]：@0,-430
指定下一点或 [ 圆弧 (A)/ 闭合 (C)/ 半宽 (H)/ 长度 (L)/ 放弃 (U)/ 宽度 (W)]：@-175<25
指定下一点或 [ 圆弧 (A)/ 闭合 (C)/ 半宽 (H)/ 长度 (L)/ 放弃 (U)/ 宽度 (W)]：   // 按【Enter】键结束命令
```

结果如下图所示。

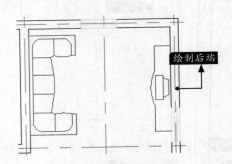

绘制后端

步骤04 选择【绘图】➤【圆弧】➤【起点、端点、半径】命令，绘制半径为R1 000的圆弧作为电视机的屏幕。结果如下图所示。

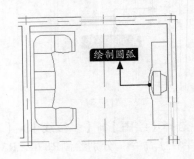

绘制圆弧

3. 绘制茶几及插入盆景

步骤 01 调用矩形命令绘制茶几的边框，命令行提示如下。

命令：RECTANG
指定第一个角点或 [倒角 (C)/ 标高 (E)/ 圆角 (F)/ 厚度 (T)/ 宽度 (W)]: f
指定矩形的圆角半径 <0>: 8
指定第一个角点或 [倒角 (C)/ 标高 (E)/ 圆角 (F)/ 厚度 (T)/ 宽度 (W)]: fro 基点：   // 捕捉图中 A 点
< 偏移 >: @-190,-445
指定另一个角点或 [面积 (A)/ 尺寸 (D)/ 旋转 (R)]: @380,-20

结果如下图所示。

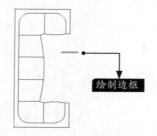

步骤 02 重复矩形命令，绘制茶几的另一条边框，命令行提示如下。

命令：RECTANG
当前矩形模式：圆角 =8
指定第一个角点或 [倒角 (C)/ 标高 (E)/ 圆角 (F)/ 厚度 (T)/ 宽度 (W)]: fro 基点：   // 捕捉图中 A 点
< 偏移 >: @-230,-485
指定另一个角点或 [面积 (A)/ 尺寸 (D)/ 旋转 (R)]: @20,-740

结果如下图所示。

步骤 03 调用复制命令，将 步骤 01 绘制的茶几矩形边框向下方复制800，将 步骤 02 绘制的矩形边框向右侧复制440，结果如右上图所示。

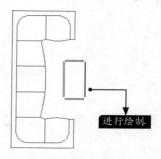

步骤 04 调用直线命令，捕捉图中矩形的两端点绘制直线，结果如下图所示。

步骤 05 调用偏移命令将直线向右下侧方向偏移16，结果如下图所示。

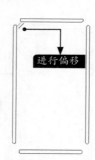

步骤 06 调用【修改】➤【延伸】命令，将偏移直线延伸到矩形的两条边线，结果如下图所示。

步骤 07 选择【修改】➤【镜像】命令将两条直线分别镜像到另一侧，结果如下页图所示。

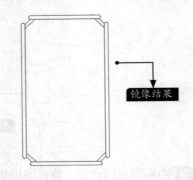

镜像结果

步骤 08 选择【绘图】➤【图案填充】命令，在图案面板上单击下拉按钮" ⚡ "，并选择"GOST_WOOD"作为填充图案，在"特性"面板上将比例改为50，将角度改为135°，如下图所示。

精选应用	图案填充创建	⚡ ▼			
▦ 图案		▼	▦ 图案填充透明度		0
▦	使用当前项	▼	角度		135
▦	⊘ 无	▼	▦ 50		
		特性 ▼			

步骤 09 在需要填充的地方单击鼠标，结果如下图所示。

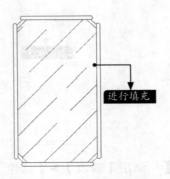

进行填充

步骤 10 选择【插入】➤【块选项板】菜单命令，在弹出的【块选项板】➤【当前图形】选项卡中单击" ⋯ "按钮，选择"素材\CH11\盆景1"，如右上图所示。

步骤 11 在图中合适的位置单击插入"盆景1"，结果如下图所示。

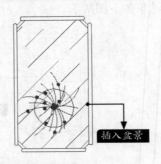

插入盆景

步骤 12 重复 **步骤 10** 和 **步骤 11** 插入"盆景2"，最终结果如下图所示。

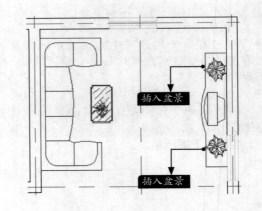

插入盆景

插入盆景

11.2.4 绘制卧室家具

一般来说，卧室的划分有活动区、睡眠区、储物区、梳妆区、展示区、学习区等。

毫无疑问，睡眠区是卧室中的重点，主要提供夜间休息睡眠的场所。其次是储物区，卧室中一般需要存放日常所需的衣物、书籍以及床上用品等。卧室中还可以设置学习工作区和活动区，为平时晚间提供必要的私人活动空间。

1. 绘制卧室衣柜

步骤 01 将"卧室家具"层设置为当前图层。然后调用矩形命令，绘制1 900×550，1 900×50和100×650的3个矩形作为主卧衣柜的轮廓，结果如下图所示。

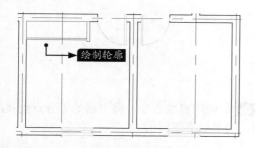

步骤 02 调用直线命令，绘制衣柜的顶部线，结果如下图所示。

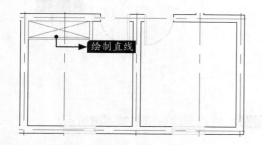

步骤 03 调用矩形命令，在次卧室绘制一个1 900×600的衣柜，结果如下图所示。

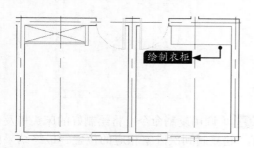

步骤 04 调用分解命令将上步绘制的衣柜进行分解。然后调用偏移命令将分解后的边按下图所示的距离偏移。

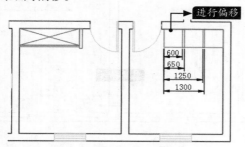

2. 插入床图块及绘制床头柜

步骤 01 选择【插入】➤【块选项板】菜单命令，在弹出的【块选项板】➤【当前图形】选项卡中单击"…"按钮，选择"素材\CH11\双人床"，如下图所示。

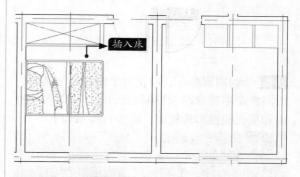

步骤 02 重复 **步骤 01** 将"单人床"插入到次卧室合适的位置，插入时在"插入"对话框中将插入角度设置为270°，如下图所示。

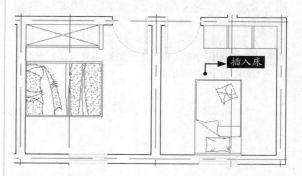

步骤 03 调用矩形命令，绘制一个400×400的正方形，如下图所示。

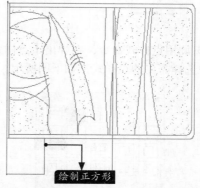

步骤 04 调用偏移命令，将绘制的正方形向内侧方向偏移20，结果如下页图所示。

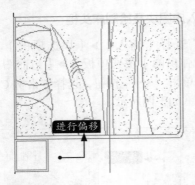

进行偏移

步骤 05 调用圆命令，以正方形的中心为圆心，绘制两个半径分别为150和55的圆，作为台灯底面和顶面的投影外轮廓，命令行提示如下。

```
命令：CIRCLE
指定圆的圆心或 [ 三点 (3P)/ 两点 (2P)/ 切
点、切点、半径 (T)]：   // 捕捉正方形的中心
指定圆的半径或 [ 直径 (D)]: 150
命令：CIRCLE
指定圆的圆心或 [ 三点 (3P)/ 两点 (2P)/ 切
点、切点、半径 (T)]: fro 基点：// 捕捉刚绘
制圆的圆心
< 偏移 >：@−20,20
指定圆的半径或 [ 直径 (D)] <150>: 55
结果如下图所示。
```

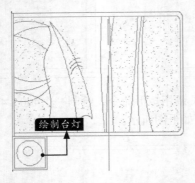

绘制台灯

步骤 06 调用点样式命令，在弹出【点样式】对话框中选择需要的点样式，如下图所示。

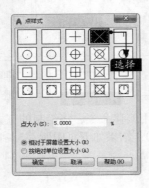

选择

步骤 07 调用定数等分点命令，将**步骤 05**绘制的两个圆分别进行12等分，如下图所示。

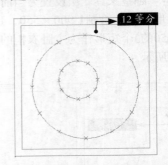

12 等分

步骤 08 调用直线命令，将上面的等分点连接起来，结果如下图所示。

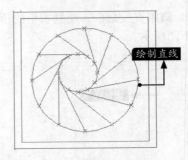

绘制直线

步骤 09 将点删除后结果如下图所示。

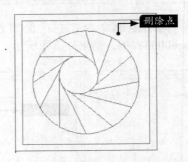

删除点

步骤 10 调用复制命令，将绘制好的床头柜及台灯一起复制到次卧室相应的位置，最终结果如下图所示。

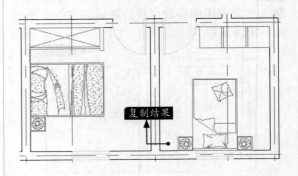

复制结果

3. 绘制卧室单人沙发

步骤 01 调用矩形命令绘制一个680×300的矩形，如下图所示。

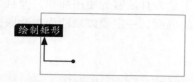
绘制矩形

步骤 02 调用矩形命令，绘制一个相交矩形，命令行提示如下。

命令：RECTANG
指定第一个角点或 [倒角(C)/ 标高(E)/ 圆角(F)/ 厚度(T)/ 宽度(W)]: fro 基点：
// 捕捉图中A点
< 偏移 >: @90,35
指定另一个角点或 [面积(A)/ 尺寸(D)/ 旋转(R)]: @500,−250
结果如下图所示。

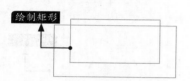
绘制矩形

步骤 03 调用分解命令将**步骤 01**~**步骤 02**绘制的矩形分解。然后调用圆角命令，给分解后的矩形进行全圆角（在命令行提示下选择两个矩形的两条平行边即可），结果如下图所示。

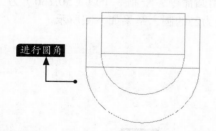
进行圆角

步骤 04 选择【修改】►【修剪】菜单命令，对单人沙发进行修剪并删除多余的线，如下图所示。

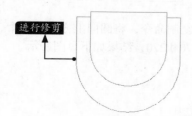
进行修剪

步骤 05 调用复制命令，将内侧半圆向上复制60，结果如下图所示。

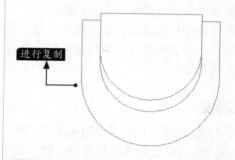
进行复制

步骤 06 调用圆角命令对单人沙发的棱角处进行R25的圆角，结果如下图所示。

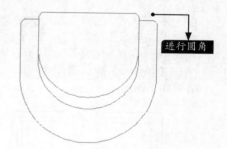
进行圆角

步骤 07 选择【修改】►【旋转】菜单命令，将绘制好的单人沙发以最大圆弧的圆心为基点旋转45°，结果如下图所示。

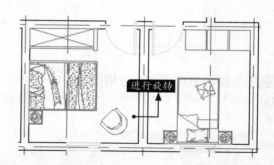
进行旋转

步骤 08 将旋转后的单人沙发复制到次卧室相应的位置，并进行180°旋转，结果如下图所示。

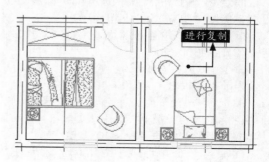
进行复制

11.2.5 绘制厨房设施

厨房是住宅中不可忽视的重要组成部分。

厨房是住宅中功能比较复杂的局部，是否适用不仅取决于是否有足够的使用面积，而且取决于厨房的形状、设备安排等。厨房是人们家事活动较为集中的场所，一定要以功能为主兼顾其他方面进行合理设计。

1. 绘制洗涤盆

步骤 01 将"厨房设施"层设置为当前图层。调用直线命令，绘制灶台的平面轮廓线，命令行提示如下。

> 命令：LINE 指定第一点： // 捕捉靠门墙线的中点
> 指定下一点或 [放弃 (U)]：@0，2515
> 指定下一点或 [放弃 (U)]： // 捕捉垂足
> 指定下一点或 [闭合 (C)/ 放弃 (U)]：
> // 按【Enter】键结束命令

结果如下图所示。

步骤 02 调用矩形命令，分别绘制600×900、460×245、460×515的3个矩形，命令行提示如下。

> 命令：RECTANG
> 指定第一个角点或 [倒角 (C)/ 标高 (E)/ 圆角 (F)/ 厚度 (T)/ 宽度 (W)]：f
> 指定矩形的圆角半径 <0>：40
> 指定第一个角点或 [倒角 (C)/ 标高 (E)/ 圆角 (F)/ 厚度 (T)/ 宽度 (W)]：0,0
> 指定另一个角点或 [面积 (A)/ 尺寸 (D)/ 旋转 (R)]：@600,900
> 命令：RECTANG
> 当前矩形模式：圆角 =40
> 指定第一个角点或 [倒角 (C)/ 标高 (E)/ 圆角 (F)/ 厚度 (T)/ 宽度 (W)]：f
> 指定矩形的圆角半径 <40>：50
> 指定第一个角点或 [倒角 (C)/ 标高 (E)/

圆角 (F)/ 厚度 (T)/ 宽度 (W)]：100,40
> 指定另一个角点或 [面积 (A)/ 尺寸 (D)/ 旋转 (R)]：@460,245
> 命令：RECTANG
> 当前矩形模式：圆角 =50
> 指定第一个角点或 [倒角 (C)/ 标高 (E)/ 圆角 (F)/ 厚度 (T)/ 宽度 (W)]：100,345
> 指定另一个角点或 [面积 (A)/ 尺寸 (D)/ 旋转 (R)]：@460,515

结果如下图所示。

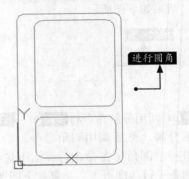

步骤 03 调用圆命令，绘制一个以（50,260）为圆心、半径为25的圆，结果如下图所示。

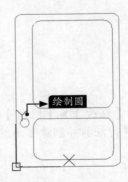

步骤 04 调用复制命令，将圆向上方复制两个，距离分别为170和270，结果如下页图所示。

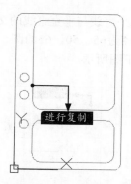

步骤 07 调用圆角命令，设置圆角半径为25，对矩形左侧的两个角进行圆角，结果如下图所示。

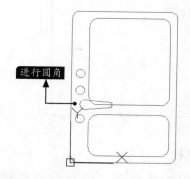

步骤 05 调用矩形命令，绘制一个180×30的矩形，命令行提示如下。

```
命令：RECTANG
当前矩形模式：圆角 =50
指定第一个角点或 [ 倒角 (C)/ 标高 (E)/
圆角 (F)/ 厚度 (T)/ 宽度 (W)]: f
    指定矩形的圆角半径 <50>:0
    指定第一个角点或 [ 倒角 (C)/ 标高 (E)/
圆角 (F)/ 厚度 (T)/ 宽度 (W)]: 50,330
    指定另一个角点或 [ 面积 (A)/ 尺寸 (D)/
旋转 (R)]: @180,30
```
结果如下图所示。

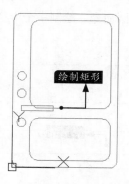

步骤 08 调用旋转命令，以圆角后的左侧边剩余线段的中点为基点将图形旋转30°，如下图所示。

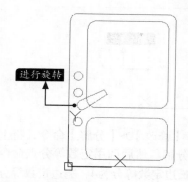

步骤 09 调用修剪命令，将与旋柄相交的圆弧修剪掉，如下图所示。

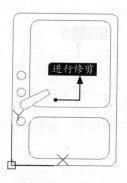

步骤 06 选中上步绘制的矩形，然后单击矩形左上角的夹点，将光标竖直向上移动，然后输入移动距离为15，再单击左下角的夹点，竖直向下移动15。

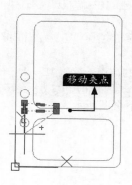

步骤 10 选择【修改】➤【移动】菜单命令，将绘制好的洗涤盆移动到厨房的合适位置，如下页图所示。

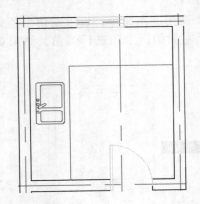

2. 绘制燃气灶

步骤 01 调用矩形命令，绘制一个长宽为 740×450、圆角半径为40的圆角矩形，结果如下图所示。

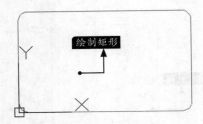

步骤 02 选择【修改】➤【分解】命令，将上步绘制的矩形分解。然后调用定数等分点命令，将圆角矩形长边定数等分为4、宽边定数等分为3，绘制结果如下图所示。

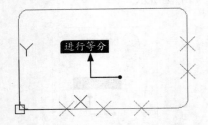

步骤 03 调用直线命令，捕捉边上的等分点，绘制5条直线，如下图所示。

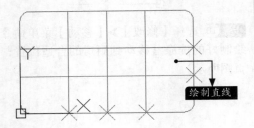

步骤 04 过水平直线与垂直直线的交点从左至右依次绘制半径为65、50、65的圆，将等分点删除后结果如下图所示。

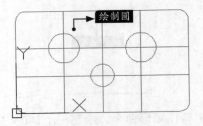

步骤 05 调用偏移命令，将上步绘制的3个圆分别向内侧偏移10，将矩形中向下数的第二条直线向下偏移100，结果如下图所示。

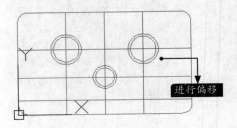

步骤 06 调用圆命令，绘制一个半径为20的圆，如下图所示。

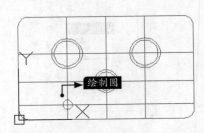

步骤 07 选择【绘图】➤【椭圆】菜单命令，绘制一个长半轴为15、短半轴为5的椭圆，命令行提示如下。

```
命令：ELLIPSE
    指定椭圆的轴端点或 [ 圆弧 (A)/ 中心点
(C)]: c
    指定椭圆的中心点：  // 捕捉 R=20 的圆
的圆心
    指定轴的端点：@0,15
    指定另一条半轴长度或 [ 旋转 (R)]:5
结果如下页图所示。
```

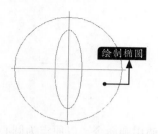

步骤 08 调用复制命令，将 **步骤 06** 和 **步骤 07** 中绘制的圆和椭圆一起向右侧复制到下图所示的位置。

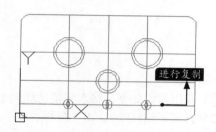

步骤 09 选择【修剪】▶【打断】菜单命令，将辅助线打断，绘制完成的燃气灶如右上图所示。

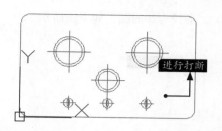

步骤 10 调用移动命令，将修改好的燃气灶移动到厨房的合适位置，结果如下图所示。

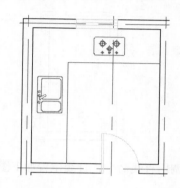

11.2.6 绘制卫生间设施

卫生间是多样设备和多种功能聚合的家庭公共空间，又是私密性要求较高的空间。它所拥有的基本设备包括洗脸盆、浴盆、抽水马桶等。从原则上来讲，卫生间是家居的附设单元，面积往往较小。

卫生间归结起来可分为兼用型、独立型和折中型3种形式。

1. 浴盆的绘制

步骤 01 将"卫生间设施"层设置为当前图层。调用矩形命令，绘制1 400×600和1 250×500的两个矩形，结果如下图所示。

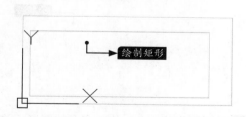

步骤 02 调用分解命令，将绘制的两个矩形分解。调用圆角命令，给分解后的两个矩形进行全圆角，结果如右上图所示。

步骤 03 重复 **步骤 02** 给矩形的另一端进行圆角，大矩形进行R=200的圆角，小矩形进行R=150的圆角，删除多余的直线后结果如下图所示。

步骤 04 调用圆命令，绘制一个圆心在（150，

300）、半径为20的圆，如下图所示。

步骤 05 调用移动命令，将图形移动到下图所示的位置。

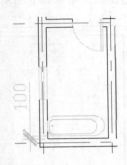

步骤 06 调用直线命令，直线位置如下图所示。

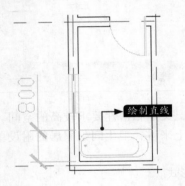

2. 绘制洗手池

步骤 01 选择【绘图】▶【构造线】菜单命令，绘制两条过原点相互垂直的辅助线，命令行提示如下。

```
命令：XLINE
指定点或 [ 水平 (H)/ 垂直 (V)/ 角度 (A)/
二等分 (B)/ 偏移 (O)]: 0,0
指定通过点：
// 在 X 轴方向上单击一点绘制水平的构
造线
指定通过点：
// 在 Y 轴方向上单击一点绘制竖直的构
造线
指定通过点： // 按【Enter】键结束命令
结果如右上图所示。
```

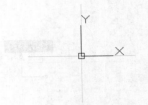

步骤 02 调用圆命令，以原点为圆心，绘制一个半径为267的圆，结果如下图所示。

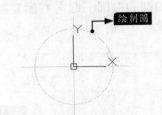

步骤 03 调用偏移命令，将水平辅助线向上偏移40、250，向下偏移900，如下图所示。

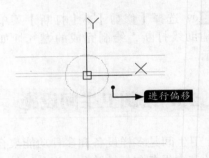

步骤 04 调用圆命令，以竖直直线和偏移40获得的直线的交点为圆心，绘制一个半径为336的圆；以竖直直线和偏移900获得的直线的交点为圆心，绘制一个半径为1 050的圆。结果如下图所示。

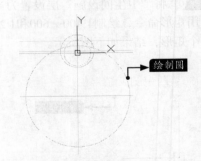

步骤 05 调用修剪命令，修剪多余的图素，并删除图中偏移的辅助线，结果如下页图所示。

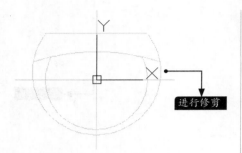

步骤 06 调用偏移命令，以水平辅助线为源对象，向上偏移220，以竖直线为源对象，向左偏移82，结果如下图所示。

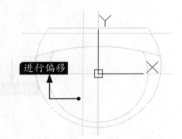

步骤 07 调用矩形命令，以刚偏移获得的两条直线的交点为第一个角点，绘制一个164×42的矩形，并删除偏移后获得的两条辅助线，结果如下图所示。

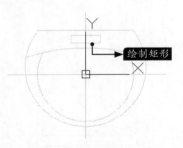

步骤 08 调用命令，以矩形左竖直边的中点为圆心，分别绘制半径为23和30的两个圆，再以矩形右竖直边的中点为圆心，分别绘制半径为23和30的两个圆，结果如下图所示。

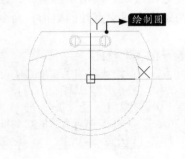

步骤 09 调用修剪命令，修剪后的结果如下图所示。

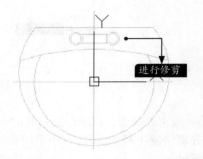

步骤 10 调用偏移命令，以竖直辅助线为源对象，分别向左右各偏移20、25和35，以水平直线为源对象，向上偏移65。结果如下图所示。

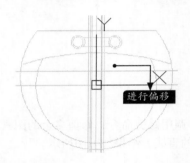

步骤 11 调用直线命令，连接左偏移20获得的直线与偏移65获得的直线的交点以及左偏移25获得的直线与矩形下方水平直线的交点，连接左偏移25获得的直线与偏移65获得的直线的交点以及左偏移35获得的直线与矩形下方水平直线的交点，绘制两条直线。以相同的方法绘制右侧的两条直线，删除偏移获得的辅助线，最终结果如下图所示。

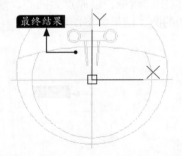

步骤 12 继续绘制直线，结果如下页图所示。

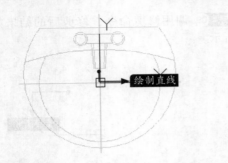

步骤13 调用圆命令，以刚绘制直线的中点为圆心，分别绘制半径为20和25的两个圆，结果如下图所示。

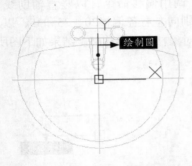

步骤14 调用修剪命令，修剪多余的图素，并删除多余的直线，结果如下图所示。

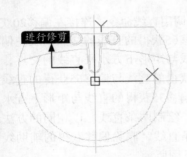

步骤15 调用圆命令，以原点为圆心，绘制一个半径为20的圆，结果如下图所示。

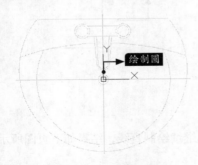

步骤16 调用修剪命令，修剪最初绘制的两条构造线，结果如下图所示。

步骤17 调用旋转命令，将绘制好的洗手池旋转90°，结果如下图所示。

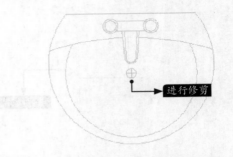

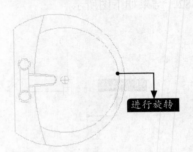

步骤18 调用移动命令，将旋转后的洗手池移动到卫生间合适的位置，结果如下图所示。

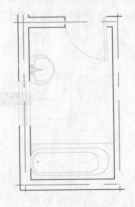

3. 绘制抽水马桶

步骤01 调用构造线命令，绘制一条水平构造线和一条竖直构造线。调用矩形命令，绘制一个中心在两条构造线交点处的矩形，命令行提示如下。

```
命令：RECTANG
指定第一个角点或 [ 倒角 (C)/ 标高 (E)/
圆角 (F)/ 厚度 (T)/ 宽度 (W)]: f
指定矩形的圆角半径 <0>: 70
指定第一个角点或 [ 倒角 (C)/ 标高 (E)/
圆角 (F)/ 厚度 (T)/ 宽度 (W)]: fro 基点：
```

// 捕捉两条构造线的交点
< 偏移 >: @275, 125
指定另一个角点或 [面积 (A)/ 尺寸 (D)/ 旋转 (R)]: @-550, -250
结果如下图所示。

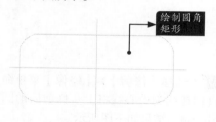

步骤 02 调用偏移命令，将矩形向内侧偏移 38，将水平构造线向下偏移40和76，将竖直水平线分别向左、右各偏移140和190，结果如下图所示。

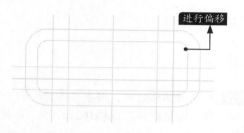

步骤 03 调用修剪命令，修剪上一步偏移获得的直线，并删除多余的线段，结果如下图所示。

步骤 04 调用直线命令，结果如下图所示。

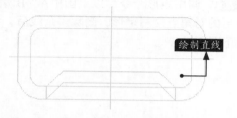

步骤 05 调用修剪命令，修剪直线并将多余的图素删除，结果如右上图所示。

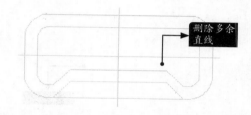

步骤 06 调用偏移命令，将水平构造线向下偏移155和325，将竖直构造线分别向左、右各偏移75和187，结果如下图所示。

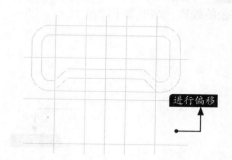

步骤 07 调用圆命令，以向下偏移325获得的直线与竖直构造线的交点为圆心，绘制一个半径为187的圆，结果如下图所示。

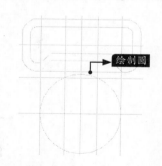

步骤 08 调用椭圆命令，以上一步绘制的圆的圆心作为椭圆的中心，绘制一个长半轴为285、短半轴为187的椭圆，命令行提示如下。

命令：ELLIPSE
指定椭圆的轴端点或 [圆弧 (A)/ 中心点 (C)]: c
指定椭圆的中心点： // 捕捉上步绘制的圆的圆心
指定轴的端点：@187, 0
指定另一条半轴长度或 [旋转 (R)]: 285
结果如下页图所示。

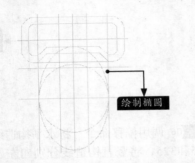

绘制椭圆

步骤 09 调用修剪命令，修剪圆和椭圆，并删除多余的线段，结果如下图所示。

进行修剪

步骤 10 调用偏移命令，将水平构造线向下偏移294、竖直构造线向左偏移410，结果如下图所示。

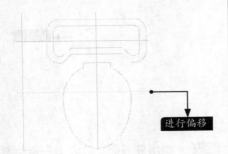

进行偏移

步骤 11 调用圆命令，以上步偏移线的交点为圆心绘制一个半径为245的圆，结果如下图所示。

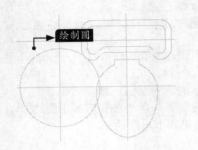

绘制圆

步骤 12 调用修剪命令，修剪圆，并将多余的线段删除，结果如右上图所示。

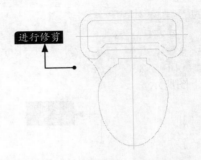

进行修剪

步骤 13 选择【修剪】➤【镜像】菜单命令，以竖直构造线为中心线将上步修剪后的圆弧镜像到另一侧，结果如下图所示。

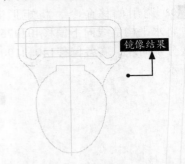

镜像结果

步骤 14 调用偏移命令，将水平构造线向下偏移150、竖直构造线向左偏移162和205，结果如下图所示。

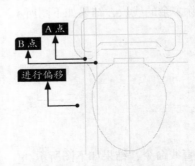

A点

B点

进行偏移

步骤 15 调用矩形命令，以上图中A、B两点为矩形的对角点绘制矩形，删除多余线后，结果如下图所示。

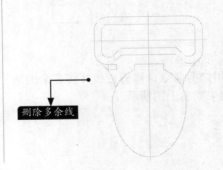

删除多余线

步骤⑯ 调用偏移命令，将水平构造线向下偏移141，竖直构造线向左、右各偏移100，结果如下图所示。

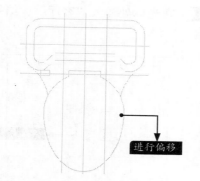

步骤⑰ 调用圆命令，分别以刚偏移获得的直线的交点为圆心绘制半径为13的两个圆，并将所有辅助线删除，后结果如下图所示。

步骤⑱ 调用旋转命令，将绘制好的抽水马桶旋转270°，结果如右上图所示。

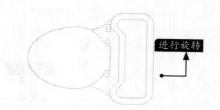

步骤⑲ 调用移动命令，将旋转后的抽水马桶移动到卫生间合适的位置，结果如下图所示。

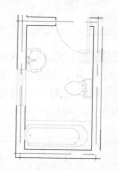

步骤⑳ 室内所有装饰及设备基本绘制结束，整个室内的家具和设施摆放如下图所示。

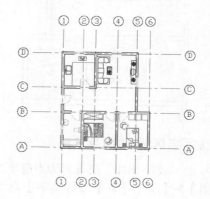

11.2.7　完善图形

对于建筑装饰图来说，基本设施绘制完成只能说完成了一半，因为对于装饰效果来说，填充是必不可少的环节。

图形绘制完毕后，为了更加详细地说明各区域的作用以及大小，往往需要添加文字说明和尺寸标注。

1. 对各区域地面进行填充

步骤① 将"填充"层设置为当前图层。选择【绘图】▶【图案填充】菜单命令，选择"AR-PARQ1"为填充图案，对卧室、客厅以及过道进行填充，并将填充比例设置为"2"，填充结果如下页图所示。

填充结果

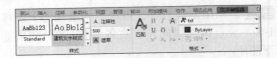

步骤 03 在光标处输入"客厅",结果如下图所示。

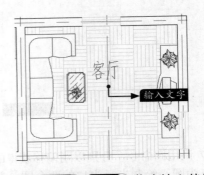

输入文字

步骤 02 重复 **步骤 01** 选择"ANGLE"对厨房和卫生间进行填充,填充比例为"20",选择"SOLID"为填充图案,对厨房灶台进行填充,填充结果如下图所示。

进行填充

步骤 04 重复 **步骤 01**~ **步骤 03** 依次输入其他区域的名称,结果如下图所示。

输入文字

2. 给房间各区域添加文字注释

步骤 01 将"文字标注"层设置为当前层。选择【绘图】➤【文字】➤【多行文字】命令,在客厅区域拖出一个矩形文本框,如下图所示。

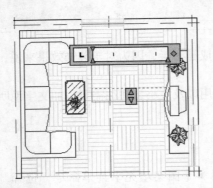

3. 添加标注

单击【默认】选项卡➤【注释】面板➤【标注】按钮,对整个房间进行标注,最终标注结果如下图所示。

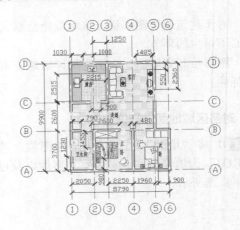

步骤 02 弹出"文字编辑器"选项面板,选择文字样式为"建筑文字样式",文字大小设置为"500",如右上图所示。

第12章

银行办公空间立面图设计

　　如果说平面图是第一步，那么立面图则是施工图中不可或缺的一部分。立面图中包括室内空间的高度，灯饰布置的位置，各种家具、室内陈设的高度与人体工程是否协调，都需要仔细考量。

学习效果

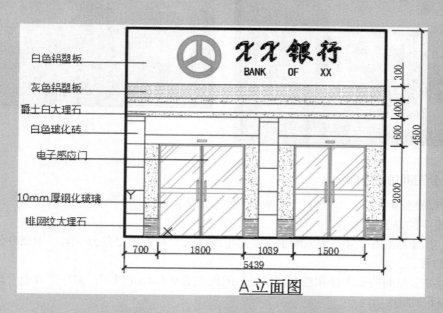

A立面图

12.1 办公空间设计简介

商业空间是人类活动中最为复杂和多元的类别之一，商业空间设计是指对所有与商业活动相关的空间进行的装饰和装修设计。

商业空间的内容涵盖非常广泛，如办公空间、展览展示空间和娱乐空间等。

12.1.1 常见办公空间的设计标准

下面分别从办公空间的分类、功能构成、设计规范几个方面对办公空间的设计标准进行介绍。

1. 办公空间的分类

办公空间可以按使用性质、办公模式等几种方法分类。

（1）按使用性质分类。

办公空间按使用性质分，有政府行政办公空间，企事业单位的办公空间，商业贸易型的办公空间，金融、邮政和证券公司的办公空间以及设计、咨询和计算机信息服务等机构的办公空间等，如下图所示。

（2）按办公模式分类。

按办公模式分，又能分为金字塔形式的办公模式，如政府部门的行政办公结构；流水线形式的办公模式，如银行金融系统的机构；综合性质的办公机构，如社保、各地人才市场的办公机构等。如下图所示。

2. 常用办公空间功能构成

无论按哪种分类模式，办公空间的构成一般具有以下部分。

（1）主要的办公空间。

即办公空间的主要部分，常见的企事业单位的办公空间有小型办公空间、中型办公空间和大型办公空间3种。

● 小型办公空间的私密性和独立性较好，但面积通常在40m²以下，多用于专业管理性质的办公需求，如下页图所示。

● 中型办公空间通透，内部联系较为密切，如现在较为常见的开放式办公区，面积多在50～150m²，适合一些互相交流较多的办公方式。

● 大型办公空间既有一定的独立性，又有较为紧密的联系，通常会按区域进行划分，各部分分区较为灵活，面积多在150m²，多适合一些灵活组团的办公方式。

（2）会客区（公共接待部分）。

主要指用于办公楼内的聚会展示、来客接待和会议等活动需求的空间，包括接待室、会客室、会议室和各种展览展示厅、图书馆等，如下图所示。

（3）交通联系空间。

主要指用于办公楼内的交通部分空间，如电梯口、自动扶梯或楼梯部分等，包括部分企业的前台部分。一般分为水平交通联系平台和垂直交通的联系平台，如下图所示。

（4）配套的服务空间。

主要指用于办公楼内的辅助空间部分，如企业的资料室、档案室、文印室和计算机房、员工餐厅等。

3. 办公空间设计规范

（1）工作空间尽量避免西晒和眩光，可以利用室内空间或隔墙设置橱柜。

（2）普通办公室每人使用面积不应小于$4m^2$，单间办公室净面积不应小于$10m^2$。

（3）绘图室空间尽量设计大一点，或者用灵活移动的隔断将大空间分隔。

（4）自然科学研究室尽量靠近相关实验室。

（5）会议室可以根据需要分别设置小、中、大会议室，小会议室使用面积宜为$30m^2$左右，中会议室使用面积宜为$60m^2$左右，大会议室应该根据使用人数和桌椅设置情况确定使用面积，需配置多媒体、灯光控制等设施。

（6）配备多台打字机的打字间，需要充分考虑隔声措施。

（7）开水间内应配置倒水池和地漏，并设置洗涤茶具和倾倒茶渣的设施。

（8）档案室和资料室应做好防火、防尘、防潮、防蛀等措施，需保证自然通风良好。

（9）卫生间应尽量靠近工作地点。

12.1.2 办公空间立面图的绘制思路

绘制办公空间立面图的思路是先绘制银行外部空间立面图（室施A-01），然后绘制营业大厅立面图（室施A-02），再绘制办公室立面图（室施A-03）和监控区立面图（室施A-04）。具体绘制思路如表12-1所列。

表12-1

序号	绘图方法	结果	备注
1	利用直线、矩形、圆、偏移、修剪、镜像、填充、标注、文字注释等命令绘制银行外部空间立面图（室施A-01）		注意直线命令的灵活使用
2	利用直线、矩形、修剪、复制、偏移、阵列、填充、标注、文字注释等命令绘制营业大厅立面图（室施A-02）		注意偏移对象的选择

续表

序号	绘图方法	结果	备注
3	利用直线、矩形、构造线、圆、圆弧、移动、偏移、阵列、修剪、标注、文字注释等命令绘制办公室立面图（室施A-03）	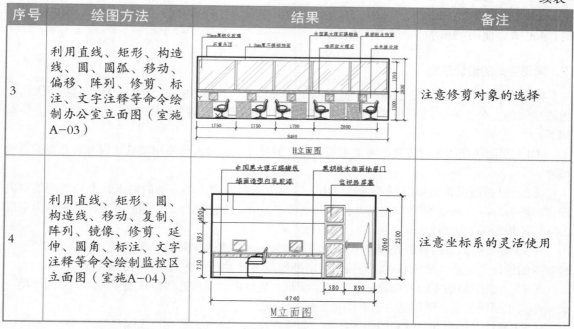	注意修剪对象的选择
4	利用直线、矩形、圆、构造线、移动、复制、阵列、镜像、修剪、延伸、圆角、标注、文字注释等命令绘制监控区立面图（室施A-04）		注意坐标系的灵活使用

12.1.3 办公空间设计的注意事项

办公空间由于具有公共特性，所以设计时需要注意以下等事项。

1. 常见空间的面积

办公室的使用面积包括各工作部门员工的办公设备、资料柜、文件柜和不同部门之间的通道等，如下图所示。

常见办公面积如下。

（1）公司高级管理人员（如公司CEO、总经理）：30～60m²/人。

（2）初级主管人员（部门经理）：9～20m²/人。

（3）管理人员（组长）：8～10m²/人。

（4）普通人员：5m²/人，使用1.5m办公桌的工作人员；4.5m²/人，使用1.4m办公桌的工作人员；4m²/人，使用1.3m办公桌的工作人员。

2. 常见空间的设计原则

办公空间的设计原则是创造一个良好的工作环境，一个成功的办公空间设计，需要认真考虑该空间的办公性质、功能布置、采光与照明、空间的界面处理和色彩、家具的选择等，要点如下。

（1）平面功能的布置应充分考虑家具和设备的尺寸，以及人员使用家具和设备时必要的活动尺寸。

（2）根据通风管道和空调系统的使用，以及人工照明和声学方面的要求，办公空间的室内净高一般为2.4～2.6m，使用空调的办公空间不低于2.4m，智能化办公空间的办公净高一般为甲级2.7m、乙级2.6m和丙级2.5m。

（3）办公空间室内界面处理应该简洁、大方，并主要营造空间的宁静气氛，且考虑到便于各种管线的铺设、更换、维护和连接等需求。隔断屏风不宜太高，要保证空间的连续性。

（4）办公空间的室内色彩设计宜朴素、淡雅，各界面的材质选择应该便于清洁，室内照明一般采用人工照明和混合照明的方式来满足工作的需求。

（5）要综合考虑办公空间的物理环境，如噪声控制、空气调节和遮阳隔热等。

12.2 绘制某银行外部空间立面图（室施A–01）

一般室内立面图的绘制步骤如下。

（1）绘制地平线、定位轴线、各层楼面线、楼面或女儿墙的轮廓线、建筑物外墙外轮廓线等。

（2）绘制里面的门窗洞口、阳台、楼梯间、墙身及柱子等可见轮廓线。

（3）绘制门、窗、外墙分割线等。

（4）标注尺寸、标高、添加索引符号及文字。

（5）添加图框标题。

（6）打印出图。

12.2.1 绘制正门的外部轮廓和内部框架

步骤 01 打开"素材\CH12\某银行平面图.dwg"文件，如下图所示，这个平面图中有多个区域，几乎每个区域都要绘制4张立面图，本章以A（正门）、G（营业大厅）、H（柜台办公区）、M（监控区）为例，绘制出它的4个立面。其中本节绘制A立面图，即正门立面图。

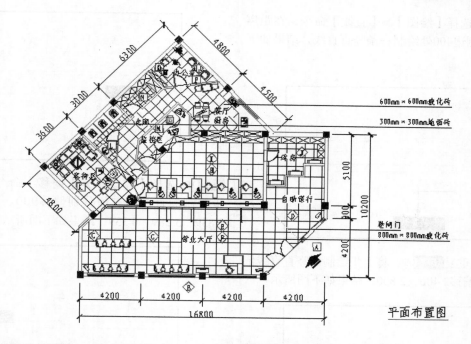

600mm×600mm玻化砖
300mm×300mm地面砖

5100

10200

卷闸门
800mm×800mm玻化砖

4200

4200 4200 4200 4200
16800

平面布置图

步骤 02 选择【格式】▶【图层】菜单命令，在【图层特性管理器】对话框中新建图层，如下图所示。

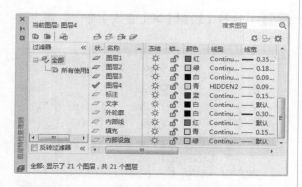

步骤 03 将"外轮廓"层设置为当前层，选择【绘图】▶【矩形】命令，以原点为一个角点，绘制一个5 439×4 500的矩形，如下图所示。

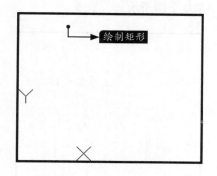

绘制矩形

步骤 04 将"内部线"层设置为当前层，选择【绘图】▶【直线】命令，绘制一条距离矩形上边1 200的水平直线，如下图所示。

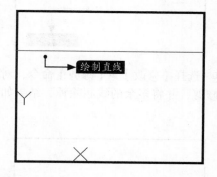

绘制直线

步骤 05 选择【修改】▶【偏移】命令，将上步绘制的直线向下分别偏移300、400、600、700、800、1 100、1 300，结果如下图所示。

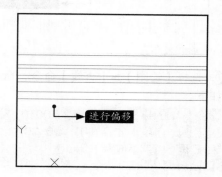

进行偏移

步骤 06 选择【绘图】➤【直线】命令，在距离矩形左侧边400处绘制一条竖直直线，结果如下图所示。

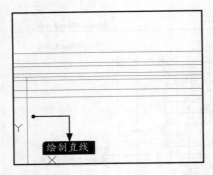

绘制直线

步骤 07 重复 步骤 05，将上步绘制的竖直直线依次向右偏移2 400、2 800，结果如下图所示。

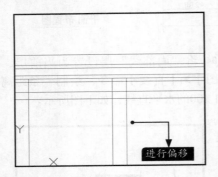

进行偏移

步骤 08 选择【修改】➤【修剪】命令，对图形进行修剪，并将多余的线删除掉，结果如下图所示。

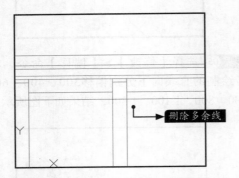

删除多余线

步骤 09 选择【绘图】➤【直线】命令，命令行提示如下。

```
命令：LINE 指定第一点：700,0
指定下一点或 [ 放弃 (U)]: @0,2000
指定下一点或 [ 放弃 (U)]:
// 按【Enter】键结束命令
```
结果如右上图所示。

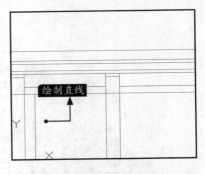

绘制直线

步骤 10 选择【修改】➤【偏移】命令，将上步绘制的直线向右侧分别偏移900、1 800、2 839、3 589、4 339，结果如下图所示。

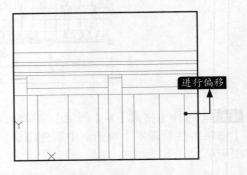

进行偏移

步骤 11 选择【绘图】➤【直线】命令，命令行提示如下。

```
命令：LINE 指定第一点：400,400
指定下一点或 [ 放弃 (U)]: @300,0
指定下一点或 [ 放弃 (U)]:
命令：LINE 指定第一点：2500,400
指定下一点或 [ 放弃 (U)]: @300,0
指定下一点或 [ 放弃 (U)]:
命令：LINE 指定第一点：3200,400
指定下一点或 [ 放弃 (U)]: @339,0
指定下一点或 [ 放弃 (U)]:
命令：LINE 指定第一点：5039,400
指定下一点或 [ 放弃 (U)]: @400,0
指定下一点或 [ 放弃 (U)]:
```
结果如下图所示。

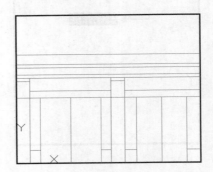

步骤12 选择【修改】▶【复制】命令，将图中的两条直线向下复制1 000、1 500、2 000，结果如右图所示。

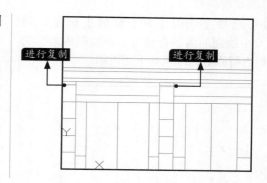

12.2.2 绘制电子感应门的立面图和监控器

绘制双开门时，可以先绘制一扇门，然后通过镜像得到双开门。可以用同样的方法绘制另一个电子感应门。

步骤01 将图层切换到"内部设施"层，选择【绘图】▶【矩形】命令，命令行提示如下。

```
命令：RECTANG
    指定第一个角点或 [ 倒角 (C)/ 标高 (E)/
圆角 (F)/ 厚度 (T)/ 宽度 (W)]：730,30
    指定另一个角点或 [ 面积 (A)/ 尺寸 (D)/
旋转 (R)]：@840,1940
    结果如下图所示。
```

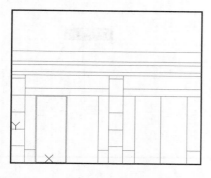

步骤02 选择【绘图】▶【直线】命令，命令行提示如下。

```
命令：l LINE 指定第一点：730,1050
    指定下一点或 [ 放弃 (U)]：@840,0
    指定下一点或 [ 放弃 (U)]：
// 按【Enter】键结束命令
    命令：LINE 指定第一点：730,950
    指定下一点或 [ 放弃 (U)]：@840,0
    指定下一点或 [ 放弃 (U)]：
// 按【Enter】键结束命令
    结果如右上图所示。
```

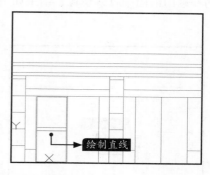

步骤03 选择【绘图】▶【矩形】命令，命令行提示如下。

```
命令：RECTANG
    指定第一个角点或 [ 倒角 (C)/ 标高 (E)/
圆角 (F)/ 厚度 (T)/ 宽度 (W)]：f
    指定矩形的圆角半径 <0.0000>：14
    指定第一个角点或 [ 倒角 (C)/ 标高 (E)/
圆角 (F)/ 厚度 (T)/ 宽度 (W)]：1507,774
    指定另一个角点或 [ 面积 (A)/ 尺寸 (D)/
旋转 (R)]：@28,452
    结果如下图所示。
```

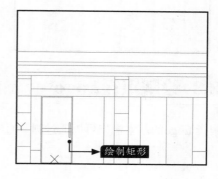

步骤04 选择【修改】➤【修剪】命令，对**步骤02**中绘制的两条直线与上步绘制的矩形的相交处进行修剪，结果如下图所示。

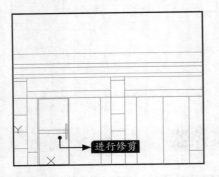

步骤05 选择【修改】➤【镜像】命令，将绘制好的一扇门沿图中直线镜像，结果如下图所示。

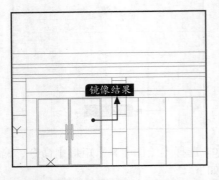

步骤06 重复**步骤01**~**步骤05**绘制另一个电子感应门，门的大小为690×1940，结果如下图所示。

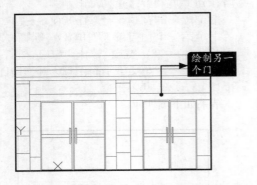

步骤07 选择【绘图】➤【矩形】命令，绘制监控器，命令行提示如下。

```
命令：RECTANG
指定第一个角点或 [ 倒角 (C)/ 标高 (E)/
圆角 (F)/ 厚度 (T)/ 宽度 (W)]：1508,2059
指定另一个角点或 [ 面积 (A)/ 尺寸 (D)/
旋转 (R)]：@184,37
命令：RECTANG
指定第一个角点或 [ 倒角 (C)/ 标高 (E)/
圆角 (F)/ 厚度 (T)/ 宽度 (W)]：1595,2059
指定另一个角点或 [ 面积 (A)/ 尺寸 (D)/
旋转 (R)]：@10,6
```
结果如下图所示。

步骤08 选择【修改】➤【复制】命令，将上步绘制好的监控器向右侧复制2 689，结果如下图所示。

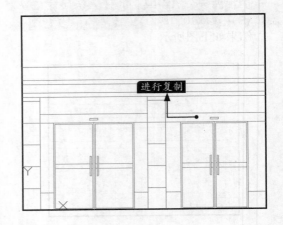

12.2.3 绘制银行Logo

银行 Logo 的基本框架可以通过圆、直线、矩形、修剪等命令进行绘制。

步骤 01 选择【绘图】➤【圆】命令，在下图所示位置绘制两个同心圆，命令行提示如下。

命令：CIRCLE 指定圆的圆心或 [三点 (3P)/ 两点 (2P)/ 切点、切点、半径 (T)]：1520,3900
指定圆的半径或 [直径 (D)]：455
命令：CIRCLE 指定圆的圆心或 [三点 (3P)/ 两点 (2P)/ 切点、切点、半径 (T)]：
指定圆的半径或 [直径 (D)] <455.0000>：345
结果如下图所示。

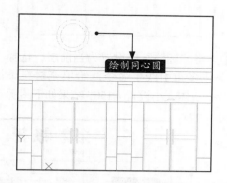

步骤 02 选择【绘图】➤【直线】命令，绘制一条通过圆心的竖直线，结果如下图所示。

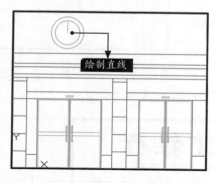

步骤 03 选择【修改】➤【偏移】命令，将上步绘制的直线向两侧分别偏移50，结果如下图所示。

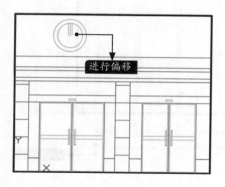

步骤 04 选择【修改】➤【删除】命令，将步骤 02 中绘制的直线段删除，结果如下图所示。

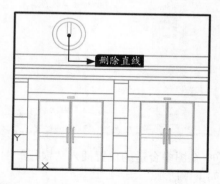

步骤 05 选择【修改】➤【阵列】➤【环形阵列】命令，以步骤 01 中绘制的圆形的圆心作为阵列中心点，对步骤 02 ~ 步骤 04 绘制的直线进行阵列，项目数设置为"3"，填充角度设置为"360"，并选择"旋转项目"选项，同时取消选择"关联"选项，结果如下图所示。

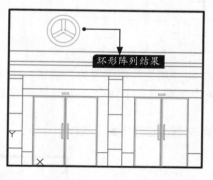

步骤 06 选择【修改】➤【修剪】命令，对直线和内侧圆进行修剪，结果如下图所示。

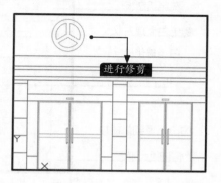

步骤 07 将"图层0"层设置为当前层，选择【插入】➤【块选项板】命令，在弹出的【块选项板】➤【当前图形】选项卡中单击"…"

按钮，选择"素材\CH12\银行"，如下图所示。

合适的填充比例和角度对图形进行填充，结果如下图所示。

步骤 08 在图中合适的位置插入"银行"图块，结果如下图所示。

步骤 10 将"标注"层设置为当前层，选择【标注】➤【多重引线】命令，给填充材料添加说明文字，字体大小设置为150，结果如下图所示。

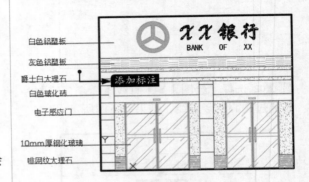

步骤 09 将"填充"层设置为当前层，选择【绘图】➤【图案填充】命令，选择合适的图案、

步骤 11 选择【标注】➤【线性】命令，对正门立面图进行标注，结果如下图所示。

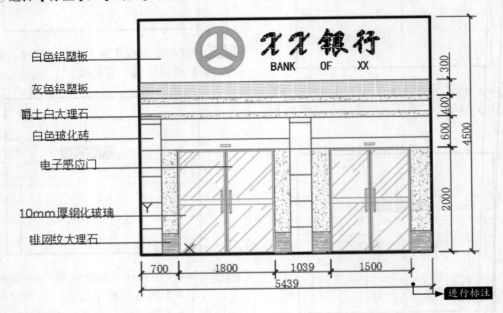

步骤⑫ 将"文字"层设置为当前层，选择【绘图】➤【文字】➤【多行文字】命令，给图形添加名称，将字体大小设置为250，单击"**U**"按钮给字体添加下划线，结果如下图所示。

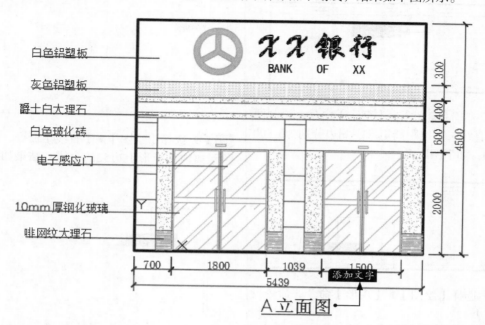

白色铝塑板
灰色铝塑板
爵士白大理石
白色玻化砖
电子感应门
10mm厚钢化玻璃
啡网纹太理石

A立面图

12.3 绘制营业大厅立面图（室施A-02）

下面绘制营业大厅立面图，绘制过程中分别绘制营业大厅的外部轮廓、内部框架、凳子、填充以及添加标注等。

12.3.1 绘制营业大厅的外部轮廓和内部框架

下面绘制营业大厅的外部轮廓和内部框架，绘制过程中主要应用到了直线、矩形、偏移、复制等命令，具体操作步骤如下。

步骤①1 选择【修改】➤【移动】命令，将12.2节绘制好的正门立面图移动到合适的位置。

步骤②2 将"外轮廓"层设置为当前层，选择【绘图】➤【矩形】命令，以原点为一个角点，绘制一个8 000×3 000的矩形，如下图所示。

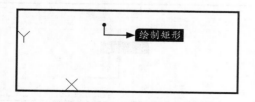

步骤③3 将"内部线"层设置为当前层，选择【绘图】➤【直线】命令，绘制一条距离矩形上边150mm的水平直线，如下图所示。

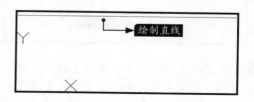

步骤④4 选择【修改】➤【偏移】命令，将上步绘制的直线向下分别偏移150、250、2 700，结

果如下图所示。

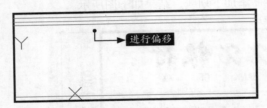

步骤 05 选择【绘图】➤【直线】命令，绘制两条竖直直线，直线距离矩形左侧边分别为3 800和4 200，如下图所示。

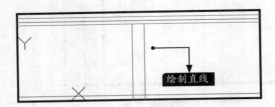

步骤 06 选择【绘图】➤【矩形】命令，命令行提示如下。

命令：RECTANG
指定第一个角点或 [倒角 (C)/ 标高 (E)/圆角 (F)/ 厚度 (T)/ 宽度 (W)]：300,2600
指定另一个角点或 [面积 (A)/ 尺寸 (D)/旋转 (R)]：@3200,−2300
结果如下图所示。

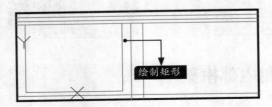

步骤 07 选择【修改】➤【偏移】命令，将上步绘制的矩形向内侧偏移50，结果如下图所示。

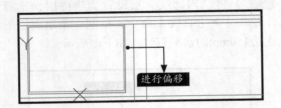

步骤 08 选择【绘图】➤【直线】命令，将内外矩形的4个角点连接起来，结果如右上图所示。

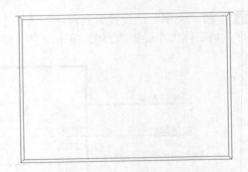

步骤 09 选择【绘图】➤【直线】命令，绘制一条距离内侧矩形上边52的直线，结果如下图所示。

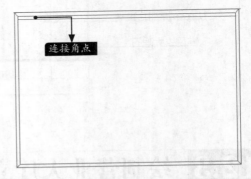

步骤 10 选择【修改】➤【偏移】命令，将上步绘制的直线向下侧分别偏移78、118、148、248、298，结果如下图所示。

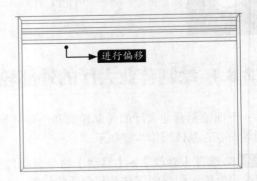

步骤 11 选择【修改】➤【复制】命令，将绘制好的矩形连同内部的直线一起向右侧复制4 200，结果如下图所示。

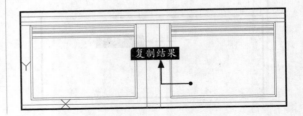

12.3.2　绘制凳子

　　本小节将通过插入图块的方法插入一个凳子，然后再用阵列、复制命令复制出其他凳子，最后将遮挡住的线修剪掉即可。

步骤 01 选择【插入】▶【块选项板】命令，在弹出的【块选项板】▶【当前图形】选项卡中单击"…"按钮，选择"素材\CH12\凳子"，将凳子的底座中心插入（960,0）的位置，如下图所示。

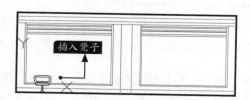

步骤 02 选择【修改】▶【阵列】▶【矩形阵列】命令，选择上步插入的"凳子"为阵列对象，弹出【阵列】选项板，将行数设置为1，列数设置为4，将列偏移设置为620，结果如下图所示。

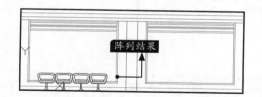

步骤 03 选择【修改】▶【复制】命令，将阵列后的所有凳子向右侧复制4 200，结果如下图所示。

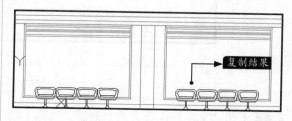

步骤 04 选择【修改】▶【修剪】命令，将图中与凳子相交的线修剪掉，结果如下图所示。

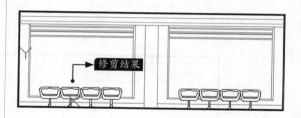

12.3.3　添加填充、多重引线标注和标注

　　外部轮廓和内部设施绘制完毕后，通过填充、多重引线标注和尺寸标注进一步完善图形。

步骤 01 将"填充"层设置为当前层，选择【绘图】▶【图案填充】命令，选择合适的图案、合适的填充比例和角度对图形进行填充，结果如下图所示。

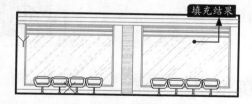

步骤 02 将"标注"层设置为当前层，选择【标注】▶【多重引线】命令，给填充材料添加说明，字体大小设置为150，结果如下图所示。

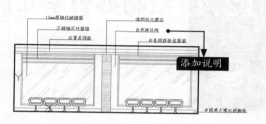

步骤 03 选择【标注】▶【线性】命令，对营业大厅立面图进行标注，结果如下页图所示。

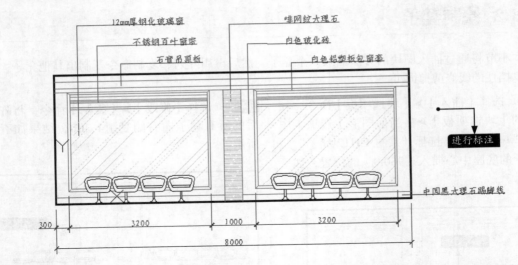

步骤 ④ 将"文字"层设置为当前层，选择【绘图】▶【文字】▶【多行文字】命令，给图形添加名称，将字体大小设置为250，单击"**U**"按钮给字体添加下划线，结果如下图所示。

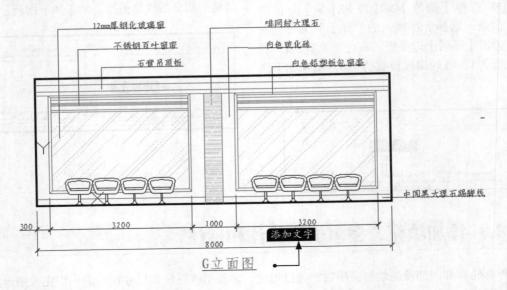

12.4 绘制办公室立面图（室施A-03）

　　下面绘制办公室立面图，绘制过程中将分别绘制办公室的外部轮廓、内部框架、办公桌、显示器、填充以及添加标注等。

12.4.1 绘制办公室的外部轮廓和内部框架

　　下面绘制办公室的外部轮廓和内部框架，绘制过程中主要应用到了直线、矩形、移动、偏移、阵列等命令，具体操作步骤如下。

步骤 01 选择【修改】➤【移动】命令，将 12.3.3小节绘制好的营业厅立面图移动到合适的位置。

步骤 02 将"外轮廓"层设置为当前层，选择【绘图】➤【矩形】命令，以原点为一个角点，绘制一个8 480×2 800的矩形，如下图所示。

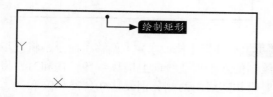

步骤 03 将"内部线"层设置为当前层，选择【绘图】➤【直线】命令，绘制一条距离矩形上边150的水平直线，如下图所示。

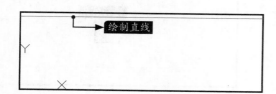

步骤 04 选择【修改】➤【偏移】命令，将上步绘制的直线分别向下偏移1 350、1 470和2 500，结果如下图所示。

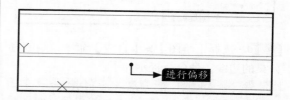

步骤 05 选择【绘图】➤【直线】命令，绘制25厚钢化玻璃的框架，直线距离矩形左侧边分别为80和1 680，如下图所示。

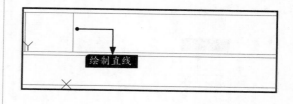

步骤 06 选择【修改】➤【阵列】➤【矩形阵列】命令，对上步绘制的两条直线进行矩形阵列，列间距为1 680，具体设置如下面左图所示，结果如下面右图所示。

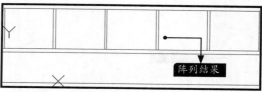

12.4.2 绘制办公桌及显示器

本小节主要通过矩形、直线、圆弧等命令绘制一套办公桌和计算机显示器，然后将绘制好的办公桌和显示器进行复制和镜像即可。

步骤 01 将"内部设施"设置为当前层，选择【绘图】➤【矩形】命令，命令行提示如下。

```
命令：RECTANG
指定第一个角点或 [ 倒角 (C)/ 标高 (E)/ 圆角 (F)/ 厚度 (T)/ 宽度 (W)]: 0,750
指定另一个角点或 [ 面积 (A)/ 尺寸 (D)/ 旋转 (R)]: @1450,30
命令：RECTANG
指定第一个角点或 [ 倒角 (C)/ 标高 (E)/ 圆角 (F)/ 厚度 (T)/ 宽度 (W)]: 50,0
指定另一个角点或 [ 面积 (A)/ 尺寸 (D)/ 旋转 (R)]: @650,750
```
结果如下页图所示。

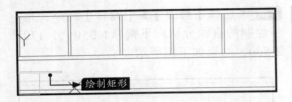

步骤 02 选择【绘图】➤【直线】命令，绘制办公桌的边线，命令行提示如下。

命令：l LINE 指定第一点 :1400,0
指定下一点或 [放弃 (U)]: @0,750
指定下一点或 [放弃 (U)]:
// 按【Enter】键结束命令
结果如下图所示。

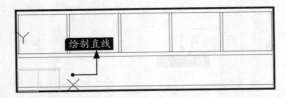

步骤 03 选择【绘图】➤【构造线】命令，绘制两条构造线作为绘制显示器的辅助线，结果如右上图所示。

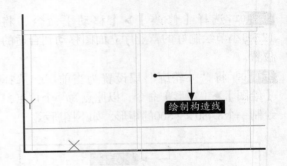

步骤 04 选择【修改】➤【偏移】命令，将上步绘制的水平构造线向上偏移4、9、19和21，将竖直构造线向两侧分别偏移40、75、96和10，结果如下图所示。

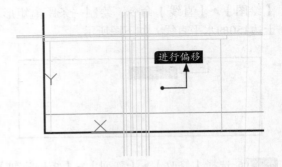

步骤 05 选择【绘图】➤【直线】命令，连接构造线的交点绘制显示器底座，结果如下图所示。

步骤 06 选择【修改】➤【修剪】命令，将多余的线删除后结果如下图所示。

步骤 07 选择【绘图】➤【矩形】命令，绘制显示器外壳，命令行提示如下。

命令：RECTANG
指定第一个角点或 [倒角 (C)/ 标高 (E)/ 圆角 (F)/ 厚度 (T)/ 宽度 (W)]: f
指定矩形的圆角半径 <0.0000>: 5
指定第一个角点或 [倒角 (C)/ 标高 (E)/ 圆角 (F)/ 厚度 (T)/ 宽度 (W)]: 525,830
指定另一个角点或 [面积 (A)/ 尺寸 (D)/ 旋转 (R)]: @400,330
结果如下页图所示。

绘制矩形

步骤 08 选择【绘图】➤【圆弧】命令，绘制显示器与底座过渡的圆弧，圆弧半径为230，如下图所示。

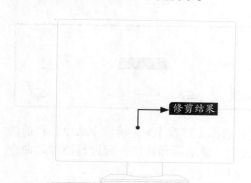

绘制圆弧

步骤 09 选择【修改】➤【修剪】命令，将显示器外壳矩形与构造线相交的部分修剪掉，并删除多余的直线，结果如下图所示。

修剪结果

步骤 10 选择【修改】➤【偏移】命令，将显示器的外壳向内侧分别偏移25和28得到显示屏幕，如下图所示。

进行偏移

步骤 11 选择【绘图】➤【直线】命令，将显示屏两个矩形的角点连接起来，如下图所示。

连接角点

步骤 12 选择【绘图】➤【矩形】命令，绘制显示器按钮，命令行提示如下。

```
命令：RECTANG
当前矩形模式：圆角 =5.0000
指定第一个角点或 [ 倒角 (C)/ 标高 (E)/
圆角 (F)/ 厚度 (T)/ 宽度 (W)]: f
指定矩形的圆角半径 <5.0000>: 0
指定第一个角点或 [ 倒角 (C)/ 标高 (E)/
圆角 (F)/ 厚度 (T)/ 宽度 (W)]: 700,839
指定另一个角点或 [ 面积 (A)/ 尺寸 (D)/
旋转 (R)]: @50,7
命令：RECTANG
指定第一个角点或 [ 倒角 (C)/ 标高 (E)/
圆角 (F)/ 厚度 (T)/ 宽度 (W)]: 701,840
指定另一个角点或 [ 面积 (A)/ 尺寸 (D)/
旋转 (R)]: @12,5
```

如下图所示。

绘制矩形

步骤 13 选择【修改】➤【阵列】➤【矩形阵列】命令，将上步绘制的第二个矩形进行阵列，具体设置如下面上图所示，结果如下面下图所示。

		列数:	4		行数:	1
□□		介于:	12		介于:	6736.8739
矩形		总计:	36		总计:	6736.8739
类型			列			行 ▼

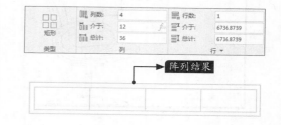

阵列结果

步骤⑭ 选择【绘图】➤【圆】命令，绘制显示器指示灯，命令行提示如下。

命令：c CIRCLE 指定圆的圆心或 [三点 (3P)/ 两点 (2P)/ 切点、切点、半径 (T)]: 758,842
指定圆的半径或 [直径 (D)]: 3
命令： CIRCLE 指定圆的圆心或 [三点 (3P)/ 两点 (2P)/ 切点、切点、半径 (T)]: 758,842
指定圆的半径或 [直径 (D)] <3.0000>: 2

结果如下图所示。

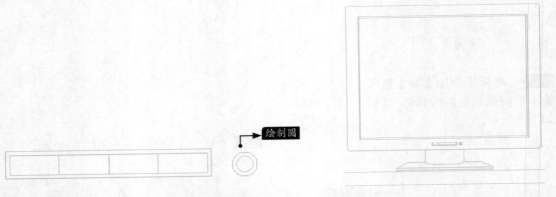

步骤⑮ 选择【插入】➤【块选项板】命令，在弹出的【块选项板】➤【当前图形】选项卡中单击"…"按钮，选择"素材\CH12\转椅"，将转椅的底座中心插入（1110,15）的位置，结果如下图所示。

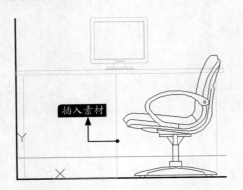

步骤⑯ 选择【修改】➤【修剪】命令，将办公桌和转椅相交部分修剪掉，结果如下图所示。

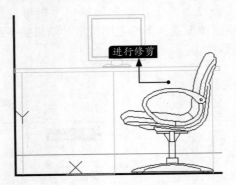

步骤⑰ 选择【修改】➤【复制】命令，将绘制好的办公桌、显示器以及转椅向右侧复制两个，距离分别为1 700和6 600，结果如下图所示。

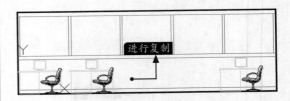

步骤⑱ 选择【修改】➤【镜像】命令，将前两套办公桌、显示器和转椅一起进行镜像，命令行提示如下。

命令：MIRROR
选择对象：指定对角点：找到 64 个
// 选择前两套办公桌、显示器以及转椅
选择对象： 指定镜像线的第一点：3300,0
指定镜像线的第二点：3300,1000
要删除源对象吗？ [是 (Y)/ 否 (N)] <N>:
// 按【Enter】键结束命令

结果如下图所示。

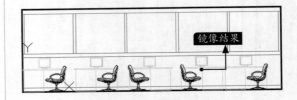

步骤 ⑲ 选择【修改】▶【修剪】命令，将办公桌、转椅和踢脚线相交的部分修剪掉，结果如下图所示。

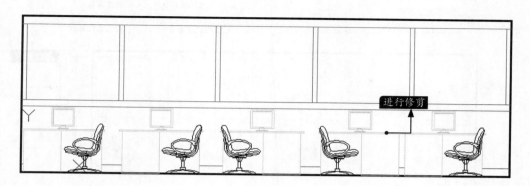

12.4.3 添加填充、多重引线标注和标注

外部轮廓和内部设施绘制完毕后，通过填充、多重引线标注和尺寸标注进一步完善图形。

步骤 ⑪ 将"填充"层设置为当前层，选择【绘图】▶【图案填充】命令，选择合适的图案、合适的填充比例和角度对图形进行填充，结果如下图所示。

步骤 ⑫ 将"标注"层设置为当前层，选择【标注】▶【多重引线】命令，给填充材料添加说明文字，字体大小设置为150，结果如下图所示。

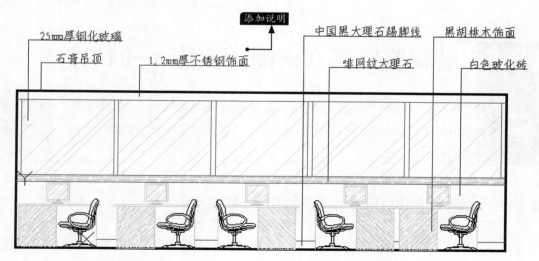

步骤 03 选择【标注】➤【线性】命令，对办公室立面图进行标注，结果如下图所示。

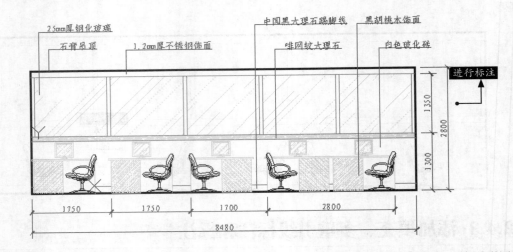

步骤 04 将"文字"层设置为当前层，选择【绘图】➤【文字】➤【多行文字】命令，给图形添加名称，将字体大小设置为250，单击"U"按钮给字体添加下划线，结果如下图所示。

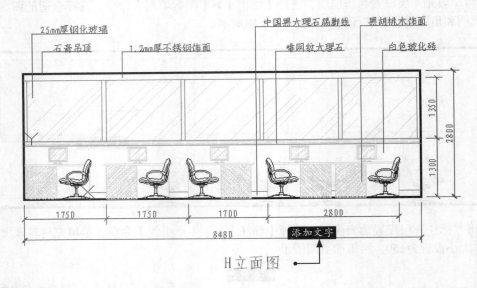

12.5 绘制监控区立面图（室施A-04）

下面绘制监控区立面图，绘制过程中将分别绘制监控区的外部轮廓、内部框架、办公桌、监视器屏幕、监控室门、办公椅、填充以及添加标注等。

12.5.1 绘制监控区的外部轮廓和内部框架

下面绘制监控区的外部轮廓和内部框架，绘制过程中主要应用到了直线、矩形、移动等命令，具体操作步骤如下。

步骤 01 选择【修改】➤【移动】命令，将12.4节绘制好的办公室立面图移动到合适的位置。

步骤 02 将"外轮廓"层设置为当前层，选择【绘图】➤【矩形】命令，以原点为一个角点，绘制一个4 740×2 500的矩形，如下图所示。

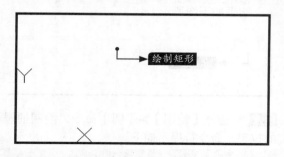

步骤 03 将"内部线"层设置为当前层，选择【绘图】➤【直线】命令，命令行提示如下。

```
命令：l LINE 指定第一点：610,2500
指定下一点或 [ 放弃 (U)]: @0,−455
指定下一点或 [ 放弃 (U)]: @4130,0
```

```
指定下一点或 [ 闭合 (C)/ 放弃 (U)]:
// 按【Enter】键结束命令
  命令：LINE 指定第一点：0,1645
  指定下一点或 [ 放弃 (U)]: @4740,0
  指定下一点或 [ 放弃 (U)]:
// 按【Enter】键结束命令
  命令：LINE 指定第一点：0,150
  指定下一点或 [ 放弃 (U)]: @4740,0
  指定下一点或 [ 放弃 (U)]:
// 按【Enter】键结束命令
```

结果如下图所示。

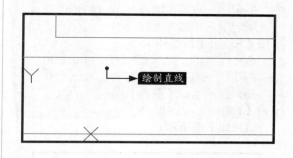

12.5.2 绘制监控室办公桌

本小节主要通过矩形、直线、圆等命令来绘制办公桌，最后将12.4节中绘制好的显示器复制到办公桌合适的位置。

步骤 01 将"内部设施"设置为当前层，选择【绘图】➤【矩形】命令，命令行提示。

```
命令：RECTANG
指定第一个角点或 [ 倒角 (C)/ 标高 (E)/
圆角 (F)/ 厚度 (T)/ 宽度 (W)]: 0,720
指定另一个角点或 [ 面积 (A)/ 尺寸 (D)/
旋转 (R)]: @3260,30
```

结果如下图所示。

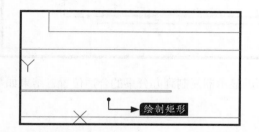

步骤 02 选择【绘图】➤【直线】命令，命令行提示如下。

```
命令：l LINE 指定第一点：50,0
```

```
指定下一点或 [ 放弃 (U)]: @0,720
指定下一点或 [ 放弃 (U)]:
// 按【Enter】键结束命令
  命令：LINE 指定第一点：70,0
  指定下一点或 [ 放弃 (U)]: @0,720
  指定下一点或 [ 放弃 (U)]:
// 按【Enter】键结束命令
```

结果如下图所示。

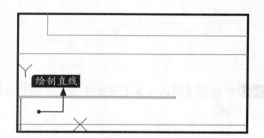

步骤 03 选择【修改】➤【复制】命令，将上步绘制的两条直线向右侧复制3 140的距离，结果如下页图所示。

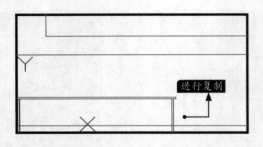

步骤 04 选择【绘图】▶【直线】命令，命令行提示如下。

> 命令：LINE 指定第一点：70,590
> 指定下一点或 [放弃 (U)]: @3120,0
> 指定下一点或 [放弃 (U)]:
> // 按【Enter】键结束命令
> 命令：LINE 指定第一点：850,590
> 指定下一点或 [放弃 (U)]: @0,130
> 指定下一点或 [放弃 (U)]:
> // 按【Enter】键结束命令
> 结果如下图所示。

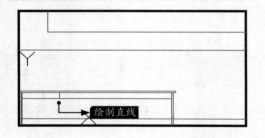

步骤 05 选择【绘图】▶【矩形】命令，绘制办公桌的抽屉，命令行提示如下。

> 命令：RECTANG
> 指定第一个角点或 [倒角 (C)/ 标高 (E)/ 圆角 (F)/ 厚度 (T)/ 宽度 (W)]: 90,610
> 指定另一个角点或 [面积 (A)/ 尺寸 (D)/ 旋转 (R)]: @740,90
> 结果如下图所示。

步骤 06 选择【绘图】▶【圆】命令，绘制抽屉的拉手，命令行提示如下。

> 命令：c CIRCLE 指定圆的圆心或 [三点 (3P)/ 两点 (2P)/ 切点、切点、半径 (T)]: 460,655
> 指定圆的半径或 [直径 (D)] <2.0000>: 13
> 结果如下图所示。

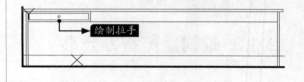

步骤 07 选择【修改】▶【阵列】▶【矩形阵列】命令，将抽屉的矩形、拉手连同 **步骤 04** 中绘制的第二条直线一同进行矩形阵列，具体设置如下面左图所示，结果如下面右图所示。

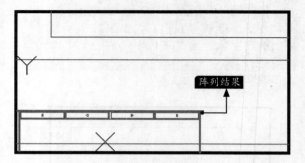

步骤 08 选择【修改】▶【复制】命令，将12.4节绘制的显示器复制到办公桌的合适位置，结果如下页图所示。

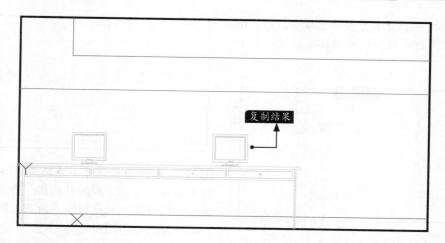

12.5.3 绘制监视器屏幕

本小节主要通过矩形、直线、阵列等命令绘制监控室的监控屏幕。

步骤01 选择【绘图】➤【矩形】命令，命令行提示如下。

> 命令：RECTANG
> 指定第一个角点或 [倒角 (C)/ 标高 (E)/
> 圆角 (F)/ 厚度 (T)/ 宽度 (W)]：3260,2180
> 指定另一个角点或 [面积 (A)/ 尺寸 (D)/
> 旋转 (R)]：@600,20

结果如下图所示。

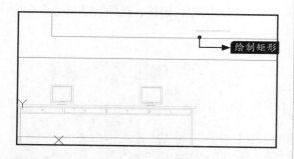

步骤02 选择【绘图】➤【直线】命令，命令行提示如下。

> 命令：l LINE 指定第一点：3270,2180
> 指定下一点或 [放弃 (U)]：@0,-2180
> 指定下一点或 [放弃 (U)]：
> // 按【Enter】键结束命令
> 命令：LINE 指定第一点：3850,2180
> 指定下一点或 [放弃 (U)]：@0,-2180
> 指定下一点或 [放弃 (U)]：
> // 按【Enter】键结束命令

结果如右上图所示。

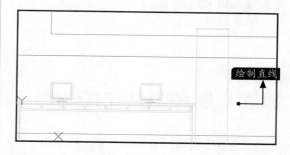

步骤03 选择【绘图】➤【矩形】命令，绘制显示器屏幕外边框，命令行提示如下。

> 命令：RECTANG
> 指定第一个角点或 [倒角 (C)/ 标高 (E)/
> 圆角 (F)/ 厚度 (T)/ 宽度 (W)]：f
> 指定矩形的圆角半径 <0.0000>：40
> 指定第一个角点或 [倒角 (C)/ 标高 (E)/
> 圆角 (F)/ 厚度 (T)/ 宽度 (W)]：3310,1675
> 指定另一个角点或 [面积 (A)/ 尺寸 (D)/
> 旋转 (R)]：@500,465

结果如下图所示。

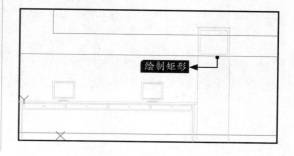

步骤 **04** 选择【修改】▶【偏移】命令，将上步绘制的显示屏外边框向内侧偏移20，结果如下面所示。

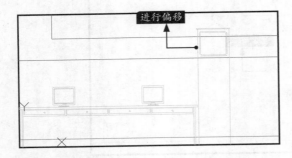

步骤 **05** 选择【绘图】▶【直线】命令，命令行提示如下。

```
命令：l LINE 指定第一点：3270,1635
指定下一点或 [放弃(U)]：@580,0
指定下一点或 [放弃(U)]：
// 按【Enter】键结束命令
```
结果如右上图所示。

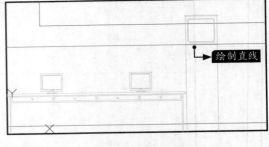

步骤 **06** 选择【修改】▶【阵列】▶【矩形阵列】命令，将显示屏的外边框、显示屏连同上步绘制的直线一起进行矩形阵列，阵列间距为−545，结果如下图所示。

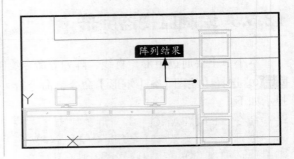

12.5.4 绘制监控室门立面图

本小节主要通过矩形、直线、构造线、圆、阵列、修剪、镜像、偏移、延伸、圆角等命令绘制监控室门立面图。

步骤 **01** 选择【绘图】▶【矩形】命令，命令行提示如下。

```
命令：RECTANG
当前矩形模式：圆角 =40.0000
指定第一个角点或 [倒角(C)/ 标高(E)/ 圆角(F)/ 厚度(T)/ 宽度(W)]：f
指定矩形的圆角半径 <40.0000>：0
指定第一个角点或 [倒角(C)/ 标高(E)/ 圆角(F)/ 厚度(T)/ 宽度(W)]：3850,2060
指定另一个角点或 [面积(A)/ 尺寸(D)/ 旋转(R)]：@860,−2060
命令：RECTANG
指定第一个角点或 [倒角(C)/ 标高(E)/ 圆角(F)/ 厚度(T)/ 宽度(W)]：3850,2050
指定另一个角点或 [面积(A)/ 尺寸(D)/ 旋转(R)]：@850,−2050
命令：RECTANG
指定第一个角点或 [倒角(C)/ 标高(E)/ 圆角(F)/ 厚度(T)/ 宽度(W)]：3850,2010
指定另一个角点或 [面积(A)/ 尺寸(D)/ 旋转(R)]：@810,−2010
命令：RECTANG
指定第一个角点或 [倒角(C)/ 标高(E)/ 圆角(F)/ 厚度(T)/ 宽度(W)]：3850,2000
指定另一个角点或 [面积(A)/ 尺寸(D)/ 旋转(R)]：@800,−2000
```
结果如下页图所示。

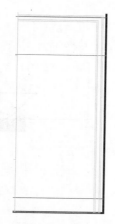

步骤 02 选择【绘图】➤【直线】命令，命令行提示如下。

命令：LINE
指定下一点或 [放弃 (U)]：
// 捕捉最外侧矩形的角点
指定下一点或 [放弃 (U)]：
// 捕捉最内侧矩形的角点
命令： LINE 指定第一点：3850,915
指定下一点或 [放弃 (U)]：@800,0
指定下一点或 [放弃 (U)]：
// 按【Enter】键结束命令
命令： LINE 指定第一点：3850,920
指定下一点或 [放弃 (U)]：@800,0
指定下一点或 [放弃 (U)]：
// 按【Enter】键结束命令
结果如下图所示。

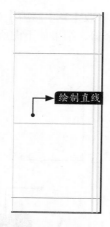

绘制直线

步骤 03 选择【修改】➤【阵列】➤【矩形阵列】命令，将上步绘制的最后两条直线进行矩形阵列，行偏移为55，结果如右上图所示。

进行偏移

步骤 04 选择【绘图】➤【直线】命令，绘制门的安装玻璃孔，命令行提示如下。

命令：l LINE 指定第一点：4550,300
指定下一点或 [放弃 (U)]：@0,1400
指定下一点或 [放弃 (U)]：4350,1000
指定下一点或 [闭合 (C)/ 放弃 (U)]：c
// 闭合直线结束绘图
结果如下图所示。

绘制直线

步骤 05 选择【工具】➤【新建UCS】➤【原点】命令，将原点移到合适位置开始绘制门把手，命令行提示如下。

命令：_ucs
当前 UCS 名称：* 没有名称 *
指定 UCS 的原点或 [面 (F)/ 命名 (NA)/
对象 (OB)/ 上一个 (P)/ 视图 (V)/ 世界 (W)/X/
Y/Z/Z 轴 (ZA)] < 世界 >：_o
指定新原点 <0,0,0>：-1000,-1000

步骤 06 选择【绘图】➤【构造线】命令，绘制一条通过原点的水平构造线和一条通过原点的竖直构造线，如下页图所示。

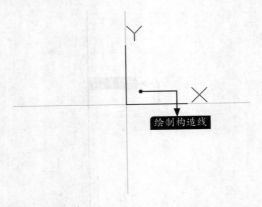

绘制构造线

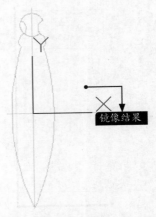

镜像结果

步骤 07 选择【绘图】➤【圆】➤【圆心、半径】命令，绘制4个圆，圆心分别为（0,108）（17,104）（6,88）和（–258,0），对应的半径分别为14、10、10和283，结果如下图所示。

步骤 10 选择【修改】➤【镜像】命令，将上部的圆弧以水平构造线为镜像线进行镜像，结果如下图所示。

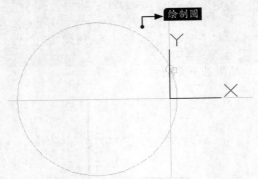

绘制圆

步骤 08 选择【修改】➤【修剪】命令，对圆相交的部分进行修剪，并删除多余的图素，结果如下图所示。

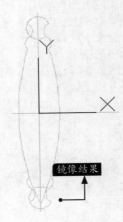

镜像结果

步骤 11 选择【修改】➤【修剪】命令，对镜像后的图形进行修剪，结果如下图所示。

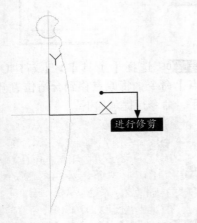

进行修剪

步骤 09 选择【修改】➤【镜像】命令，对修剪后的图形以竖直构造线为镜像线进行镜像，结果如右上图所示。

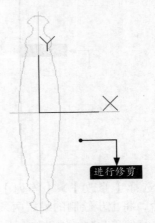

进行修剪

步骤 12 选择【修改】➤【偏移】命令，将绘制好的把手外轮廓向内侧偏移3，结果如下页图所示。

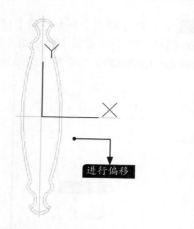

进行偏移

步骤 13 选择【修改】➤【延伸】命令，将不相交的圆弧延伸到相交，结果如下图所示。

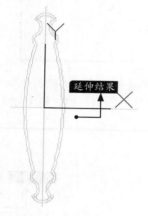

延伸结果

步骤 14 选择【修改】➤【修剪】命令，将圆弧相交部分修剪掉，结果如下图所示。

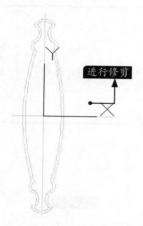

进行修剪

步骤 15 选择【绘图】➤【圆】➤【圆心、半径】命令，分别以（0,0）（33,72）（62,−76）和（72,−11）为圆心，以19、92、80和30为半径进行圆的绘制，结果如右上图所示。

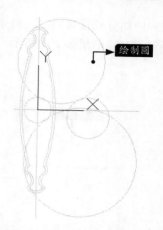

绘制圆

步骤 16 选择【修改】➤【修剪】命令，将圆相交部分修剪掉，结果如下图所示。

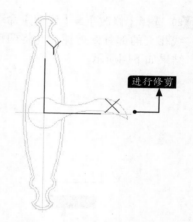

进行修剪

步骤 17 选择【修改】➤【圆角】命令，对修剪后的圆弧相交处进行倒圆角，半径为20。

步骤 18 选择【绘图】➤【圆】➤【圆心、半径】命令，以（0，−52）为圆心，绘制两个半径为8和7的同心圆，结果如下图所示。

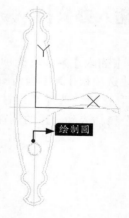

绘制圆

步骤 19 选择【修改】➤【偏移】命令，将竖直构造线向两侧分别偏移3和2，将水平构造线向下偏移74和75，结果如下图所示。

进行偏移

步骤 20 选择【修改】➤【修剪】命令，将圆和偏移线相交的部分修剪掉，并将两条构造线删除，结果如下图所示。

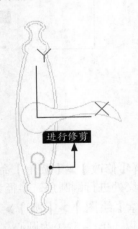

进行修剪

步骤 21 选择【修改】➤【移动】命令，选择绘制好的整个把手，将整个把手由（0,0）位置移动到（4 910,2 000）的位置，结果如下图所示。

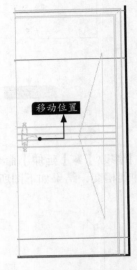

移动位置

步骤 22 选择【修改】➤【修剪】命令，将立面图中所有遮住的线修剪掉，结果如下图所示。

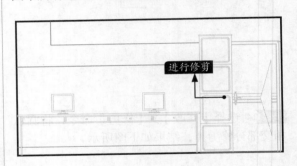

进行修剪

12.5.5 插入办公椅

步骤 01 选择【插入】➤【块选项板】命令，在弹出的【块选项板】➤【当前图形】选项卡中单击"…"按钮，选择"素材\CH12\办公椅"，将办公椅插入到合适的位置，结果如右图所示。

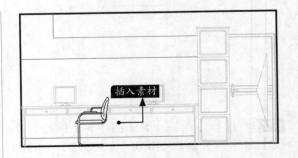

插入素材

步骤 02 选择【修改】▶【修剪】命令，将办公桌、踢脚线与办公椅相交的部分修剪掉，结果如下图所示。

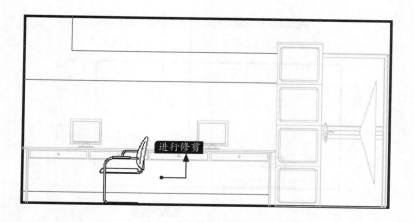

12.5.6 添加填充、多重引线标注和标注

外部轮廓和内部设施绘制完毕后，通过填充、多重引线标注和尺寸标注进一步完善图形。

步骤 01 将"填充"层设置为当前层，选择【绘图】▶【图案填充】命令，选择合适的图案、合适的填充比例和角度对图形进行填充，结果如下图所示。

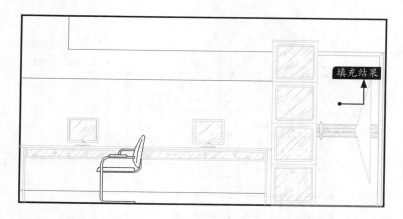

步骤 02 将"标注"层设置为当前层，选择【标注】▶【多重引线】命令，给填充材料添加说明文字，字体大小设置为150，结果如下图所示。

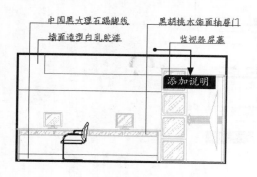

步骤 03 选择【标注】▶【线性】命令，对监控室立面图进行标注，结果如下图所示。

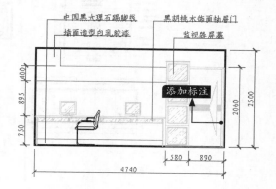

步骤 04 将"文字"层设置为当前层,选择【绘图】▶【文字】▶【多行文字】命令,给图形添加名称,将字体大小设置为250,单击"U"按钮给字体添加下划线,结果如下图所示。

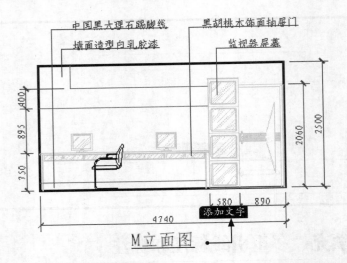

步骤 05 选择【修改】▶【移动】命令,将绘制好的监控室立面图移动到合适的位置,结果如下图所示。

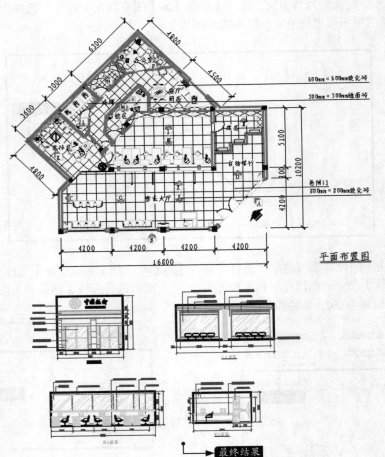

第 13 章

钢链围墙护栏施工图设计

护栏根据用途可以分为围墙护栏、阳台护栏、道路护栏、空调护栏等，本章以钢链围墙护栏为例对护栏进行介绍。

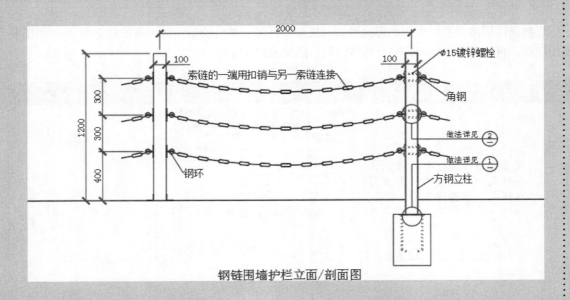

钢链围墙护栏立面/剖面图

13.1 围墙护栏设计简介

围墙护栏主要起到隔离和防护的作用，下面将分别对其设计标准、绘制思路、注意事项进行介绍。

13.1.1 围墙护栏的设计标准

围墙护栏常见标准如下。

（1）围墙护栏高度（立柱上端距地面）1 200mm、1 500mm、1 800mm、2 000mm。

（2）立柱垂直净间距2 000mm、2 500mm、3 000mm。

（3）立杆垂直间距110～120mm。

（4）立杆上端距立柱上端间距50mm，立杆下端距地面50mm。

（5）二道横杆布局：上横杆距立杆上端200mm，下横杆距立杆下端150mm。

（6）三道横杆布局：上横杆距立杆上端200mm，下横杆距立杆下端150mm，中横杆与上横杆间距120mm～150mm。

（7）常用管材规格如下。

立柱：100mm×100mm×2.0mm、80mm×80mm×2.0mm、56mm×56mm×2.0mm。

横杆：60mm×45mm×1.5mm、50mm×34mm×1.5mm。

立杆：70mm×25mm×1.0mm、46mm×20mm×1.0mm、35mm×35mm×1.0mm、25mm×24mm×1.0mm、24mm×20mm×1.0mm、19mm×19mm×1.0mm、16mm×16mm×1.0mm。

（8）连接方式：立柱与地面宜采用钢制连接件内膨胀栓固定，或预埋固定。

13.1.2 钢链围墙护栏施工图的绘制思路

绘制钢链围墙护栏施工图的思路是先设置绘图环境，然后绘制钢链围墙护栏立面图/剖面图并添加注释，再绘制详图1和详图2。具体绘制思路如表13-1所列。

表13-1

序号	绘图方法	结果	备注
1	设置绘图环境，如图层、文字样式、标注样式、多重引线样式、草图设置等。		

续表

序号	绘图方法	结果	备注
2	利用直线、矩形、圆、多段线、复制、镜像、阵列、修剪、偏移等命令绘制钢链围墙护栏立面图	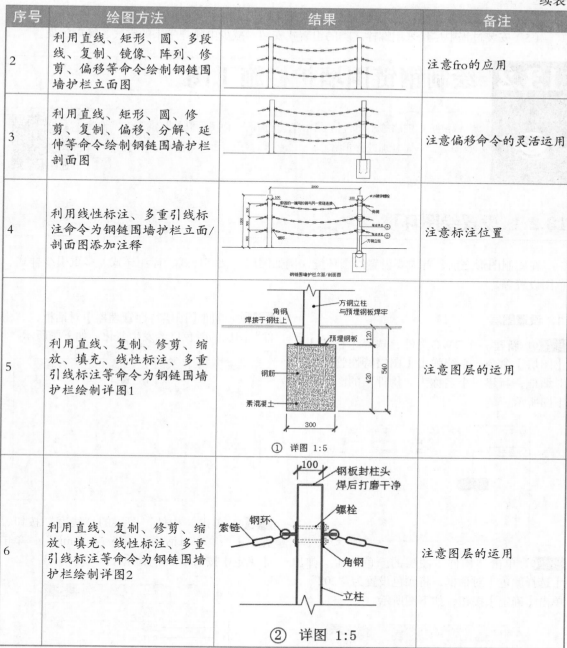	注意fro的应用
3	利用直线、矩形、圆、修剪、复制、偏移、分解、延伸等命令绘制钢链围墙护栏剖面图		注意偏移命令的灵活运用
4	利用线性标注、多重引线标注命令为钢链围墙护栏立面/剖面图添加注释		注意标注位置
5	利用直线、复制、修剪、缩放、填充、线性标注、多重引线标注等命令为钢链围墙护栏绘制详图1		注意图层的运用
6	利用直线、复制、修剪、缩放、填充、线性标注、多重引线标注等命令为钢链围墙护栏绘制详图2		注意图层的运用

13.1.3 围墙护栏设计的注意事项

围墙护栏常见的注意事项如下。

（1）护栏最基本的作用是隔离、防护，起保护安全的作用，所以在设计过程中需要做好防止攀爬工作，可以在造型、材料、高度方面做出相关设计。

（2）护栏材料必须坚固、耐用、安全，空心材料需要有足够的壁厚，做好防腐蚀工作。

（3）安装在道路上的护栏需要进行纵向分隔，使机动车、非机动车和行人分道行驶，保证道路交通安全。

（4）材料选择方面建议使用环保材料，使用年限长，减少资源浪费。

（5）安装过程中尽量采用螺栓之类的组装式安装，减少电弧焊带来的空气、噪声污染。

13.2 绘制钢链围墙护栏施工图

钢链护栏围墙施工图包括立面图、剖面图、详图、立柱与索链连接轴测示意图等，下面分别进行介绍。

13.2.1 设置绘图环境

在绘制图形之前，首先要设置绘图环境，例如图层、文字样式、标注样式、多重引线样式、草图设置等。

1. 设置图层

步骤01 新建一个DWG文件，选择【格式】▶【图层】命令，系统弹出【图层特性管理器】对话框，新建一个名称为"构件"的图层，如下图所示。

步骤02 单击"构件"图层的颜色按钮，弹出【选择颜色】对话框，将颜色设置为"202"，单击【确定】按钮，如下图所示。

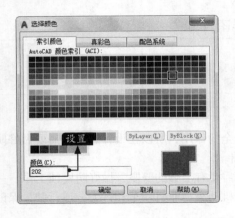

步骤03 返回【图层特性管理器】对话框，"构件"图层的颜色已经发生变化，如下图所示。

步骤04 单击"构件"图层的"线宽"按钮，弹出【线宽】对话框，选择"0.13mm"，单击【确定】按钮，如下图所示。

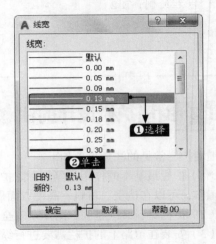

步骤 05 返回【图层特性管理器】对话框，"构件"图层线宽变为"0.13mm"，如下图所示。

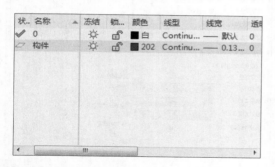

步骤 06 单击"构件"图层的"线型"按钮，弹出【选择线型】对话框，单击【加载】按钮，弹出【加载或重载线型】对话框，选择"ACAD_ISO03W100"线型，单击【确定】按钮，如下图所示。

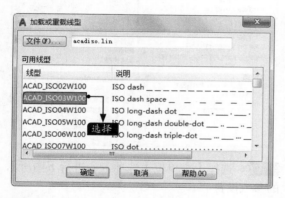

步骤 07 返回【选择线型】对话框，选择刚才加载的"ACAD_ISO03W100"线型，单击【确定】按钮，如下图所示。

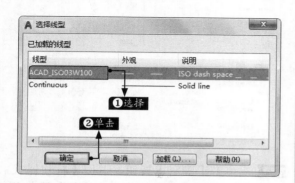

步骤 08 返回【图层特性管理器】对话框，"构件"图层线型变为"ACAD_ISO03W100"，如右上图所示。

步骤 09 重复上述步骤，继续创建其他图层，结果如下图所示。

2. 设置文字样式

步骤 01 选择【格式】▶【文字样式】命令，弹出【文字样式】对话框，单击【新建】按钮，弹出【新建文字样式】对话框，设置【样式名】为"注释样式"，单击【确定】按钮，如下图所示。

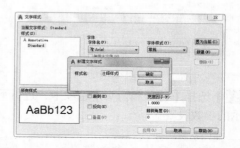

步骤 02 将"注释样式"的字体设置为"宋体"，单击【应用】按钮，并将其【置为当前】，如下图所示。

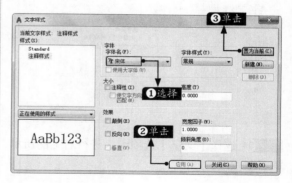

3. 设置标注样式

步骤 01 选择【格式】➤【标注样式】命令，弹出【创建新标注样式】对话框，新建一个名称为"建筑标注样式"的标注样式，如下图所示。

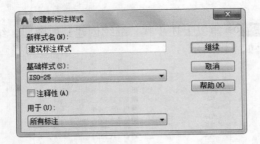

步骤 02 单击【继续】按钮，弹出【新建标注样式：建筑标注样式】对话框，选择【线】选项卡，进行下图所示的参数设置。

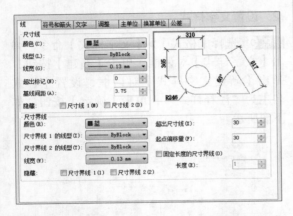

步骤 03 选择【符号和箭头】选项卡，进行下图所示的参数设置。

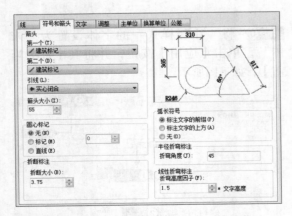

步骤 04 选择【文字】选项卡，进行右上图所示的参数设置。

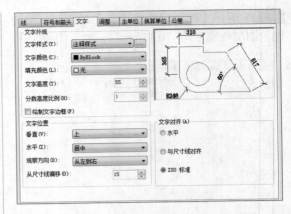

步骤 05 选择【调整】选项卡，进行下图所示的参数设置。

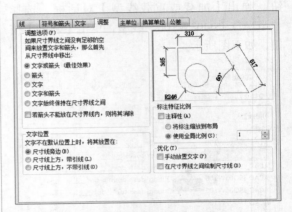

步骤 06 选择【主单位】选项卡，进行下图所示的参数设置。

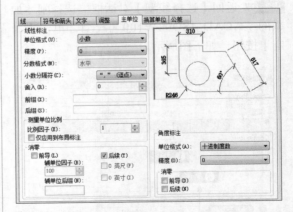

步骤 07 单击【确定】按钮，返回【标注样式管理器】对话框，将建筑标注样式【置为当前】，如下图所示。

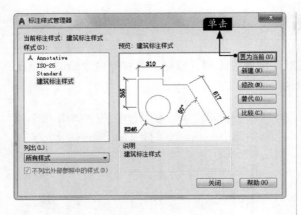

4. 设置多重引线样式

步骤01 选择【格式】➤【多重引线样式】命令，弹出【多重引线样式管理器】对话框，单击【新建】按钮，弹出【创建新多重引线样式】对话框，设置【新样式名】为"建筑样式"，如下图所示。

步骤02 单击【继续】按钮，弹出【修改多重引线样式：建筑样式】对话框，选择【引线格式】选项卡，进行下图所示的参数设置。

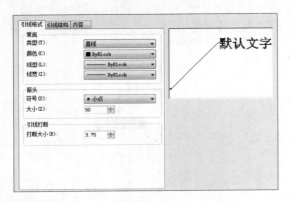

步骤03 选择【内容】选项卡，进行右上图所示

的参数设置。

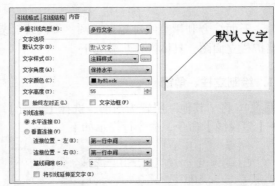

步骤04 单击【确定】按钮，返回【多重引线样式管理器】对话框，将建筑样式【置为当前】，如下图所示。

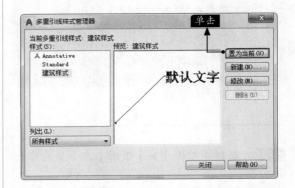

5. 草图设置

选择【工具】➤【绘图设置】命令，弹出【草图设置】对话框，选择【对象捕捉】选项卡，进行相关参数设置，如下图所示。

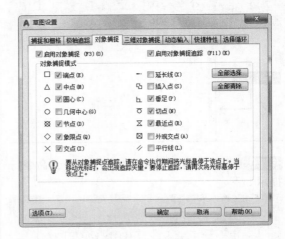

13.2.2 绘制钢链围墙护栏立面图

下面综合利用直线、矩形、圆、多段线、复制、镜像、阵列、修剪、偏移等命令绘制钢链围墙护栏立面图，具体操作步骤如下。

1. 绘制立柱、角钢

步骤 01 将"其他"层置为当前，选择【绘图】▶【多段线】命令，命令行提示如下。

```
命令：_pline
指定起点： // 在绘图区域的空白位置处任意单击一点即可
当前线宽为 10.0000
指定下一个点或 [ 圆弧 (A)/ 半宽 (H)/ 长度 (L)/ 放弃 (U)/ 宽度 (W)]: w
指定起点宽度 <10.0000>: 2.5
指定端点宽度 <2.5000>: 2.5
指定下一个点或 [ 圆弧 (A)/ 半宽 (H)/ 长度 (L)/ 放弃 (U)/ 宽度 (W)]: @4100,0
指定下一点或 [ 圆弧 (A)/ 闭合 (C)/ 半宽 (H)/ 长度 (L)/ 放弃 (U)/ 宽度 (W)]: ↙
```
结果如下图所示。

步骤 02 选择【绘图】▶【矩形】命令，命令行提示如下。

```
命令：_rectang
指定第一个角点或 [ 倒角 (C)/ 标高 (E)/ 圆角 (F)/ 厚度 (T)/ 宽度 (W)]: fro
基点： // 捕捉刚才绘制的多段线的左侧端点
 < 偏移 >: @1000,0
指定另一个角点或 [ 面积 (A)/ 尺寸 (D)/ 旋转 (R)]: @100,1200
```
结果如下图所示。

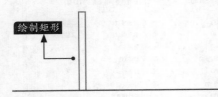
绘制矩形

步骤 03 选择【绘图】▶【直线】命令，命令行提示如下。

```
命令：_line
指定第一个点：
指定下一点或 [ 放弃 (U)]: @-55,0
```

```
指定下一点或 [ 退出 (E)/ 放弃 (U)]: @0,5
指定下一点或 [ 关闭 (C)/ 退出 (X)/ 放弃 (U)]: @50,0
指定下一点或 [ 关闭 (C)/ 退出 (X)/ 放弃 (U)]: @0,45
指定下一点或 [ 关闭 (C)/ 退出 (X)/ 放弃 (U)]: @5,0
指定下一点或 [ 关闭 (C)/ 退出 (X)/ 放弃 (U)]: c
```
结果如下图所示。

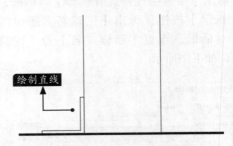
绘制直线

步骤 04 选择【修改】▶【复制】命令，命令行提示如下。

```
命令：_copy
选择对象： // 选择步骤（3）绘制的图形
当前设置：复制模式 = 多个
指定基点或 [ 位移 (D)/ 模式 (O)] < 位移 >: // 在绘图区域的空白位置处任意单击一点即可
指定第二个点或 [ 阵列 (A)] < 使用第一个点作为位移 >: @0,400
指定第二个点或 [ 阵列 (A)/ 退出 (E)/ 放弃 (U)] < 退出 >: ↙
```
结果如下图所示。

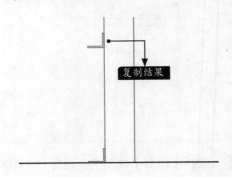
复制结果

步骤 05 选择【修改】➤【镜像】命令，选择
步骤 04 中得到的图形作为需要镜像的对象，捕捉下图所示的端点作为镜像线的第一个点。

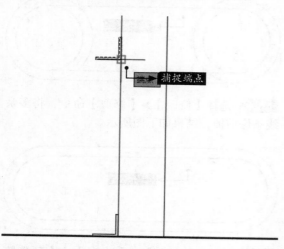

步骤 06 在水平方向上单击指定镜像线的第二个点，并且保留源对象，结果如下图所示。

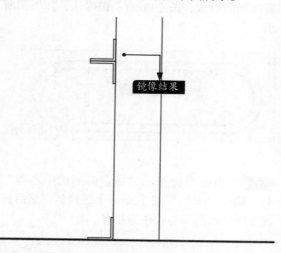

步骤 07 继续调用【镜像】命令，选择 步骤 03 ~
步骤 06 中得到的图形作为需要镜像的对象，捕捉下图所示的中点作为镜像线的第一个点。

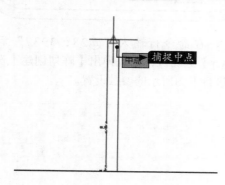

步骤 08 在竖直方向上单击指定镜像线的第二个点，并且保留源对象，结果如下图所示。

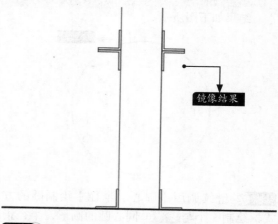

步骤 09 选择【修改】➤【复制】命令，命令行提示如下。

```
命令：_copy
选择对象： // 选择步骤（2）~（8）得到的图形
当前设置：复制模式 = 多个
指定基点或 [ 位移 (D)/ 模式 (O)] < 位移 >：// 在绘图区域的空白位置处任意单击一点即可
指定第二个点或 [ 阵列 (A)] < 使用第一个点作为位移 >：@2000,0
指定第二个点或 [ 阵列 (A)/ 退出 (E)/ 放弃 (U)] < 退出 >：↙
```

结果如下图所示。

2. 绘制索链

步骤 01 选择【绘图】➤【圆】➤【圆心、半径】命令，在命令行输入 "fro" 后按【Enter】键，捕捉下图所示的中点作为基点。

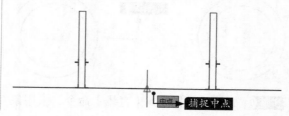

命令行提示如下。

```
< 偏移 >: @-28,285
指定圆的半径或 [ 直径 (D)] <13.0000>: 13
```

结果如下图所示。

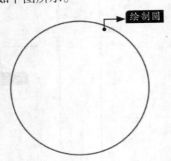

绘制圆

步骤 02 继续调用【圆心、半径】绘制圆的方式，绘制一个与**步骤 01**同心圆的圆形，半径指定为"10"，结果如下图所示。

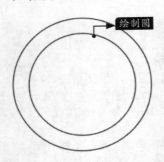

绘制圆

步骤 03 选择【修改】➤【复制】命令，命令行提示如下。

```
命令 : _copy
选择对象 : // 选择步骤 （1） ~ （2）得
到的两个圆形
当前设置 : 复制模式 = 多个
指定基点或 [ 位移 (D)/ 模式 (O)] < 位移
>: // 在绘图区域的空白位置处任意单击一点
即可
指定第二个点或 [ 阵列 (A)] < 使用第一个
点作为位移 >: @56,0
指定第二个点或 [ 阵列 (A)/ 退出 (E)/ 放
弃 (U)] < 退出 >: ↙
```

结果如下图所示。

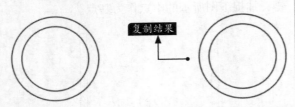

复制结果

步骤 04 选择【绘图】➤【直线】命令，采用象

限点连接象限点的方式绘制4条水平直线段，结果如下图所示。

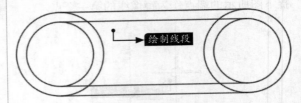

绘制线段

步骤 05 选择【修改】➤【修剪】命令，将多余线条修剪掉，结果如下图所示。

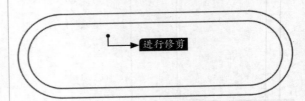

进行修剪

步骤 06 选择【修改】➤【阵列】➤【环形阵列】命令，选择**步骤 05**修剪得到的图形作为需要阵列的对象，按【Enter】键确认，如下图所示。

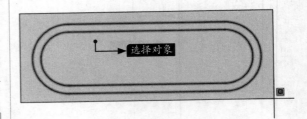

选择对象

步骤 07 当命令行提示"指定阵列的中心点"时，输入"fro"后按【Enter】键确认，然后捕捉下图所示的圆心点作为基点。

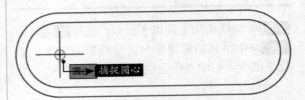

捕捉圆心

步骤 08 在命令行输入"@28，3937"后按【Enter】键确认，系统弹出【阵列创建】选项卡，进行下图所示的参数设置。

极轴	项目数：	6	行数：	1
	介于：	2	介于：	39
	填充：	12	总计：	39
类型	项目		行 ▾	

步骤 09 单击【关闭阵列】按钮，结果如下图所示。

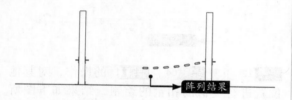

3. 绘制钢环、扣销

步骤 01 选择【绘图】➤【圆】➤【圆心、半径】命令，在命令行输入 "fro" 后按【Enter】键，捕捉下图所示的端点作为基点。

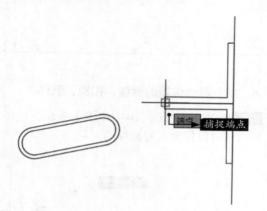

命令行提示如下。

＜偏移＞: @10,0
指定圆的半径或 [直径 (D)] <10.0000>: 20
结果如下图所示。

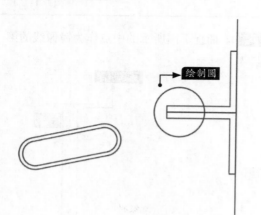

步骤 02 继续调用【圆心、半径】绘制圆的方式，绘制一个与 步骤 01 同心圆的圆形，半径指定为 "17.5"，结果如右上图所示。

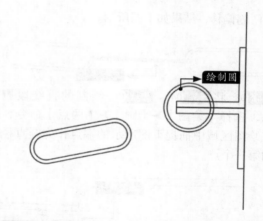

步骤 03 选择【修改】➤【修剪】命令，将多余线条修剪掉，结果如下图所示。

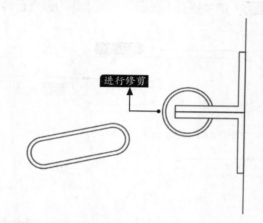

步骤 04 选择【绘图】➤【直线】命令，捕捉下图所示的中点作为直线的起点。

步骤 05 继续捕捉下图所示的中点作为直线的下一个点，按【Enter】键结束直线命令。

步骤 06 按【Enter】键结束直线命令，结果如下图所示。

步骤 07 选择【修改】➤【偏移】命令，偏移距离设置为 "1.25"，将刚才绘制的直线段分别

向两侧偏移，结果如下图所示。

步骤 08 将 **步骤 04** ~ **步骤 06** 绘制的直线段删除，选择【绘图】▶【圆】▶【两点】命令，在绘图区域中捕捉下图所示的端点作为圆直径的第一个点。

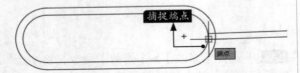

步骤 09 继续捕捉下图所示的端点作为圆直径的第二个点。

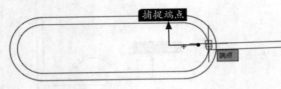

结果如下图所示。

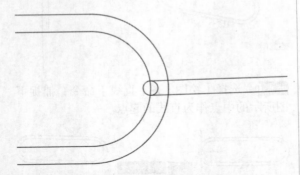

步骤 10 重复 **步骤 08** ~ **步骤 09** 的操作，在另一侧绘制一个同样的圆形，结果如下图所示。

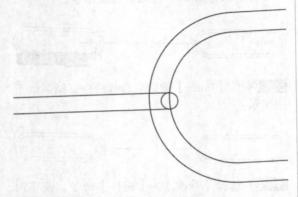

步骤 11 选择【修改】▶【修剪】命令，将多余

线条修剪掉，结果如下图所示。

步骤 12 重复 **步骤 04** ~ **步骤 11** 的操作，对其他位置进行类似的扣销的绘制，结果如下图所示。

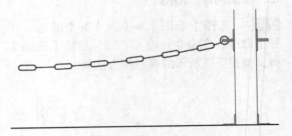

4. 绘制其他位置的索链、扣销、钢环

步骤 01 选择【修改】▶【镜像】命令，选择下图所示对象作为需要镜像的对象。

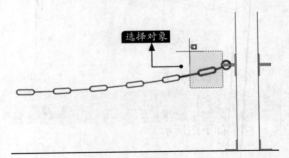

步骤 02 捕捉下图所示的中点作为镜像线的第一个点。

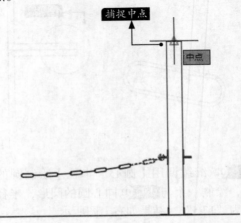

步骤 03 在竖直方向上单击指定镜像线的第二个点，并且保留源对象，结果如下图所示。

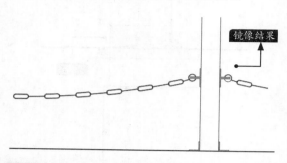

步骤 04 继续调用【镜像】命令，选择下图所示的对象作为需要镜像的对象。

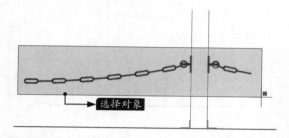

步骤 05 捕捉下图所示的中点作为镜像线的第一个点。

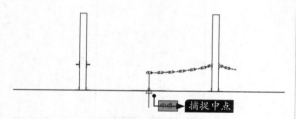

步骤 06 在竖直方向上单击指定镜像线的第二个点，并且保留源对象，结果如右上图所示。

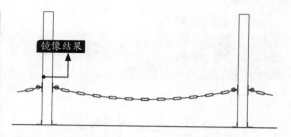

步骤 07 选择【修改】➤【复制】命令，选择下图所示的对象作为需要复制的对象。

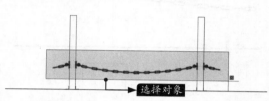

命令行提示如下。

当前设置：复制模式 = 多个

指定基点或 [位移 (D)/ 模式 (O)] < 位移 >: // 在绘图区域的空白位置处任意单击一点即可

指定第二个点或 [阵列 (A)] < 使用第一个点作为位移 >: @0,300

指定第二个点或 [阵列 (A)/ 退出 (E)/ 放弃 (U)] < 退出 >: @0,600

指定第二个点或 [阵列 (A)/ 退出 (E)/ 放弃 (U)] < 退出 >: ↙

结果如下图所示。

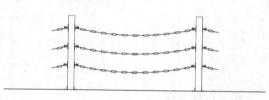

13.2.3 绘制钢链围墙护栏剖面图

下面综合利用直线、矩形、圆、修剪、复制、偏移、分解、延伸等命令绘制钢链围墙护栏剖面图，具体操作步骤如下。

步骤 01 选择【绘图】➤【矩形】命令，在命令行输入"fro"后按【Enter】键，捕捉右图所示的中点作为基点。

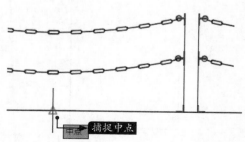

命令行提示如下。

> < 偏移 >: @854,−120
> 指定另一个角点或 [面积 (A)/ 尺寸 (D)/
> 旋转 (R)]: @296,−420

结果如下图所示。

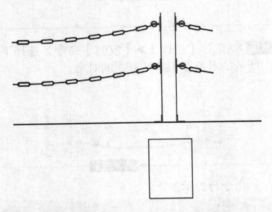

步骤 02 继续调用【矩形】命令，在命令行输入
"fro" 后按【Enter】键，捕捉下图所示的端点
作为基点。

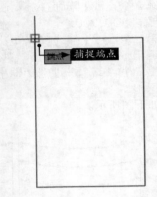

命令行提示如下。

> < 偏移 >: @50,0
> 指定另一个角点或 [面积 (A)/ 尺寸 (D)/
> 旋转 (R)]: @196,−6

结果如下图所示。

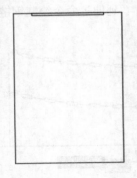

步骤 03 选择下图所示的部分图形，将其删除。

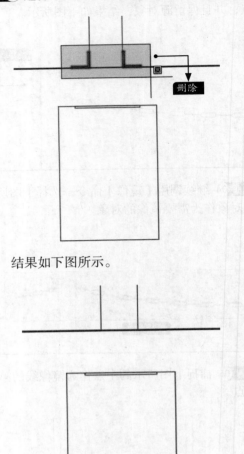

结果如下图所示。

步骤 04 选择【修改】➤【偏移】命令，偏移距
离设置为 "4"，将下图所示的矩形向内侧偏
移。

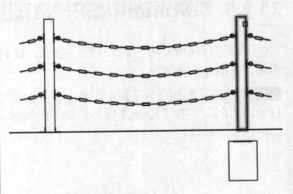

结果如下页图所示。

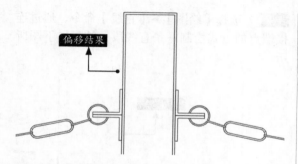

步骤 05 选择【修改】➤【分解】命令，将下图所示的两个矩形分解。

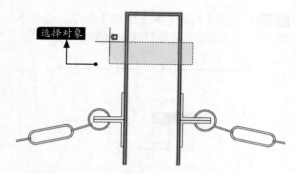

步骤 06 将下图所示的两条线段删除。

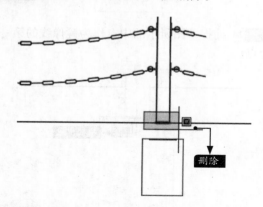

步骤 07 选择【修改】➤【延伸】命令，选择下图所示的矩形作为延伸的边界的边。

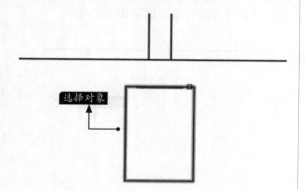

步骤 08 选择下图所示的图形作为需要延伸的对象。

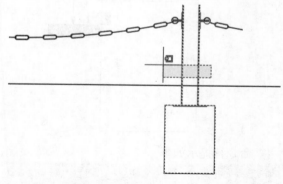

结果如下图所示。

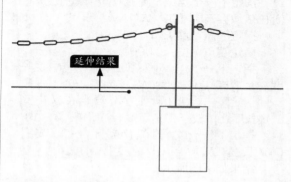

步骤 09 选择【修改】➤【修剪】命令，将多余线条修剪掉，结果如下图所示。

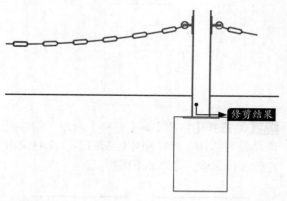

步骤 10 将"构件"层置为当前，选择【绘图】➤【多段线】命令，在命令行输入"fro"后按【Enter】键，捕捉下页图所示的端点作为基点。

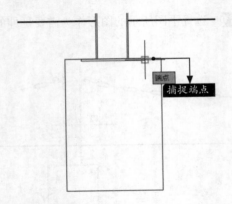

命令行提示如下。

  <偏移>: @-13,0

  当前线宽为 2.5000

  指定下一个点或 [圆弧 (A)/ 半宽 (H)/ 长度 (L)/ 放弃 (U)/ 宽度 (W)]: w

  指定起点宽度 <2.5000>: 0

  指定端点宽度 <0.0000>: 0

  指定下一个点或 [圆弧 (A)/ 半宽 (H)/ 长度 (L)/ 放弃 (U)/ 宽度 (W)]: @0,-289

  指定下一点或 [圆弧 (A)/ 闭合 (C)/ 半宽 (H)/ 长度 (L)/ 放弃 (U)/ 宽度 (W)]: @-36,-13

  指定下一点或 [圆弧 (A)/ 闭合 (C)/ 半宽 (H)/ 长度 (L)/ 放弃 (U)/ 宽度 (W)]: ↙

结果如下图所示。

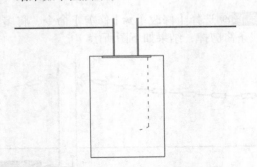

步骤 11 选择【修改】▶【偏移】命令，偏移距离设置为"10"，将刚才绘制的多段线对象向左侧进行偏移，结果如下图所示。

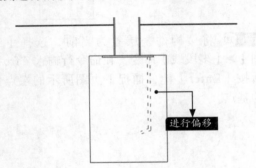

步骤 12 选择【绘图】▶【直线】命令，通过连接端点的方式绘制一条直线段，结果如下图所示。

步骤 13 选择【修改】▶【镜像】命令，选择下图所示的图形作为需要镜像的对象。

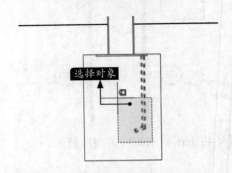

步骤 14 捕捉下图所示的中点作为镜像线的第一个点。

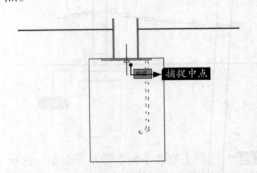

步骤 15 在竖直方向上单击指定镜像线的第二个点，并且保留源对象，结果如下图所示。

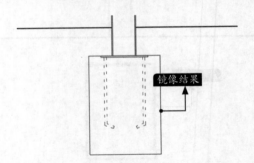

步骤 ⑯ 选择【绘图】▶【圆】▶【圆心、半径】命令，在命令行输入"fro"后按【Enter】键，捕捉下图所示的端点作为基点。

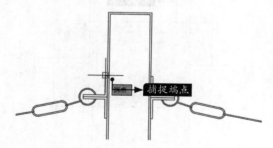

命令行提示如下。

> ＜偏移＞: @0,-22.5
> 指定圆的半径或 [直径 (D)] <1.2500> : 9
> 结果如下图所示。

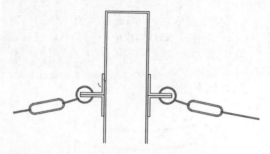

步骤 ⑰ 选择【修改】▶【修剪】命令，将多余部分线条修剪掉，结果如下图所示。

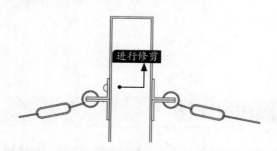

步骤 ⑱ 选择【绘图】▶【直线】命令，在命令行输入"fro"后按【Enter】键，捕捉下图所示的圆心点作为基点。

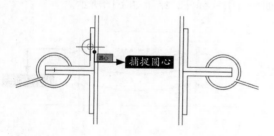

命令行提示如下。

> 基点: ＜偏移＞: @0,4.8
> 指定下一点或 [放弃 (U)]: @127.5,0
> 指定下一点或 [退出 (E)/ 放弃 (U)]: @0,-9.6
> 指定下一点或 [关闭 (C)/ 退出 (X)/ 放弃 (U)]: @-127.5,0
> 指定下一点或 [关闭 (C)/ 退出 (X)/ 放弃 (U)]: ↙

结果如下图所示。

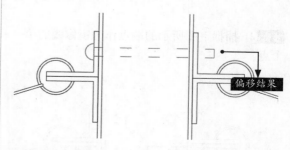

步骤 ⑲ 继续调用【直线】命令，在命令行输入"fro"后按【Enter】键，捕捉下图所示的中点作为基点。

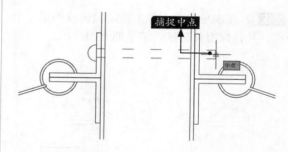

命令行提示如下。

> 基点: ＜偏移＞: @-17.5,12.5
> 指定下一点或 [放弃 (U)]: @9,0
> 指定下一点或 [退出 (E)/ 放弃 (U)]: @0,-25
> 指定下一点或 [关闭 (C)/ 退出 (X)/ 放弃 (U)]: @-9,0
> 指定下一点或 [关闭 (C)/ 退出 (X)/ 放弃 (U)]: ↙

结果如下图所示。

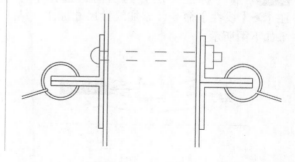

步骤 ⑳ 选择【修改】➤【镜像】命令，选择下图所示的图形作为需要镜像的对象。

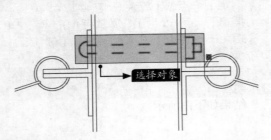

步骤 ㉑ 捕捉下图所示的端点作为镜像线的第一个点。

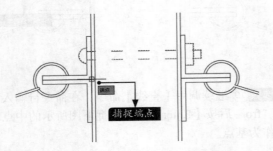

步骤 ㉒ 在水平方向上单击指定镜像线的第二个点，并且保留源对象，结果如下图所示。

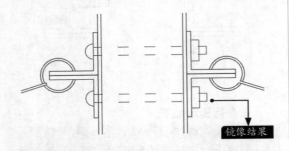

步骤 ㉓ 选择【修改】➤【复制】命令，选择下图所示的图形作为需要复制的对象。

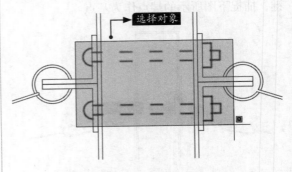

命令行提示如下。

当前设置：复制模式 = 多个
指定基点或 [位移 (D)/ 模式 (O)] < 位移 >:
指定第二个点或 [阵列 (A)] < 使用第一个点作为位移 >: @0, -300
指定第二个点或 [阵列 (A)/ 退出 (E)/ 放弃 (U)] < 退出 >: @0, -600
指定第二个点或 [阵列 (A)/ 退出 (E)/ 放弃 (U)] < 退出 >: ↙
结果如下图所示。

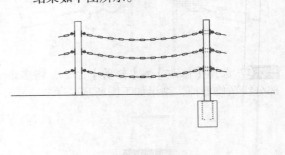

13.2.4 为钢链围墙护栏立面/剖面图添加注释

下面综合利用线性标注、多重引线标注等命令为钢链围墙护栏立面/剖面图添加注释，具体操作步骤如下。

步骤 ① 将"标注"层置为当前，选择【标注】➤【线性】命令，添加线性尺寸标注，结果如下图所示。

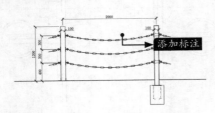

步骤 ② 选择【标注】➤【多重引线】命令，添加多重引线标注，结果如下图所示。

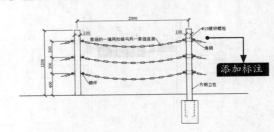

步骤 03 选择【绘图】➤【圆】➤【圆心、半径】命令，在适当的位置处绘制4个大小适当的圆形，结果如下图所示。

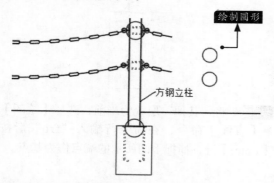

步骤 04 选择【绘图】➤【直线】命令，在适当的位置处绘制相应的直线段，结果如下图所示。

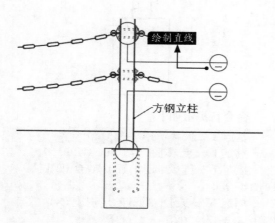

步骤 05 选择【绘图】➤【文字】➤【单行文字】命令，文字高度设置为"45"，角度设置为"0"，在适当的位置处输入相应的文字内容，结果如下图所示。

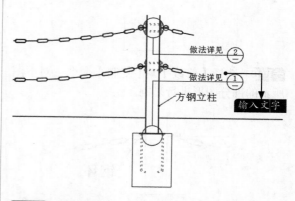

步骤 06 继续调用【单行文字】命令，文字高度设置为"70"，角度设置为"0"，在适当的位置处输入相应的文字内容，结果如下图所示。

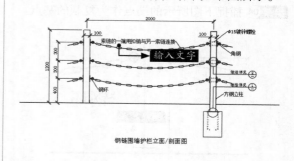

钢链围墙护栏立面/剖面图

13.2.5 绘制详图1

下面综合利用直线、复制、修剪、缩放、填充、线性标注、多重引线标注等命令为钢链围墙护栏绘制详图1，具体操作步骤如下。

步骤 01 选择【修改】➤【复制】命令，对下图所示的部分图形进行复制，位置适当即可。

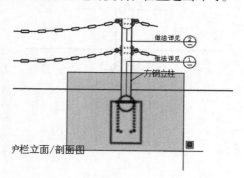

户栏立面/剖面图

复制结果如下图所示。

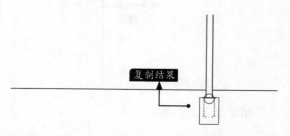

步骤 02 利用夹点编辑的方式对线段的长度进行适当调整，结果如下页图所示。

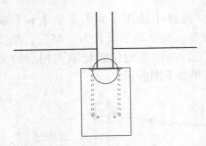

步骤 03 选择【修改】➤【复制】命令，对下图所示的部分图形进行复制。

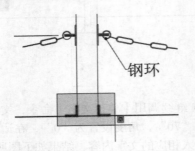

钢环

步骤 04 捕捉下图所示的端点作为复制的基点。

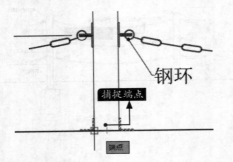

钢环

捕捉端点

端点

步骤 05 捕捉下图所示的端点作为复制的第二个点。

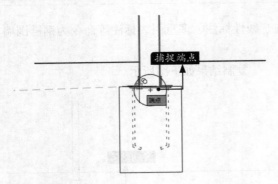

捕捉端点

端点

结果如右上图所示。

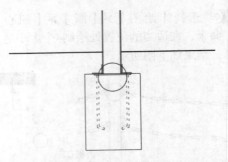

步骤 06 将"其他"层置为当前，选择【绘图】➤【直线】命令，在命令行输入"fro"后按【Enter】键，捕捉下图所示的端点作为基点。

捕捉端点
端点

命令行提示如下。

```
基点：＜偏移＞：@-220,0
指定下一点或 [ 放弃 (U)]：@240,0
指定下一点或 [ 退出 (E)/ 放弃 (U)]：
@12.4,38
指定下一点或 [ 关闭 (C)/ 退出 (X)/ 放弃
(U)]：@27.7,-75.5
指定下一点或 [ 关闭 (C)/ 退出 (X)/ 放弃
(U)]：@12.4,38
指定下一点或 [ 关闭 (C)/ 退出 (X)/ 放弃
(U)]：@240,0
指定下一点或 [ 关闭 (C)/ 退出 (X)/ 放弃
(U)]：↙
```

结果如下图所示。

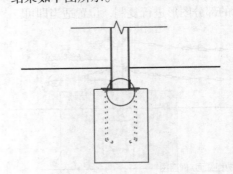

步骤 07 将圆形删除，选择【绘图】▶【图案填充】命令，图案选择"ANSI31"，比例设置为"1"，角度设置为"0"，填充结果如下图所示。

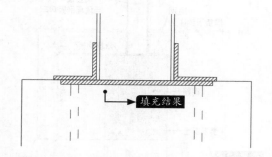

步骤 08 将"基层"图层置为当前，选择【绘图】▶【矩形】命令，绘制两个矩形，如下图所示。

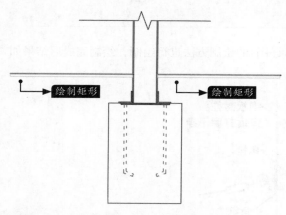

步骤 09 选择【绘图】▶【图案填充】命令，在刚绘制的矩形内部进行填充，图案选择"AR-PARQ1"，比例设置为"0.1"，角度设置为"45"，填充结果如下图所示。

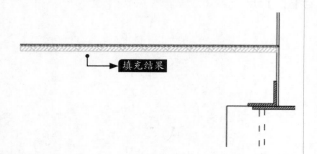

步骤 10 将"垫层"图层置为当前，选择【绘图】▶【图案填充】命令，在刚绘制的矩形内部进行填充，图案选择"AR-CONC"，比例设置为"0.1"，角度设置为"0"，填充结果如下图所示。

下图所示。

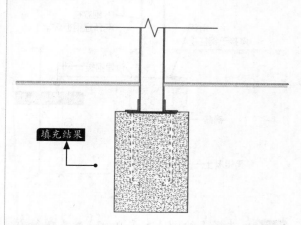

步骤 11 选择【修改】▶【缩放】命令，缩放的比例因子设置为"5"，对下图所示的图形进行缩放。

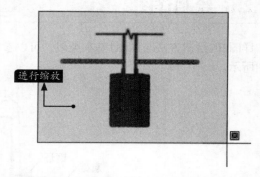

步骤 12 将"标注"层置为当前，选择【标注】▶【线性】命令，对文字大小及标注数值进行相应设置，标注结果如下图所示。

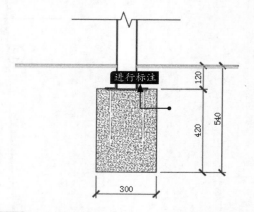

步骤 13 选择【标注】▶【多重引线】命令，进行多重引线标注，对文字大小进行相应设置，标注结果如下页图所示。

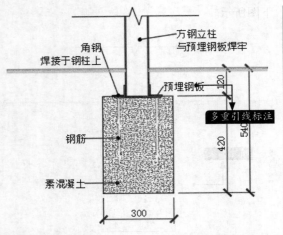

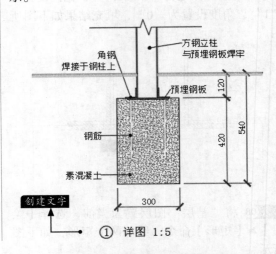

为"0,进行文字对象的创建,结果如下图所示。

① 详图 1:5

步骤⑭ 选择【绘图】▶【文字】▶【单行文字】命令,文字高度设置为"200",角度设置

13.2.6 绘制详图2

详图2的绘制方法与详图1基本类似,可以参考详图1的绘制方法进行绘制,绘制完成后结果如下图所示。

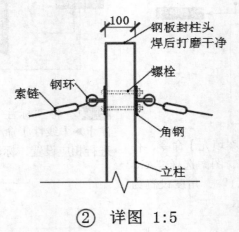

② 详图 1:5

第 **14** 章

城市广场总平面图设计

 学习目标

　　城市广场正在成为城市居民生活的一部分，它的出现被越来越多的人接受，为人们的生活空间提供了更多的物质支持。城市广场作为一种城市艺术建设类型，既承袭了传统和历史，也传递着美的韵律和节奏；既是一种公共艺术形态，也是一种城市构成的重要元素。在日益走向开放、多元、现代化的今天，城市广场这一载体所蕴含的诸多信息，成为规划设计领域深入研究的课题。

学习效果

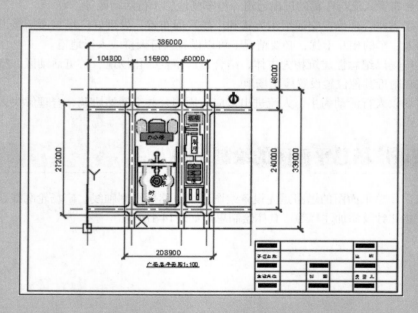

14.1 城市广场设计简介

城市广场是为满足多种城市社会生活需要而建设的，包含道路、山水、地形等多种软、硬质景观，具有一定的主题思想。

14.1.1 城市广场的设计标准

下面对城市广场的建设规范进行介绍。

（1）城市广场按性质、用途以及在道路网中的位置，可以分为公共活动广场、集散广场、交通广场、纪念性广场和商业广场等5类。这5类广场是相对划分的，有些广场兼有多种功能。

（2）广场应按照城市总体规划确定性质、功能和用地范围，并结合地形、自然环境和交通特征进行合理设计，应与四周建筑物相协调，处理好毗邻道路口和附近建筑物出入口的衔接关系。

（3）广场应实行人流、车流分离，设置分隔、导流设施，可以采用交通标志和标线指示行车方向、停车场地、步行活动区等。

（4）广场竖向设计应综合考虑地形、地下管线、土方工程、广场上主要建筑物标高、周围建筑设施标高、给排水要求等，实现广场整体布置的美观。

（5）广场坡度设计，平原地区应小于或等于1%，最小为0.3%；丘陵或山区应小于或等于3%，地形复杂的情况下可以建成阶梯式广场。

（6）各类广场功能如下。

①公共活动广场主要供居民文化休息活动，有集会时，应按集会的人数计算需用场地面积，并对各类车辆停放场地进行合理布置。

②集散广场应根据高峰时间段人流量和车辆的多少，以及公共建筑物主要出入口的位置，并结合地形，综合布置人流与车辆的进出通道、停车场地、步行活动区等。

③交通广场需要合理确定交通组织方式和广场平面布置，处理好广场与所衔接道路的交通，减少不同流向人、车的相互干扰，必要情况下可以设置人行天桥或人行地道。

④纪念性广场以纪念性建筑物为主体，结合地形布置绿化场地、游览活动区，整体环境以安静为主，可以在附近其他位置设置停车场地。

⑤商业广场以人行活动为主，人流进出口应与周围公共交通站协调，合理解决人流与车流的干扰。

14.1.2 城市广场总平面图的绘制思路

绘制城市广场总平面图的思路是先设置绘图环境，然后绘制轴线、广场轮廓线、人行道、广场内部建筑、指北针及添加注释等。具体绘制思路如表14-1所列。

表14-1

序号	绘图方法	结果	备注
1	设置绘图环境，如图层、文字样式、标注样式等	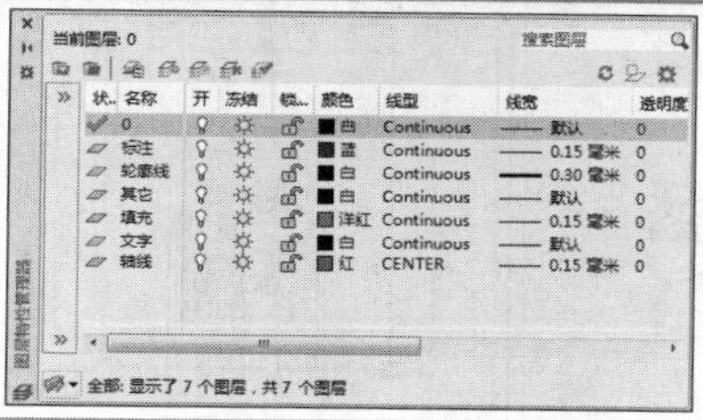	注意各图层的正确创建
2	利用直线、偏移等命令绘制轴线	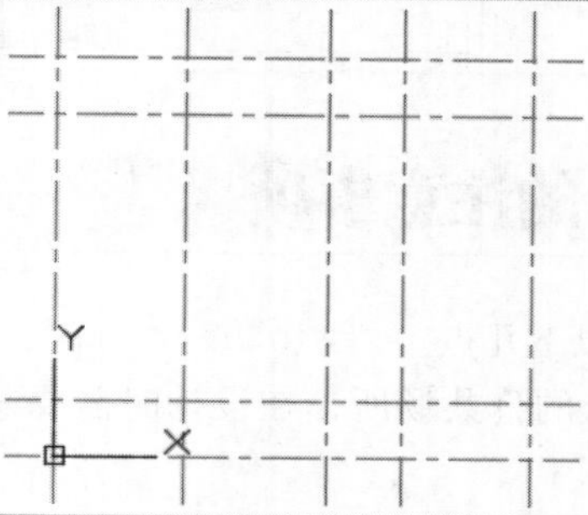	注意线型比例因子的设置
3	利用矩形、多线、分解、圆角等命令绘制广场轮廓线和人行道	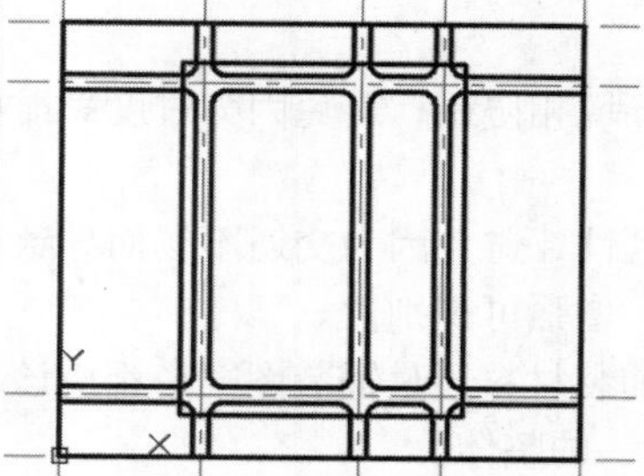	注意多线参数的设置
4	利用直线、圆形、多段线、圆角、镜像、偏移、修剪、阵列等命令绘制广场内部建筑	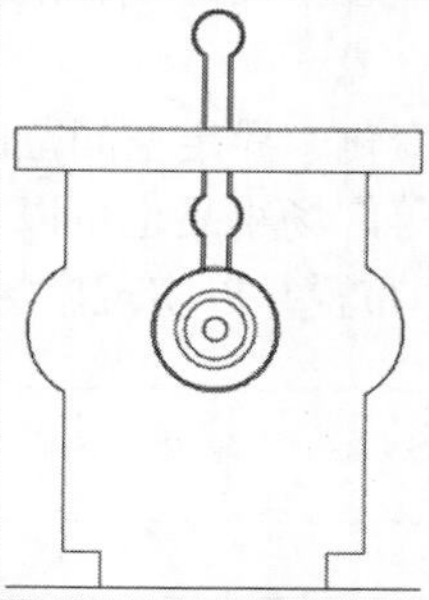	注意阵列参数的设置
5	利用多段线、图块、阵列、镜像、填充、文字等命令插入图块、填充图形并绘制指北针	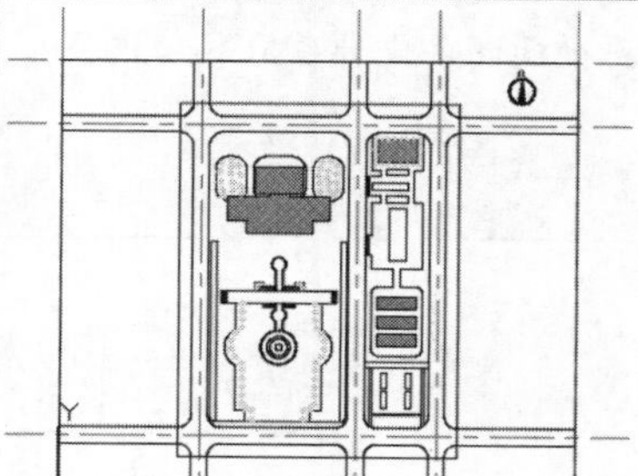	注意阵列参数的设置

续表

序号	绘图方法	结果	备注
6	利用图块、文字、标注等命令给图形添加注释	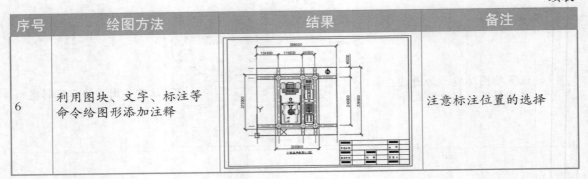	注意标注位置的选择

14.1.3 城市广场设计的注意事项

城市广场在设计时应注意以下几点。

（1）城市广场是面向大众的公共场所，在设计时需要避免因为过度追求时尚、个性、高端化，而与大众产生距离。

（2）避免小城市效仿大城市，大城市效仿发达国家大都市的模仿攀比，城市广场应该继承城市历史，传承城市文化。

（3）城市广场应与周围环境相协调，避免因为过度彰显而与周围设施比例不协调，继而显得格格不入。

（4）应充分考虑交通便利性，避免因为交通不畅而导致城市广场功能性的降低。

（5）要有明显的标志物，增强可识别性。

（6）整体统一，不论是铺装材料还是铺装图案，都应该与周围设施相互协调，确保不论是在视觉还是在功能上都是一个统一的整体。

（7）安全性，需要做到铺装材料无论是在干燥还是在潮湿的环境下都可以防滑，确保游人安全。

（8）可以通过铺装材料的图案和色彩变化，界定空间范围，实现区域的划分。

（9）灯柱、花台、花架、景墙、栏杆等广场小品也可以作为艺术品进行设计，可以在色彩、质感、尺度、造型、肌理上加以创新，合理布置，以实现广场空间的层次感和色彩的丰富变化。

14.2 设置绘图环境

 在绘制广场总平面图前先要建立相应的图层、设置文字样式和标注样式。

14.2.1 创建图层

本小节主要建立几个绘图需要的图层，具体创建方法如下。

步骤 01 启动AutoCAD 2020，新建一个图形文件，单击【默认】▶【图层】▶【图层特性】按钮 。在弹出的【图层特性管理器】面板中单击【新建图层】按钮 ，将新建的【图层1】重新命名为【轴线】，如下图所示。

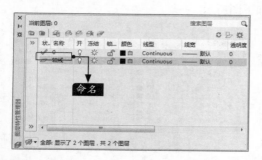

步骤 02 选择【轴线】的颜色色块来修改该图层的颜色，在弹出的【选择颜色】对话框中选择颜色为"红"，如下图所示。

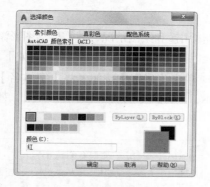

步骤 03 单击【确定】按钮，返回【图层特性管理器】面板，可以看到【轴线】图层的颜色已经改为红色，如下图所示。

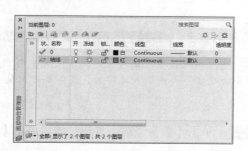

步骤 04 单击【线型】按钮 Continu...，弹出【选择线型】对话框，如下图所示。

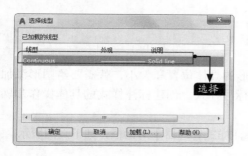

步骤 05 单击【加载】按钮，在弹出的【加载或重载线型】对话框中选择【CENTER】选项，如下图所示。

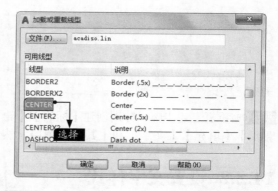

步骤 06 单击【确定】按钮，返回【选择线型】对话框，选择【CENTER】线型，然后单击【确定】按钮，即可将【轴线】的线型改为"CENTER"线型，如下图所示。

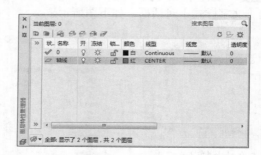

步骤 07 单击【线宽】按钮 —— 默认，在弹出的【线宽】对话框中选择【0.15mm】选项，如下图所示。

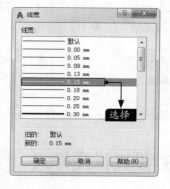

步骤 08 单击【确定】按钮，返回【图层特性管理器】面板，可以看到【轴线】图层的线宽已发生变化，如下页图所示。

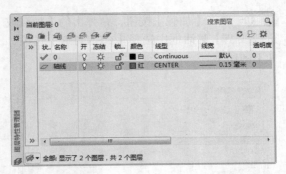

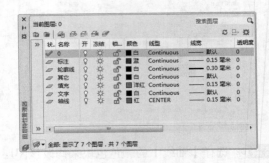

后修改相应的颜色、线型、线宽等特性，结果如下图所示。

步骤 09 重复上述步骤，分别创建【标注】【轮廓线】【填充】【文字】和【其他】图层，然

14.2.2 设置文字样式

图纸完成后，为了更加清晰地说明某一部分图形的具体用途和绘图情况，就需要给图形添加文字说明，添加文字说明前，首先需要创建合适的文字样式。创建文字样式的具体操作步骤如下。

步骤 01 选择【格式】➤【文字样式】命令，弹出【文字样式】对话框，如下图所示。

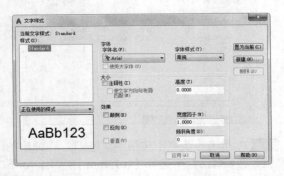

步骤 02 单击【新建】按钮，在弹出的【新建文字样式】对话框的【样式名】文本框中输入"广场平面文字"，如下图所示。

步骤 03 单击【确定】按钮，将【字体名】改为【楷体】，将文字高度设置为"100"，如下图所示。

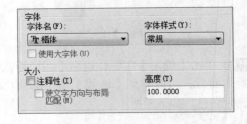

小提示

这里一旦设置了高度，则接下来再使用"广场平面文字"样式输入文字时，文字高度只能为100。

步骤 04 单击【置为当前】按钮，然后单击【关闭】按钮。

14.2.3 设置标注样式

图纸完成后，为了更加清晰地说明某一部分图形的具体位置和大小，就需要给图形添加标注，添加标注前，首先需要创建符合该图形标注的标注样式。创建标注样式的具体操作步骤如下。

步骤 01 选择【格式】➤【标注样式】命令，弹出【标注样式管理器】对话框，如下页图所示。

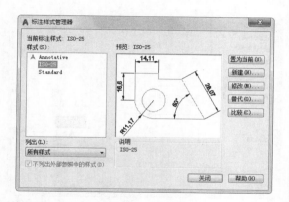

步骤 02 单击【新建】按钮，在弹出的【创建新标注样式】对话框的【新样式名】文本框中输入"广场平面标注"，如下图所示。

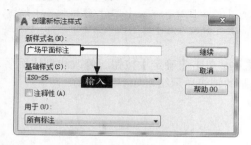

步骤 03 单击【继续】按钮，在【符号和箭头】选项区域中将箭头改为【建筑标记】，其他设置不变，如下图所示。

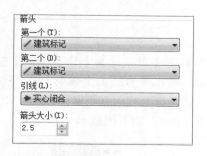

步骤 04 选择【调整】选项区域，将【标注特征比例】改为"50"，其他设置不变，如下图所示。

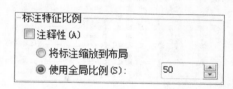

> **小提示**
>
> "标注特征比例"可以使标注的箭头、文字的高度、起点偏移量、超出尺寸线等发生改变，但不能改变测量出来的尺寸值。

步骤 05 选择【主单位】选项区域，将【测量单位比例】改为"100"，其他设置不变，如下图所示。

> **小提示**
>
> "测量单位比例"可以改变测量出来的值的大小，例如，绘制的是10的长度，如果"测量单位比例"为100，那么标注显示的将为1 000。"测量单位比例"不能改变箭头、文字高度、起点偏移量、超出尺寸线的大小。

步骤 06 单击【确定】按钮，返回【标注样式管理器】对话框后单击【置为当前】按钮，然后单击【关闭】按钮。

14.3 绘制轴线

  图层创建完毕后，接下来介绍绘制轴线。轴线是外轮廓的定位线，因为建筑图形一般比较大，所以在绘制时经常采用较小的绘图比例，本节采取的绘图比例为1：100。轴线的具体绘制步骤如下。

步骤 01 选中【轴线】图层，单击 （置为当前）按钮将该图层置为当前层，如下页图所示。

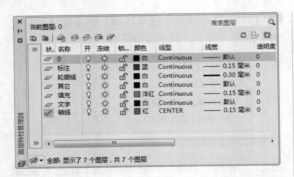

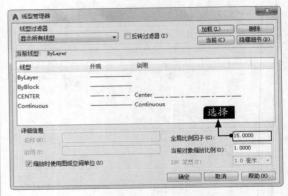

步骤 02 关闭【图层特性管理器】后，单击【默认】▶【绘图】▶【直线】按钮，绘制两条直线，命令行提示如下。

```
命令：LINE
指定第一点：-400,0
指定下一点或 [放弃(U)]: @4660,0
指定下一点或 [放弃(U)]: // 按[Enter]键
命令：LINE
指定第一点：0,-400
指定下一点或 [放弃(U)]: @0,4160
指定下一点或 [放弃(U)]: // 按【Enter】
键结束命令
```

结果如下图所示。

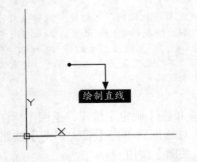

步骤 03 单击【默认】▶【特性】▶【线型】下拉按钮，选择【其他】选项，如下图所示。

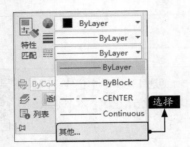

步骤 04 在弹出的【线型管理器】对话框中将【全局比例因子】改为"15"，如右上图所示。

小提示

如果【线型管理器】对话框中没有显示【详细信息】选项区域，单击【显示/隐藏细节】按钮，可以将【详细信息】选项区域显示出来。

步骤 05 单击【确定】按钮，修改线型比例后，绘制的轴线显示结果如下图所示。

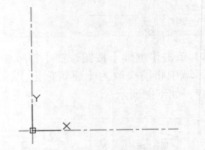

步骤 06 单击【默认】▶【修改】▶【偏移】按钮，将水平直线向上偏移480、2 880和3 360，将竖直直线向右侧偏移1 048、2 217、2 817和3 860，如下图所示。

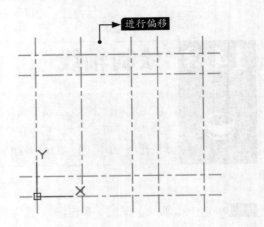

14.4 绘制广场轮廓线和人行道

轴线绘制完成后，接下来介绍绘制广场的外轮廓线和人行道。

14.4.1 绘制广场轮廓线

广场的轮廓线主要通过矩形来绘制，绘制广场轮廓线时通过捕捉轴线的交点即可完成矩形的绘制，具体操作步骤如下。

步骤01 单击【默认】➤【图层】➤【图层】下拉按钮，将【轮廓线】图层置为当前层，如下图所示。

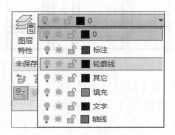

步骤02 单击【默认】➤【绘图】➤【矩形】按钮▭，根据命令行提示捕捉轴线的交点，结果如下图所示。

步骤03 重复**步骤02**，绘制广场的内轮廓线，输入矩形的两个角点分别为（888，320）和（2 977，3 040），结果如下图所示。

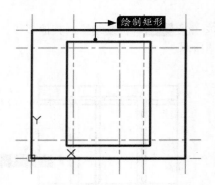

> **小提示**
>
> 只有在状态栏上将【线宽】设置为显示状态时，设置的线宽才能在AutoCAD窗口上显示出来。状态栏图标如下。

14.4.2 绘制人行道轮廓

广场轮廓线绘制完毕后，本小节介绍绘制人行道。绘制人行道主要需用到【多线】和【多线编辑】命令，具体绘制步骤如下。

步骤01 选择【绘图】➤【多线】命令，命令行提示如下。

```
命令：MLINE
当前设置：对正 = 上，比例 = 20.00，样式 = STANDARD
指定起点或 [ 对正 (J)/ 比例 (S)/ 样式 (ST)]：S
```

输入多线比例 <20.00>：120
当前设置：对正 = 上，比例 = 120.00，样式 = STANDARD
指定起点或 [对正 (J)/ 比例 (S)/ 样式 (ST)]：j
输入对正类型 [上 (T)/ 无 (Z)/ 下 (B)] < 上 >：z
当前设置：对正 = 无，比例 = 120.00，样式 = STANDARD
指定起点或 [对正 (J)/ 比例 (S)/ 样式 (ST)]：// 捕捉轴线的交点
指定下一点： // 捕捉另一端的交点
指定下一点或 [放弃 (U)]： // 按【Enter】键结束命令

结果如下图所示。

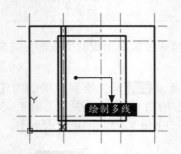

绘制多线

步骤 02 重复 步骤 01，继续绘制其他多线，结果如下图所示。

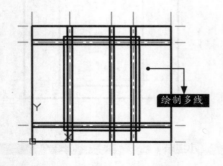

绘制多线

步骤 03 选择【修改】➤【对象】➤【多线】命令，弹出下图所示的【多线编辑工具】对话框。

步骤 04 选择【十字合并】选项，然后选择相交的多线进行修剪，结果如下图所示。

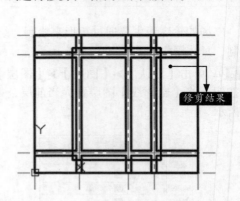

修剪结果

步骤 05 单击【默认】➤【修改】➤【分解】按钮，然后选择【十字合并】后的多线，将其进行分解。

步骤 06 单击【默认】➤【修改】➤【圆角】按钮，输入 "R" 将圆角半径设置为 "100"，然后输入 "M" 对多处进行圆角，最后选择需要圆角的两条边。圆角后结果如下图所示。

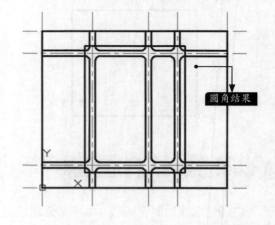

圆角结果

14.5 绘制广场内部建筑

本节介绍绘制广场内部的建筑，广场内部建筑主要有护栏、树池、平台、喷泉等。广场内部建筑也是广场平面图的重点。

14.5.1 绘制广场护栏、树池和平台

绘制广场的护栏、树池和平台图形时主要用到了【直线】和【多段线】命令，其具体操作步骤如下。

步骤 01 单击【默认】➤【绘图】➤【直线】按钮 ／，绘制广场的护栏，命令行提示如下。

```
命令：LINE 指定第一点：1168,590
指定下一点或 [ 放弃 (U)]: @0, 1390
指定下一点或 [ 放弃 (U)]: @-40,0
指定下一点或 [ 闭合 (C)/ 放弃 (U)]: @0,-1390
指定下一点或 [ 闭合 (C)/ 放弃 (U)]: @1009,0
指定下一点或 [ 闭合 (C)/ 放弃 (U)]: @0, 1390
指定下一点或 [ 放弃 (U)]: @-40,0
指定下一点或 [ 放弃 (U)]: @0,-1390
指定下一点或 [ 闭合 (C)/ 放弃 (U)]: // 按【Enter】键结束命令
```

结果如下图所示。

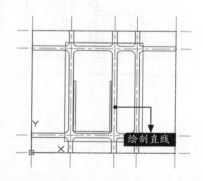

绘制直线

步骤 02 单击【默认】➤【修改】➤【圆角】按钮 ，对绘制的护栏进行圆角，圆角半径为 30，结果如下图所示。

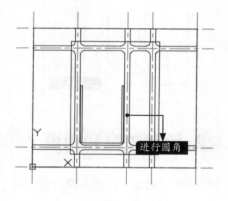

进行圆角

小提示

为了便于观察绘制的图形，单击 按钮，将线宽隐藏起来。

步骤 03 单击【默认】➤【绘图】➤【多段线】按钮 ，绘制树池，命令行提示如下。

```
命令：PLINE
指定起点：1390,590 当前线宽为 0.0000
指定下一点或 [ 圆弧 (A)/……/ 宽度 (W)]: @0,80
指定下一点或 [ 圆弧 (A)/……/ 宽度 (W)]: @-80,0
指定下一点或 [ 圆弧 (A)/……/ 宽度
```

(W)]: @0,350
　　指定下一点或 [圆弧 (A)/……/ 宽度 (W)]: a
　　指定圆弧的端点或 [角度 (A)/…… / 宽度 (W)]: r
　　指定圆弧的半径 : 160
　　指定圆弧的端点或 [角度 (A)]: a
　　指定包含角 : -120
　　指定圆弧的弦方向 <90>: 90
　　指定圆弧的端点或 [角度 (A)/……/ 宽度 (W)]: l
　　指定下一点或 [圆弧 (A)/……/ 宽度 (W)]: @0,213
　　指定下一点或 [圆弧 (A)/……/ 宽度 (W)]: // 按【Enter】键结束命令

结果如下图所示。

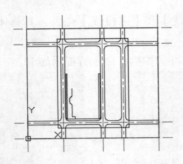

步骤 04 单击【默认】►【修改】►【镜像】按钮，通过镜像绘制另一侧的树池，结果如下图所示。

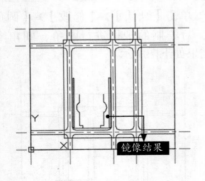

镜像结果

步骤 05 单击【默认】►【绘图】►【直线】按钮，绘制平台，命令行提示如下。

命令 : LINE
　　指定第一点 : 1200,1510
　　指定下一点或 [放弃 (U)]: @0,90
　　指定下一点或 [放弃 (U)]: @870,0
　　指定下一点或 [闭合 (C)/ 放弃 (U)]: @0,-90
　　指定下一点或 [闭合 (C)/ 放弃 (U)]: c
结果如下图所示。

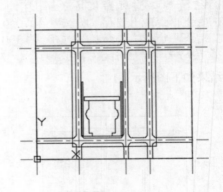

14.5.2 绘制喷泉和甬道

本小节介绍喷泉、甬道和旗台的绘制，具体操作步骤如下。

步骤 01 单击【默认】►【绘图】►【圆】►【圆心、半径】按钮，绘制一个圆心在（1 632.5，1 160）、半径为"25"的圆，如右图所示。

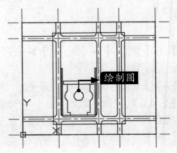

绘制圆

步骤 02 单击【默认】➤【修改】➤【偏移】按钮，将上一步绘制的圆向内侧偏移5、50、70和110，结果如下图所示。

步骤 05 调用【偏移】命令，将 **步骤 03** 绘制的直线分别向两侧各偏移25和30，将 **步骤 04** 绘制的圆向外侧偏移5，如下图所示。

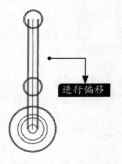

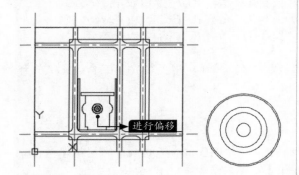

步骤 03 调用【直线】命令，绘制一条端点过喷泉圆心、长为"650"的直线，如下图所示。

步骤 06 调用【修剪】命令，对平台和甬道进行修剪，结果如下图所示。

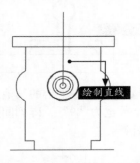

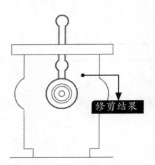

步骤 04 调用【圆】命令，分别以（1 632.5，1 410）和（1 632.5，1 810）为圆心，绘制两个半径为"50"的圆，如下图所示。

小提示

修剪过程中，在不退出【修剪】命令的情况下，输入"R"，然后选择对象，再按【Enter】键可以将选择的对象删除，删除后可以继续进行修剪。在修剪过程中，如果某处修剪错误，输入"U"，然后按【Enter】键，可以将刚修剪的地方撤销。如果整个修剪命令结束后再输入"U"，按【Enter】键后则撤销整个修剪。

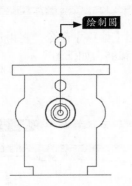

14.5.3 绘制花池和台阶

本小节介绍绘制花池和台阶。绘制花池和台阶时，主要用到了【多段线】【直线】【偏移】和【阵列】命令。绘制花池和台阶的具体操作步骤如下。

步骤 01 调用【多线】命令，绘制花池平面图，命令行提示如下。

命令：PLINE

```
指定起点：1452.5,1600
当前线宽为 0.0000
指定下一点或 [ 圆弧 (A)/ 半宽 (H)/ 长度 (L)/ 放弃 (U)/ 宽度 (W)]：@0,70
指定下一点或 [ 圆弧 (A)/ 闭合 (C)/ 半宽 (H)/ 长度 (L)/ 放弃 (U)/ 宽度 (W)]：@65,0
指定下一点或 [ 圆弧 (A)/ 闭合 (C)/ 半宽 (H)/ 长度 (L)/ 放弃 (U)/ 宽度 (W)]：@0,−30
指定下一点或 [ 圆弧 (A)/ 闭合 (C)/ 半宽 (H)/ 长度 (L)/ 放弃 (U)/ 宽度 (W)]：a
指定圆弧的端点或
[ 角度 (A)/ 圆心 (CE)/ 闭合 (CL)/ 方向 (D)/ 半宽 (H)/ 直线 (L)/ 半径 (R)/ 第二个点 (S)/ 放弃
(U)/ 宽度 (W)]：ce
指定圆弧的圆心：1517.5,1600
指定圆弧的端点或 [ 角度 (A)/ 长度 (L)]：a
指定包含角：90
指定圆弧的端点或 [ 角度 (A)/ 圆心 (CE)/ 闭合 (CL)/ 方向 (D)/ 半宽 (H)/ 直线 (L)/ 半径 (R)/
第二个点 (S)/ 放弃 (U)/ 宽度 (W)]：       // 按【Enter】键结束命令
```

结果如下图所示。

阵列完成后结果如下图所示。

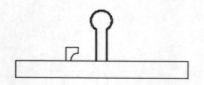

步骤 02 调用【偏移】命令，将上一步绘制的花池外轮廓线向内偏移5，如下图所示。

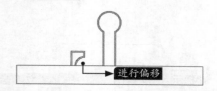

进行偏移

步骤 03 调用【镜像】命令，将 **步骤 01** ~ **步骤 02** 绘制好的花池沿平台的水平中线进行镜像，结果如下图所示。

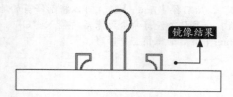

镜像结果

步骤 04 单击【默认】➤【修改】➤【阵列】➤【矩形阵列】按钮 ⬚⬚，选择平台左侧竖直线为阵列对象，然后设置列数为 "9"，介于为 "5"，行数为 "1"，如下图所示。

▥ 列数：	9		▤ 行数：	1	
▦ 介于：	5		▤ 介于：	135	fx
▦ 总计：	40		▤ 总计：	135	
	列			行 ▾	

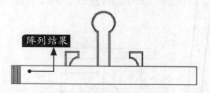

阵列结果

步骤 05 重复 **步骤 04** 对平台的其他3条边进行阵列，阵列个数也为 "9"，阵列间距为 "5"，结果如下图所示。

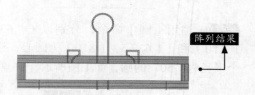

阵列结果

步骤 06 调用【偏移】命令，将甬道的两条边分别向两侧偏移85，如下图所示。

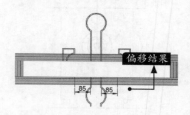

偏移结果 85 85

步骤 07 调用【修剪】命令，对台阶进行修剪，结果如下图所示。

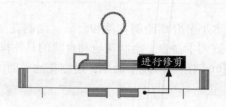

进行修剪

14.5.4 绘制办公楼

本小节介绍绘制办公楼，其中包含花圃的绘制，主要用到了【矩形】【直线】【分解】和【圆角】命令，具体绘制步骤如下。

步骤 01 调用【矩形】命令，分别以（1 450，2 350）和（1 810，2 550）为角点绘制一个矩形，如下图所示。

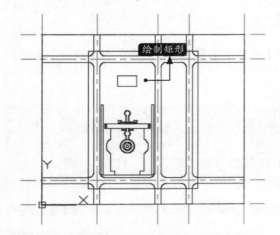

步骤 02 重复 步骤 01，继续绘制矩形，结果如下图所示。

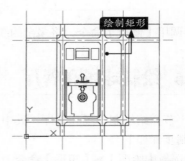

步骤 03 调用【圆角】命令，对 步骤 02 绘制的3个矩形进行圆角，圆角半径为"100"，如下图所示。

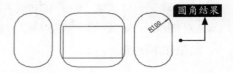

小提示

输入圆角半径后，当提示选择第一个对象时，输入"P"，然后选择【矩形】选项，可以同时对矩形的4个角进行圆角。

步骤 04 调用【多段线】命令，命令行提示如下。

```
命令：PLINE
指定起点：1560,2350    当前线宽为 0.0000
指定下一点或 [ 圆弧 (A)/ 半宽 (H)/ 长度 (L)/ 放弃 (U)/ 宽度 (W)]：@0,-26
指定下一点或 [ 圆弧 (A)/ 闭合 (C)/ 半宽 (H)/ 长度 (L)/ 放弃 (U)/ 宽度 (W)]：@-315,0
指定下一点或 [ 圆弧 (A)/ 闭合 (C)/ 半宽 (H)/ 长度 (L)/ 放弃 (U)/ 宽度 (W)]：@0,-185
指定下一点或 [ 圆弧 (A)/ 闭合 (C)/ 半宽 (H)/ 长度 (L)/ 放弃 (U)/ 宽度 (W)]：@145,0
指定下一点或 [ 圆弧 (A)/ 闭合 (C)/ 半宽 (H)/ 长度 (L)/ 放弃 (U)/ 宽度 (W)]：@0,-90
指定下一点或 [ 圆弧 (A)/ 闭合 (C)/ 半宽 (H)/ 长度 (L)/ 放弃 (U)/ 宽度 (W)]：@488,0
指定下一点或 [ 圆弧 (A)/ 闭合 (C)/ 半宽 (H)/ 长度 (L)/ 放弃 (U)/ 宽度 (W)]：@0,90
指定下一点或 [ 圆弧 (A)/ 闭合 (C)/ 半宽 (H)/ 长度 (L)/ 放弃 (U)/ 宽度 (W)]：@137,0
指定下一点或 [ 圆弧 (A)/ 闭合 (C)/ 半宽 (H)/ 长度 (L)/ 放弃 (U)/ 宽度 (W)]：@0, 185
指定下一点或 [ 圆弧 (A)/ 闭合 (C)/ 半宽 (H)/ 长度 (L)/ 放弃 (U)/ 宽度 (W)]：@-307,0
指定下一点或 [ 圆弧 (A)/ 闭合 (C)/ 半宽 (H)/ 长度 (L)/ 放弃 (U)/ 宽度 (W)]：@0,26
指定下一点或 [ 圆弧 (A)/ 闭合 (C)/ 半宽 (H)/ 长度 (L)/ 放弃 (U)/ 宽度 (W)]：    // 按【Enter】
键结束命令
```
结果如下页图所示。

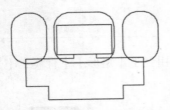

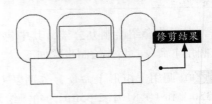

修剪结果

掉，结果如下图所示。

步骤 05 调用【修剪】命令，将多余的线段修剪

14.5.5 绘制球场和餐厅

本小节介绍绘制球场和餐厅，其中主要用到了【矩形】【直线】【偏移】和【修剪】命令，具体绘制步骤如下。

步骤 01 选择【绘图】▶【矩形】命令，命令行提示如下。

```
命令：RECTANG
指定第一个角点或 [ 倒角 (C)/ 标高 (E)/ 圆角 (F)/ 厚度 (T)/ 宽度 (W)]：f
指定矩形的圆角半径 <0.0000>：45
指定第一个角点或 [ 倒角 (C)/ 标高 (E)/ 圆角 (F)/ 厚度 (T)/ 宽度 (W)]：2327,1640
指定另一个角点或 [ 面积 (A)/ 尺寸 (D)/ 旋转 (R)]：2702,1100
```

结果如下图所示。

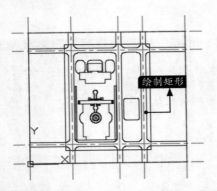

绘制矩形

步骤 02 重复 步骤 01，继续绘制矩形，当提示指定第一个角点时输入"F"，然后设置圆角半径为"0"，结果如下图所示。

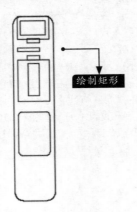

绘制矩形

小提示

对于重复使用的命令可以在命令行先输入"multiple"，然后再输入相应的命令即可重复使用该命令。例如，本例可以在命令行输入"multiple"，然后再输入"rectang"（或rec）即可重复绘制矩形，直到按【Esc】键退出【矩形】命令为止。

各矩形的角点分别为（2 327,2 820）/（2 702,2 534）、（2 365,2 764）/（2 664,2 594）、（2 437,2 544）/（2 592,2 494）、（2 327,2 434）/（2 592,2 384）、（2 437,2 334）/（2 592,2 284）、（2 327,2 284）/（2 702,1 774）、（2 450,2 239）/（2 580,1 839）。

步骤 03 调用【偏移】命令，将该区域最左边的竖直线向右偏移110、212、262和365，结果如下图所示。

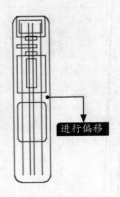

进行偏移

步骤 04 调用【修剪】命令，将多余的线段修剪掉，结果如下图所示。

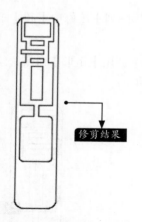

修剪结果

步骤 05 调用【直线】命令，绘制两条水平直线，如下图所示。

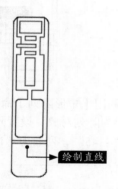

绘制直线

步骤 06 调用【偏移】命令，将上步绘制的上侧直线向上分别偏移830、980、1284和1434，将下侧直线向下偏移354和370，如下图所示。

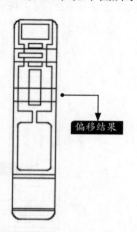

偏移结果

步骤 07 重复**步骤 06**，将两侧的直线向内侧分别偏移32和57，如右上图所示。

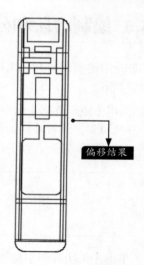

偏移结果

步骤 08 调用【延伸】命令，将偏移后的竖直直线延伸到与圆弧相交，结果如下图所示。

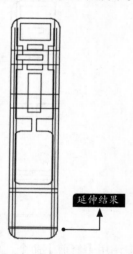

延伸结果

步骤 09 选择【修改】➤【修剪】命令，对图形进行修剪，结果如下图所示。

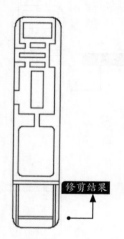

修剪结果

14.5.6 绘制台阶和公寓楼

本节介绍绘制台阶和公寓楼，其中主要用到了【矩形阵列】【修剪】和【矩形】命令，具体绘制步骤如下。

步骤 01 调用【矩形阵列】命令，选择最左侧的直线为阵列对象，设置阵列列数为"6"，介于为"5"，行数为"1"，如下图所示。

列数:	6	行数:	1
介于:	5	介于:	3120
总计:	25	总计:	3120
	列		行

步骤 02 单击【关闭阵列】按钮，结果如下图所示。

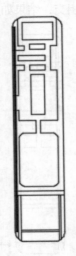

步骤 03 调用【修剪】命令，对阵列后的直线进行修剪得到台阶，结果如下图所示。

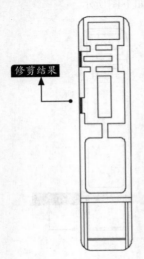

修剪结果

步骤 04 调用【矩形】命令，绘制两个矩形，如下图所示。

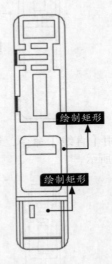

绘制矩形

绘制矩形

步骤 05 调用【矩形阵列】命令，选择上一步绘制的矩形为阵列对象，设置阵列行数为"3"，介于为"-145"，列数为"1"，如下图所示。

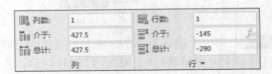

列数:	1	行数:	3
介于:	427.5	介于:	-145
总计:	427.5	总计:	-290
	列		行

步骤 06 单击【关闭阵列】按钮，结果如下图所示。

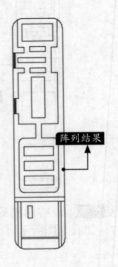

阵列结果

步骤 07 重复【矩形阵列】命令，对另一个矩形进行阵列，设置阵列行数为"2"，介于为"–144"，列数为"2"，介于为"181"，如下图所示。

列数：	2	行数：	2
介于：	181	介于：	-144
总计：	181	总计：	-144
列		行 ▾	

步骤 08 单击【关闭阵列】按钮结果如下图所示。

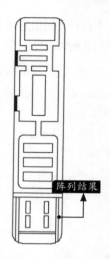

阵列结果

14.6 插入图块、填充图形并绘制指北针

广场内部结构绘制完毕后，接下来需要进一步完善广场内部建筑。本节主要介绍如何插入图块、填充图形及绘制建筑指北针。

14.6.1 插入盆景图块

建筑绘图中，因为相似的构件使用非常多，所以一般都创建有专门的图块库。将所需要的图形按照规定比例创建，然后转换为块，在使用时直接插入即可。本小节主要是把盆景图块插入图形中。

步骤 01 把【0】图层设置为当前层，然后选择【插入】▶【块选项板】命令，在弹出的【块选项板】▶【当前图形】选项卡中单击"···"按钮，在弹出的【选择图形文件】对话框中选择"素材\CH13\盆景"文件，如下图所示。

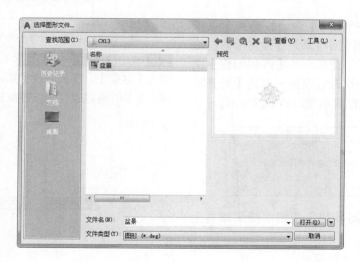

步骤 02 单击【打开】按钮返回【块选项板】，将插入点设置为（1 440,610），如下图所示。

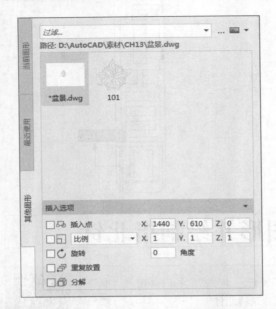

步骤 03 在"盆景"图块上单击鼠标右键选择插入，结果如下图所示。

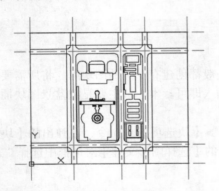

步骤 04 调用【路径阵列】命令，选择上一步插入的【盆景】为阵列对象，选择树池的左轮廓线为阵列的路径，在弹出的【阵列创建】选项区域对阵列的特性进行设置，取消【对齐项目】的选中，其他设置不变，如下图所示。

步骤 05 单击【关闭阵列】按钮，结果如右上图所示。

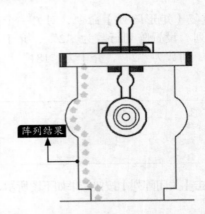

步骤 06 调用【镜像】命令，选择上一步阵列后的盆景，然后将它沿两边树池的竖直中心线镜像，结果如下图所示。

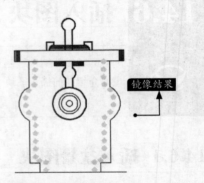

步骤 07 重复 **步骤 01** ~ **步骤 03**，给办公楼的花池中插入【盆景】，插入盆景时随意放置，结果如下图所示。

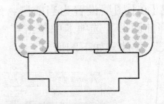

步骤 08 重复 **步骤 01** ~ **步骤 03**，给台阶处的花池插入【盆景】，插入时设置插入比例为"0.5"，插入盆景时随意放置，结果如下图所示。

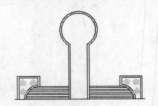

步骤 09 重复 步骤 01 ~ 步骤 03，在球场四周插入【盆景】，插入时设置插入比例为"0.5"，插入后进行矩形阵列。为了便于插入后的调节，插入时取消【关联】，结果如右图所示。

14.6.2 图案填充

图形绘制完成后，即可对相应的图形进行填充，以方便施工时识别。

步骤 01 把【填充】图层设置为当前层，然后单击【默认】➤【绘图】➤【图案填充】按钮，弹出【图案填充创建】选项区域，单击【图案】面板中的 ▼ 按钮，选择【AR-PARQ1】图案，如下图所示。

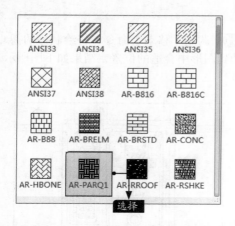

> **小提示**
>
> 【图案填充创建】选项区域，只有在选择图案填充命令后才会出现。

步骤 02 在【特性】面板中将角度改为"45°"，比例改为"0.2"，如下图所示。

	图案填充透明度	0
	角度	45
	0.2	

步骤 03 单击办公楼区域，结果如下图所示。

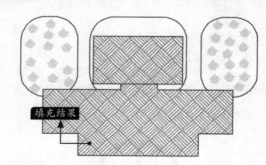

填充结果

步骤 04 重复 步骤 01 ~ 步骤 03，对篮球场和公寓楼进行填充，结果如下图所示。

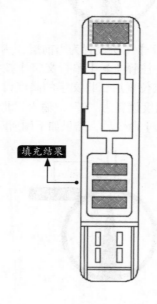

填充结果

14.6.3 绘制指北针

本小节介绍绘制指北针。绘制指北针时主要用到了【圆环】和【多段线】命令，具体操作步骤如下。

步骤 01 把【其他】图层设置为当前层，然后选择【绘图】▶【圆环】命令，绘制一个内径为180、外径为200的圆环，如下图所示。

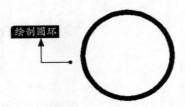
绘制圆环

步骤 02 调用【多段线】命令，命令行提示如下。

```
命令：PLINE
指定起点：        // 捕捉下图所示的 A 点
当前线宽为 0.0000
指定下一个点或 [ 圆弧 (A)/ 半宽 (H)/ 长度 (L)/ 放弃 (U)/ 宽度 (W)]：w
指定起点宽度 <0.0000>：0
指定端点宽度 <0.0000>：50
指定下一个点或 [ 圆弧 (A)/ 半宽 (H)/ 长度 (L)/ 放弃 (U)/ 宽度 (W)]：    // 捕捉下图所示的 B 点
指定下一点或 [ 圆弧 (A)/ 闭合 (C)/ 半宽 (H)/ 长度 (L)/ 放弃 (U)/ 宽度 (W)]：    // 按【Enter】
键结束命令
```

结果如下图所示。

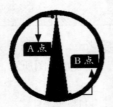
A 点　　B 点

步骤 03 将【文字】图层设置为当前层，然后单击【默认】▶【注释】▶【单行文字】按钮，指定文字的起点位置后，将文字的高度设置为"50"，旋转角度设置为"0"，输入"北"，退出【文字输入】命令后，结果如下图所示。

输入文字

步骤 04 调用【移动】命令，将绘制好的指北针移动到图形中合适的位置，结果如下图所示。

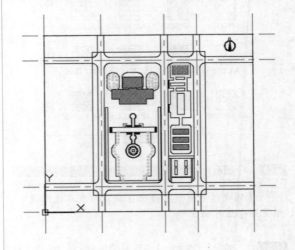

14.7 给图形添加文字和标注

图形的主体部分绘制完毕后，一般还要给图形添加文字说明、尺寸标注及插入图框等。

步骤 01 把【文字】图层设置为当前层，然后单击【默认】➤【注释】➤【多行文字】按钮，输入"广场总平面图"各部分的名称及图纸的名称和比例，结果如下图所示。

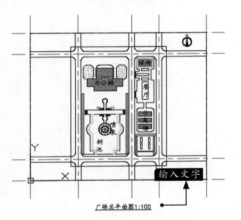

步骤 02 把【标注】图层设置为当前层，然后单击【默认】➤【注释】➤【标注】按钮，通过智能标注对"广场总平面图"进行标注，结果如下图所示。

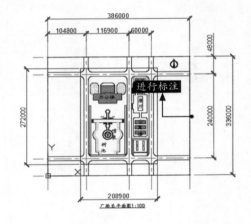

步骤 03 将图层切换到【0】图层，然后选择【插入】➤【块选项板】命令，在弹出的【块选项板】➤【当前图形】选项卡中单击"…"按钮，在弹出的【选择图形文件】对话框中选择"素材\CH13\图框"文件，如下图所示。

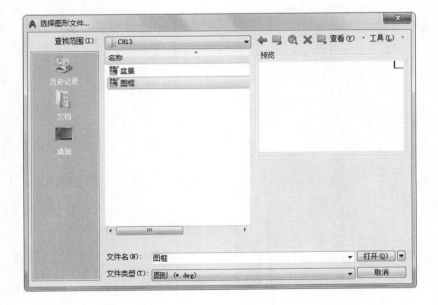

步骤 04 单击【打开】按钮返回【块选项板】，如下图所示。

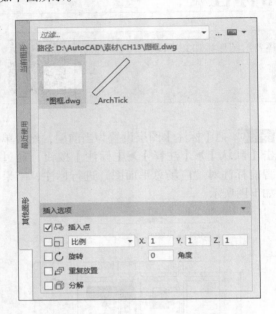

步骤 05 将【图框】插入图中合适的位置，结果如下图所示。

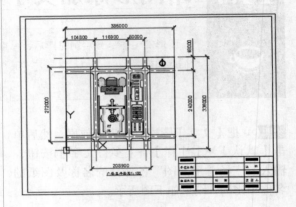